조리원리

기초에서 응용까지

저자 소개

송태희 배화여자대학교 식품영양학과 교수

강주희 수원여자대학교 식품영양과 교수

김명현 배화여자대학교 조리학과 교수

김지영 한양여자대학교 식품영양학과 교수

나예슬 호남대학교 식품영양학과 교수

이상준 연성대학교 호텔외식조리과 교수

이승림 상지대학교 식품영양학전공 교수

조리원리
기초에서 응용까지

초판 발행 2026년 2월 27일

지은이 송태희, 강주희, 김명현, 김지영, 나예슬, 이상준, 이승림
펴낸이 류원식
펴낸곳 교문사

편집팀장 성혜진 | **책임진행** 전보배 | **디자인·본문편집** 신나리

주소 10881, 경기도 파주시 문발로 116
대표전화 031-955-6111 | **팩스** 031-955-0955
홈페이지 www.gyomoon.com | **이메일** genie@gyomoon.com
등록번호 1968.10.28. 제406-2006-000035호

ISBN 978-89-363-2713-2 (93590)
정가 26,500원

저자와의 협의하에 인지를 생략합니다.
잘못된 책은 바꿔 드립니다.

PRINCIPLES OF COOKING

조리원리

기초에서 응용까지

송태희 · 강주희 · 김명현 · 김지영 · 나예슬 · 이상준 · 이승림 지음

교문사

조리는 단순히 '맛있게 만드는 기술'에 머무르지 않는다. 식품을 구성하는 성분과 구조가 다양한 조리 조작과 환경 요인에 따라 어떻게 변화하는지를 이해하고, 그 원리를 바탕으로 안전성을 확보하며 일정한 품질을 재현하는 과학적 실천이다. 같은 식재료라도 원료의 상태와 조리 조건에 따라 맛, 색, 향, 조직감은 물론 영양성분의 보존, 기호성, 안전성까지 달라질 수 있다. 따라서 조리원리를 체계적으로 익히는 일은 조리와 급식, 외식, 식품가공 등 식품 관련 분야 전반에서 요구되는 핵심 역량을 연결하는 기초가 된다.

이 책은 저자들이 강의와 실습 현장에서 반복적으로 마주해 온 "왜 이러한 변화가 나타나는가?", "어떻게 하면 실패를 줄이고 품질을 일정하게 유지할 수 있는가?"라는 질문에 답하고자 기획되었다. 조리이론에 기반하여 조리 과정에서 일어나는 변화의 원리와 그 의미를 설명하는 데 중점을 두었으며, 이를 통해 학습자가 조리 현상을 보다 과학적으로 이해할 수 있도록 구성하였다. 식품영양학과, 조리학과, 외식산업학과, 식품가공학과 등 조리 관련 전공 학습자들이 식재료의 특성과 조리 원리를 이해하고, 이를 급식·외식 및 산업 현장에서의 문제 해결에 적용할 수 있도록 총 14장으로 구성하였다.

'조리과학의 개요'와 '조리 방법과 기본양념'에서는 조리의 기초 개념을 바탕으로 조리 조작의 원리와 절차, 조리기기의 이해를 다루었다. 이어 식품군별로 곡류 및 감자류, 전분 및 당류, 밀가루, 육류, 어패류, 난류, 우유 및 유제품, 두류 및 두류 제품, 유지류, 채소류 및 향신료, 과일류, 해조류 및 버섯류의 특성과 조리 중 변화, 품질에 영향을 미치는 요인과 활용

방법을 정리하였다. 각 장은 실습과 실무 현장에서의 적용 가능성을 높일 수 있도록 구성하였다.

학습자는 각 장을 학습할 때 단편적인 암기보다는 재료가 지닌 고유한 특성과 조리 과정에서의 변화를 유기적으로 연결해 이해하기를 권한다. 조리의 결과는 우연이 아니라 조건과 원리에 따른 필연적인 결과이며, 이러한 이해를 바탕으로 안정된 맛과 품질의 음식을 제공할 수 있다. 이 책이 식품 관련 전공 학생들뿐만 아니라 영양사, 조리사, 외식 전문가, 식품가공 실무자들이 현장에서 마주하는 다양한 변수를 과학적으로 해석하고, 근거에 기반한 의사결정을 내리는 데 든든한 길잡이가 되기를 바란다.

저자들은 이 책이 이론과 실습 그리고 실제 업무 현장에서 더욱 유용하게 활용될 수 있도록 지속적으로 보완해 나갈 것이다. 또한 출간 과정에서 세심한 지원을 아끼지 않으신 ㈜교문사 류제동, 류원식 대표님을 비롯한 교문사 직원 여러분께 깊은 감사를 드린다.

2026년 2월

저자 일동

차례

머리말 **4**

CHAPTER 1 조리과학의 개요

1. 조리과학의 이해 14

1) 조리의 목적 **14** | 2) 조리과학의 기초 **15** | 3) 조리와 열 **17** | 4) 현대 조리기기의 열전달 **19**
5) 식품의 비열, 끓는점 오름, 어는점 내림 **23** | 6) 조리 온도 **26** | 7) 열전달 매체의 종류와 특성 **28**
8) 유화와 조리 **29** | 9) 냉동과 해동 **31** | 10) 식품의 물성과 조리 **33**

2. 계량과 조리기구 35

1) 계량의 중요성 **35** | 2) 계량의 단위와 변환 **35** | 3) 식품별 계량 방법 **37**

3. 조리기구의 분류와 특징 40

1) 온도계 **40** | 2) 염도계 **41** | 3) 당도계 **42** | 4) 점도계 **43**

CHAPTER 2 조리 방법과 기본양념

1. 조리 방법 50

1) 조리의 예비 조작 **50** | 2) 비가열 조리 **57** | 3) 가열 조리 **57**

2. 기본양념 67

1) 소금 **67** | 2) 장류 **69** | 3) 설탕 **70** | 4) 조청 **70** | 5) 꿀 **71** | 6) 식초 **71** | 7) 고추 **72** | 8) 화학조미료 **72**

CHAPTER 3 곡류 및 감자류

1. 곡류 78

1) 곡류의 구조 **78** | 2) 곡류의 성분 **80** | 3) 곡류의 종류 **82** | 4) 곡류의 조리 특성 **88**

2. 감자류 93

1) 감자류의 성분 **93** | 2) 감자류의 종류 **95**

CHAPTER 4 전분 및 당류

1. 전분 106

1) 전분의 특성 **106** | 2) 전분의 조리원리 **108** | 3) 변성전분 **115**

2. 당류 115

1) 당의 종류 **116** | 2) 당류의 특성 **120** | 3) 당류의 조리 **124**

CHAPTER 5 밀가루

1. 밀의 분류 132

2. 밀의 구조 132

3. 밀의 제분 133

4. 밀가루의 구성성분 133

1) 탄수화물 **134** | 2) 단백질 **134** | 3) 지질 **135** | 4) 비타민과 무기질 **135**

5. 밀가루의 품질과 종류 135

6. 밀가루 반죽 135

1) 글루텐 형성 **136** | 2) 글루텐 형성에 영향을 미치는 요인 **136**

7. 팽창제 138

1) 생물학적 팽창제 **138** | 2) 화학적 팽창제 **138** | 3) 물리적 팽창제 **140**

8. 밀가루의 조리 특성 140

1) 이스트빵 **140** | 2) 퀵브레드 **142** | 3) 면류 **143** | 4) 루 **144** | 5) 튀김 **144**

CHAPTER 6 육류

1. 육류의 구조 150
1) 근육조직 **150** | 2) 결합조직 **151** | 3) 지방조직 **151** | 4) 골격 **152** | 5) 내장 및 부산물 **152**

2. 육류의 영양성분 152

3. 육류의 색 155

4. 육류의 사후경직과 숙성 156
1) 사후경직 **156** | 2) 숙성 **156**

5. 육류의 규격과 특성 158
1) 쇠고기 **158** | 2) 돼지고기 **161** | 3) 닭·오리고기 **162**

6. 육류의 조리 특성 163
1) 융점 **163** | 2) 가열 **164** | 3) 연화 방법 **165**

7. 육류의 부위와 용도 166
1) 쇠고기의 부위와 용도 **166** | 2) 돼지고기의 부위와 용도 **169** | 3) 닭고기의 부위와 용도 **170**

8. 육류의 조리 방법 171
1) 건열 조리법 **171** | 2) 습열 조리법 **174** | 3) 복합 조리법 **175**

9. 육류 가공품 176

CHAPTER 7 어패류

1. 어패류의 분류 182
1) 어류 **183** | 2) 조개류 **184** | 3) 두족류(오징어류) **185** | 4) 갑각류 **185** | 5) 기타 어패류(극피동물) **186**

2. 어패류의 구조와 성분 187
1) 어패류의 구조 **187** | 2) 어패류의 영양성분 **189** | 3) 어패류의 특수성분 **192**

3. 어패류의 사후 변화와 신선도 판별법 195
1) 사후 변화 **195** | 2) 신선도 판별법 **195**

4. 어패류의 조리 특성 196
1) 가열에 의한 변화 **196** | 2) 식염에 의한 변화 **198** | 3) 산에 의한 변화 **198**

5. 어패류의 조리 및 이용 199
1) 전처리 **199** | 2) 어취 제거 **199** | 3) 어패류의 조리 방법 **199**

CHAPTER 8 난류

1. 난류의 종류 206

1) 달걀 **206** | 2) 오리알 **206** | 3) 메추리알 **207**

2. 달걀의 구조 207

1) 난각 **207** | 2) 난백 **208** | 3) 난황 **208**

3. 달걀의 성분 209

1) 단백질 **210** | 2) 지질 **211** | 3) 탄수화물 **211** | 4) 비타민 **211** | 5) 무기질 **211** | 6) 색소 **211**

4. 달걀의 조리 특성 212

1) 응고성 **212** | 2) 기포성 **214** | 3) 유화성 **216** | 4) 변색 **217**

5. 달걀의 조리 방법 217

1) 습열 조리법 **217** | 2) 건열 조리법 **220** | 3) 달걀의 기타 조리 **222**

6. 달걀의 평가 및 저장 224

1) 외관상 평가 **224** | 2) 내용물에 의한 평가 **226** | 3) 달걀 저장 중 변화 및 저장법 **227**

CHAPTER 9 우유 및 유제품

1. 우유의 성분 234

1) 단백질 **236** | 2) 지질 **237** | 3) 탄수화물 **237** | 4) 비타민 **237**
5) 무기질 **238** | 6) 색소 **238** | 7) 향미성분 **238**

2. 우유의 조리 특성 238

1) 가열에 의한 변화 **239** | 2) 산에 의한 변화 **240** | 3) 레닌에 의한 변화 **241**
4) 페놀하합물에 이한 변하 **241** | 5) 연류에 외한 변화 **241**

3. 우유의 가공 242

1) 균질화 **242** | 2) 살균과 멸균 **243**

4. 우유 및 유제품 244

1) 우유 **244** | 2) 가공유 **244** | 3) 농축유 **245** | 4) 분유 **245** | 5) 크림 **246** | 6) 버터 **247**
7) 치즈류 **247** | 8) 발효유 **249**

CHAPTER 10 두류 및 두류 제품

1. 두류의 성분과 영양 254

1) 대두 256 | 2) 팥 260 | 3) 녹두 261 | 4) 완두 261 | 5) 강낭콩 262
6) 동부 262 | 7) 땅콩 263 | 8) 렌틸콩 264 | 9) 병아리콩 264

2. 두류의 구조와 조리 시 변화 265

3. 두류의 조리 방법 265

4. 두류 가공식품 266

1) 두부 266 | 2) 간장 268 | 3) 된장 269 | 4) 청국장 270 | 5) 고추장 270 | 6) 미소 271
7) 낫토 272 | 8) 템페 272 | 9) 두시 273 | 10) 콩단백질 식품 273

CHAPTER 11 유지류

1. 유지류의 분류 280

1) 식물성 유지 280 | 2) 동물성 유지 282 | 3) 가공 유지 283

2. 유지류의 영양성분 285

3. 유지류의 조리 특성 286

1) 용해성 286 | 2) 융점 286 | 3) 비중 287 | 4) 비열 288
5) 쇼트닝성 288 | 6) 크리밍성 288 | 7) 가소성 289

4. 유지류의 산패와 저장 289

1) 산패의 형태 289 | 2) 산패에 영향을 미치는 요인 289 | 3) 산패 억제와 저장 290

5. 유지류의 조리원리 290

1) 열전달 매체 290 | 2) 향미 증가 294 | 3) 용기 부착 방지 294

CHAPTER 12 채소류 및 향신료

1. 채소의 구조 300

1) 세포벽 300 | 2) 액포 301

2. 채소의 향미성분 301

1) 황화합물 301 | 2) 유기산 301

3. 채소의 분류 302
1) 엽채류 **303** | 2) 인경채류 **307** | 3) 근채류 **308** | 4) 과채류 **310** | 5) 화채류 **312** | 6) 허브와 향신료 **313**

4. 채소의 조리 방법 316
1) 습열 조리법 **317** | 2) 건열 조리법 **318**

5. 채소의 성분과 조리 시 변화 319
1) 영양성분 변화 **319** | 2) 색 변화 **319** | 3) 향미 변화 **323** | 4) 섬유질 변화 **324**

6. 채소의 저장 325

CHAPTER 13 과일류

1. 과일의 분류 330
1) 인과류 **330** | 2) 핵과류 **332** | 3) 장과류 **334** | 4) 견과류 **335** | 5) 열대과일류 **337**

2. 과일의 구성성분 340
1) 과일의 영양성분 **340** | 2) 과일의 질감 **342** | 3) 과일의 향미성분 **343**

3. 과일의 저장 및 숙성 343

4. 과일의 조리원리 344
1) 영양성분의 변화 **344** | 2) 향기성분의 변화 **344** | 3) 질감의 변화 **345** | 4) 맛의 변화 **345**
5) 과일의 효소적 갈변 **345** | 6) 과일의 조리 및 이용 **346** | 7) 펙틴 젤의 형성 **347**

CHAPTER 14 해조류 및 버섯류

1. 해조류 354
1) 해조류의 분류 **354** | 2) 해조류의 영양성분 **356** | 3) 해조류의 조리 특성 **359**
4) 한천의 제조 및 조리원리 **359**

2. 버섯류 362
1) 버섯의 영양성분 **362** | 2) 버섯의 종류 및 조리 특성 **363**

참고문헌 **369**
찾아보기 **371**

학습목표

- 조리과학의 기본 개념과 원리를 이해하고 설명할 수 있다.
- 조리 과정에서 열전달 방식을 이해하고 설명할 수 있다.
- 섭씨온도와 화씨온도의 개념을 이해하고 상호 변환할 수 있다.
- 다양한 계량 단위를 이해하고 변환할 수 있다.

CHAPTER 1

조리과학의 개요

1. 조리과학의 이해

1) 조리의 목적

조리란 식품을 가열하거나 물리적으로 처리하여 식용 가능하게 만들고, 기호성을 높이며, 안전하고 영양가 있는 상태로 변화시키는 과정이다. 이는 단순히 음식을 익히는 기술을 넘어, 인간의 생존과 삶의 질을 향상시키는 데 중요한 역할을 한다. 조리의 목적은 크게 다섯 가지로 나눌 수 있다.

(1) 식품의 안전성 향상

조리의 가장 본질적인 목적은 식중독을 유발하는 미생물의 사멸과 유해물질의 제거를 통해 식품을 안전하게 만드는 것이다. 육류, 생선, 달걀 등은 생으로 섭취할 경우 식중독 위험이 높지만, 가열 조리를 통해 병원성 미생물의 활성을 억제할 수 있다. 또한 일부 독성물질은 충분히 가열하면 제거된다.

(2) 소화 흡수율 증대

조리는 식품의 구조를 변화시켜 소화기관에서의 분해와 흡수를 쉽게 만든다. 예를 들어, 전분은 가열 과정에서 호화되어 소화효소의 작용을 받기 쉬워지고, 단백질은 변성을 통해 위에서 펩신에 의해 분해되기 쉬운 형태로 변화한다. 이러한 변화는 노인, 어린이, 환자 등 소화능력이 약한 사람에게 특히 중요하다.

(3) 기호성 향상(풍미, 색, 질감, 외관)

조리는 식품 고유의 풍미를 극대화하고, 색상과 조직을 변화시켜 기호성을 높인다. 마이야르 반응과 캐러멜화는 구운 음식 특유의 갈색과 고소한 향을 형성하며, 채소는 데침을 통해 색을 선명하게 할 수 있다. 식감(텍스처)의 개선도 중요한 요소로, 알맞은 조리는 바삭함이나 부드러움 등 쾌적한 씹는 느낌을 만들어낸다.

(4) 영양성 유지 및 향상

조리의 또 다른 목적은 영양소의 손실을 최소화하거나 생체이용률을 높이는 것이다. 일부 조리법은 비타민의 파괴를 줄이고, 철이나 칼슘의 흡수율을 높이기도 한다. 조리 중 사용하는 기름이나 수분의 양은 지용성·수용성 영양소의 보존에 영향을 준다.

(5) 문화적·심리적 가치 실현

조리는 단순한 영양 섭취의 수단을 넘어 가족, 공동체, 문화의 상징적 행위이기도 하다. 명절 음식, 제사 음식, 환대 음식 등은 조리를 통해 의미와 감정을 전달한다. 또한 조리는 스트레스를 해소하고 창의성을 발휘하는 심리적 기능도 가지고 있다.

이처럼 조리는 과학과 기술, 감성과 문화가 융합된 복합적 행위이며, 그 목적은 궁극적으로 인간의 삶의 질 향상으로 귀결된다. 따라서 조리과학을 배우는 일은 단순히 음식을 만드는 법을 익히는 것을 넘어, '왜 그렇게 조리해야 하는가'를 이해하는 과정이라고 할 수 있다.

2) 조리과학의 기초

(1) 조리과학의 개념

조리과학(culinary science)은 식품을 조리하는 과정에서 일어나는 물리적·화학적·생물학적 변화를 과학적으로 이해하고 응용하는 학문이다. 조리과학은 조리 과정에서 발생하는 식품성분의 구조 변화, 맛과 향의 생성, 질감의 변화, 미생물의 사멸과 증식 억제 등을 분석하고 설명함으로써, 보다 정확하고 안전한 조리 결과를 얻을 수 있도록 돕는다.

조리기술이 오랜 세월 감각과 경험을 통해 전승되어 온 것과 달리, 조리과학은 이러한 기술의 배경에 있는 원리를 해석하고 예측할 수 있게 한다. 예를 들어, 달걀프라이를 할 때 흰자와 노른자의 응고 온도가 다르기 때문에 흰자가 먼저 익고, 노른자는 나중에 익는다. 이는 단백질의 열응고 특성에 대한 과학적 이해로 설명할 수 있다.

(2) 조리과학의 필요성

조리과학의 학습은 단순히 조리기술을 익히는 데 그치지 않고, 식품 조리 전반의 예측 가능성·안전성·창의성을 높이기 위한 필수 기초 지식을 제공한다.

첫째, 조리과학을 통해 식품의 물리적·화학적 변화를 과학적으로 이해함으로써 예측 가능한 조리 결과를 얻을 수 있다. 예를 들어, 고기의 종류에 따라 알맞은 조리 온도를 적용하면 질감과 육즙 보존 정도를 예측하고 조절할 수 있다.

둘째, 조리 중 발생할 수 있는 실패 원인을 과학적으로 분석하고 개선할 수 있는 능력을 기를 수 있다. 예를 들어, 케이크가 충분히 부풀지 않을 경우, 이는 베이킹파우더의 화학적 작용이 제대로 일어나지 않았기 때문임을 이해하고 적절한 대처가 가능하다.

셋째, 식품 위생과 안전성 확보를 위해서도 조리과학적 지식은 필수적이다. 조리 온도, 시간, 보관 조건 등은 식중독균의 사멸이나 미생물 증식을 억제하기 위한 과학적 기준을 제공한다. 예를 들어, 살모넬라균의 사멸을 위한 가열 조건을 정확히 이해하고 적용할 수 있다.

마지막으로, 조리과학은 창의적인 메뉴 개발과 신기술 도입의 이론적 기반을 제공한다. 분자요리나 저온조리법과 같은 현대적 조리기법은 식품 성분의 구조와 반응에 대한 과학적 이해를 전제로 하며, 이를 통해 새로운 식재료와 조리법을 창의적으로 개발하고 발전시킬 수 있다.

이처럼 조리과학은 조리 실천을 이론적으로 뒷받침함으로써 전문성과 혁신성을 겸비한 식품 전문가 양성에 핵심적인 역할을 한다.

(3) 조리과학 관련 학문 분야

조리과학은 조리 현상을 체계적으로 이해하고 설명하기 위해 다양한 학문 분야와 긴밀히 융합되어 있다.

- **식품화학**: 식품을 구성하는 단백질·탄수화물·지질·수분 등의 성분이 조리 중 어떤 화학적 변화를 겪는지를 설명한다. 단백질의 변성·응고, 전분의 호화·노화, 지질의 산패 등은 조리 중 일어나는 주요 화학반응이다.
- **물리학**: 열의 전도·대류·복사와 같은 열전달 현상, 점도와 표면장력, 기체의 팽창 등 조리 중 발생하는 물리적 변화를 이해하는 데 필요한 기초를 제공한다. 이는 조리기구의 효율적 사용과 식재료의 상태 변화에 대한 과학적 근거를 마련해 준다.
- **미생물학**: 식품의 안전성과 밀접한 관련이 있으며, 병원성 미생물의 생육·사멸 조건을 이해함으로써 식중독을 예방하고, 발효 미생물의 이용에 관한 과학적 기반을 제공한다.

- **감각검사학**: 맛·향·질감 등 인간의 감각적 반응을 분석하여 조리된 식품의 품질을 평가하고, 소비자의 기호에 맞는 식품 개발을 가능하게 한다. 이는 조리 결과물에 대한 주관적 평가를 과학적 방법으로 체계화하는 역할을 한다.
- **영양학**: 조리 과정에서 발생하는 영양소의 손실과 보존 방법에 관한 이론을 바탕으로, 식품의 영양적 가치를 극대화할 수 있는 조리법 설계에 기여한다.

이처럼 조리과학은 식품과 조리에 관련된 다양한 학문과의 융합을 통해 조리 현상을 과학적으로 분석하고, 이를 바탕으로 보다 위생적이고 효율적인 조리법을 개발하는 데 중요한 역할을 수행한다.

3) 조리와 열

음식이 익는 과정에서 열은 다양한 방식으로 식품에 전달된다. 조리에서 열의 전달 방식은 음식의 조리시간, 식감, 색, 맛에 결정적인 영향을 미친다. 열전달 방식은 표 1-1과 같이 전도(conduction), 대류(convection), 복사(radiation)의 세 가지로 크게 구분되며, 각각의 방식은 조리기구, 조리법, 식품의 성질에 따라 효율과 결과가 달라진다.

실제 조리에서는 이 세 가지 열전달 방식이 동시에 또는 복합적으로 작용하므로, 그 원리를 이해하면 보다 정교하고 맛있는 조리가 가능하다.

표 1-1 열전달 방식의 종류

열전달 방식	특징	예시	조리기구
전도	• 열전도율이 높은 재료는 빠르게 열전달 • 표면은 온도가 빠르게 올라가지만 내부까지 열이 전달되는 데에는 시간이 걸림	• 프라이팬에 달걀프라이 하기 • 냄비 바닥에 닿은 밥이 눌어붙는 현상	스테인리스, 구리, 주철 팬 등 금속 재질
대류	• 고르게 열이 전달됨 • 자연대류와 강제대류로 구분	• 국이나 찌개를 끓일 때 냄비 안에서 일어나는 열 흐름 • 팬을 돌리는 컨벡션 오븐	끓이는 냄비, 튀김용 기름, 열풍 오븐 등
복사	• 표면 가열이 빠름 • 내부까지 익히는 데에는 별도의 전달 방식 필요	• 석쇠 위에서 고기를 구울 때 숯불의 적외선 • 브로일러(상부 열원)나 오븐의 복사열	숯불구이기, 오븐, 브로일러

(1) 전도

전도(conduction)는 고체를 통한 열의 직접적인 전달 방식이다. 고온의 분자들이 인접한 저온의 분자에 에너지를 전달함으로써, 물질의 이동 없이 열이 전해진다(그림 1-1).

전도로 열이 얼마나 잘 전달되는지를 나타내는 값을 열전도율이라고 하며, 이는 표 1-2와 같이 물질의 종류에 따라 달라진다.

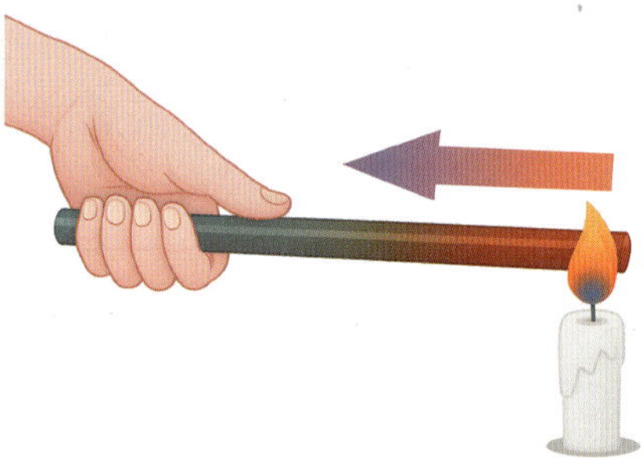

그림 1-1 전도

표 1-2 열전도율 (단위: cal / cm · sec · deg)

물질	열전도율	비교치	물질	열전도율	비교치
은	1.006	5.11	철	0.197	1.00
구리	0.962	4.88	유리	0.002	1 / 99
알루미늄	0.572	2.90	공기	0.000055	1 / 3582

출처: 이주희 외(2019). 과학으로 풀어 쓴 식품과 조리원리. 교문사.

(2) 대류

대류(convection)는 액체나 기체의 흐름을 통해 열이 이동하는 방식이다. 따뜻한 부분은 팽창하여 위로 올라가고, 차가운 부분은 아래로 가라앉으면서 자연스러운 순환이 발생한다(그림 1-2).

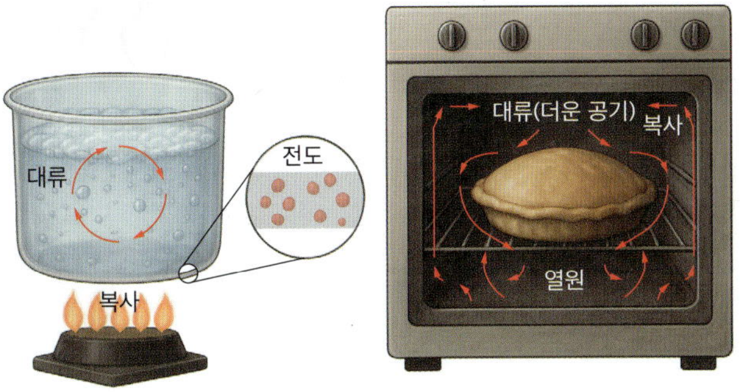

그림 1-2 열의 전도, 대류, 복사

출처: 이주희 외(2019). 과학으로 풀어 쓴 식품과 조리원리. 교문사.

(3) 복사

복사(radiation)는 중간매체 없이 전자기파 형태로 열이 직접 전달되는 방식이다(그림 1-3). 주로 적외선이나 자외선의 형태로 물체 표면에 닿으면 흡수되어 열로 바뀐다.

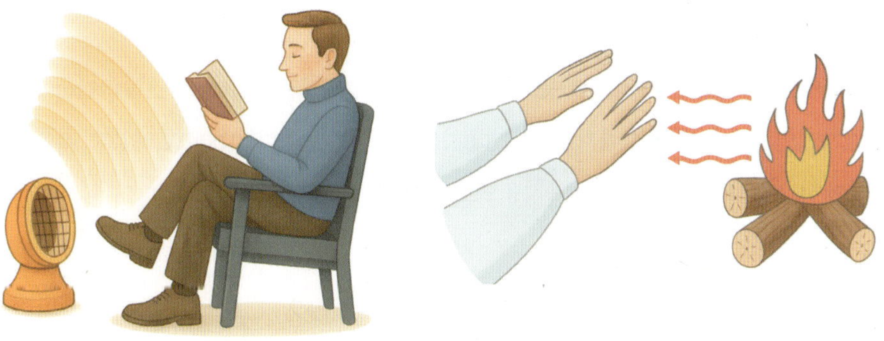

그림 1-3 복사

출처: AI 생성 이미지(OpenAI ChatGPT).

4) 현대 조리기기의 열전달

조리기술의 발전과 함께 전통적인 열전달 방식 외에도 전자레인지와 인덕션 및 하이라이트와 같은 현대적인 조리기기가 널리 사용되고 있다. 이들 기기는 기존의 전도·대류·복사 방식과는 전혀 다른 열전달 원리를 이용하며, 조리 효율성과 안전성 면에서 큰 장점을 지닌다.

전자레인지

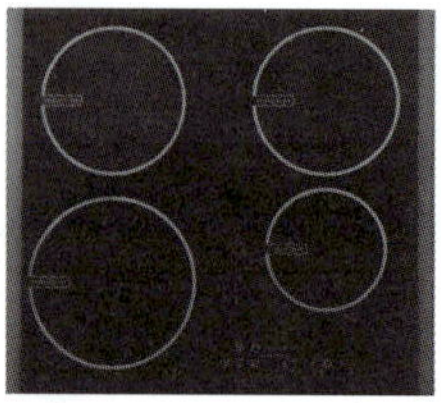

인덕션

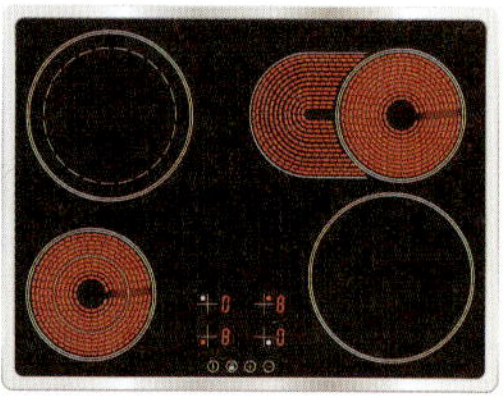

하이라이트

그림 1-4 현대 조리기기의 종류

(1) 전자레인지

전자레인지는 극초단파(microwave)를 이용하여 식품을 가열하는 조리기구로, 현대식 열원 중 하나이다. 일반적으로 약 2,450MHz의 전자기파를 방출하여 식품 내부의 극성을 가진 물 분자를 빠르게 진동시킴으로써 발생되는 마찰열을 이용한다. 이 방식은 외부에서 내부로 열이 전달되는 전통적인 열전달 방식과 달리, 식품 내부에서부터 열이 발생하는 것이 특징이다.

전자레인지에 표시된 W(와트)는 해당 제품의 소비전력을 의미한다. 소비전력이 높을수록 전자레인지의 출력이 강해져 음식을 더 빠르게 데울 수 있다. 1000W 제품은 주로 편의점 등에서 상업용으로 사용되며, 가정용으로는 보통 700W 제품이 사용된다.

더 알아보기 | 전자레인지 청소 방법

전자레인지를 사용하면 음식물이 흘러 내부에 찌든 때가 생기기 쉽고, 눈에 잘 띄지 않아 청소를 미루는 경우가 많다. 이때 그릇에 물과 식초를 5:1 비율로 섞어 전자레인지에 넣고 약 5분간 가열하면, 증기로 인해 내부 오염물이 쉽게 제거된다. 식초의 산성 성분이 찌든 때를 녹이는 데 도움이 되며, 이후 키친타월로 닦아내면 간단히 청소할 수 있다.

조리 Tip	딱딱한 빵을 촉촉하게 되살리는 법
전자레인지는 수분을 빠르게 가열해 증발시키는 특성이 있다. 예를 들어, 눅눅해진 김이나 과자를 접시에 올려 10초 정도 가열하면 남아 있던 습기가 증발하여 바삭해진다. 반대로, 딱딱해진 빵과 물 한 컵을 함께 넣고 가열하면 수증기가 빵에 스며들어 촉촉한 식감을 얻을 수 있다.	

(2) 인덕션

인덕션(induction cooker) 조리기기는 전자기유도(electromagnetic induction)의 원리를 이용하여 조리용기 자체를 가열하는 방식으로, 전통적인 열원과는 다른 고효율의 조리법을 제공한다.

그림 1-5와 같이 인덕션 내부의 코일에 고주파 교류전류가 흐르면 코일 주변에 고주파 자기장이 형성된다. 이 자기장이 자성을 가진 금속용기(예: 스테인리스, 주철 등)의 바닥에 닿으면 금속 내부에 소용돌이 전류(와전류, eddy current)가 유도되고, 이 전류가 금속의 저항에 의해 열로 변환되면서 용기 자체가 가열된다.

그림 1-5 **인덕션 가열 방식**(IH, Induction Heating)

출처: 삼성전자서비스.

인덕션 방식은 열판이나 불꽃 없이 용기만 선택적으로 가열하므로 열 손실이 거의 없고, 에너지 효율이 90% 이상에 달한다. 또한 열 조절 속도와 정확성이 뛰어나며, 조리용기 표면이 뜨겁지 않아 안전성이 높고 표면이 평평하여 세척이 용이하다. 다만, 인덕션은 자기장에 반응하는 금속용기만 사용할 수 있으므로, 유리·알루미늄·구리 등 비자성 재질의 용기는 사용할 수 없다.

(3) 하이라이트

하이라이트(radiant electric cooktop)는 내장된 열선으로 상판을 가열해 용기에 열을 직접 전달하는 방식이다. 열선에서 발생하는 열을 직접 이용하기 때문에 용기 재질의 제한 없이 다양하게 사용할 수 있어 편리하다. 그러나 인덕션에 비해 열효율이 낮고, 조리 후 남는 잔열로 인한 화상 위험이 있어 주의가 필요하다.

최근에는 열효율이 높고 안전한 인덕션이 선호되는 추세지만, 뚝배기처럼 인덕션에서 사용할 수 없는 용기를 활용하고자 하는 수요도 꾸준하다. 이에 따라 인덕션과 하이라이트 방식을 결합한 하이브리드 전기레인지도 많이 이용되고 있다. 하이브리드 전기레인지는 상황에 따라 인덕션의 장점인 빠른 가열 속도를 활용하면서도, 기존에 사용하던 다양한 용기를 유동적으로 활용할 수 있다는 것이 큰 장점이다.

이러한 각 조리기기별 가열 방식과 효율, 안전성 등의 주요 특징을 비교하면 표 1-3과 같다.

표 1-3 가스레인지와 전기레인지 비교

특성	가스레인지	전기레인지	
		인덕션	하이라이트
열원	가스	전기	전기
열전달 방식	가스	자기유도 가열 방식	코일 열선
외관	가스 불꽃이 보임	불꽃이 보이지 않음	상판에 직접 열기 발생
열효율	열기 분산으로 낮음	높음	가스레인지보다 높음
사용 용기	다양한 가열 용기 가능	IH 전용 용기 사용	용기 사용 제한
가열 속도	중간	빠름	느림
전자파	없음	발생	없음
장점	직화 요리 가능	청소 용이, 화구 온도가 낮아 안전	인덕션 대비 낮은 전기요금
단점	불완전 연소 시 유해 가스 발생 가능	장시간 사용 어려움, 미세 소음 발생, 하이라이트 대비 높은 전기요금	열판 내 잔열 장시간 지속, 직화 요리 등 조리기술 활용 어려움
특이 사항	–	열판에 자기유도 용기 감지 시 전원 작동(전용 용기 미사용 시 자동 차단)	예열시간이 오래 걸림

출처: 삼성전자 뉴스룸.

5) 식품의 비열, 끓는점 오름, 어는점 내림

열은 식품의 상태를 변화시키는 중요한 요소이며, 식품마다 열을 흡수하고 저장하는 능력이 다르다. 이에 따라 식품의 조리에 영향을 미치는 열 관련 개념 중 비열(specific heat)과 끓는점 오름(boiling point elevation), 어는점 내림(freezing point depression)에 대해 알아본다.

(1) 식품의 비열

비열(specific heat)은 물질 1g의 온도를 1℃ 올리기 위해 필요한 열량(칼로리 또는 줄)을 의미하며, 식품마다 구성성분이 다르기 때문에 열을 받았을 때 온도가 올라가는 속도에 차이가 난다. 비열이 크면 많은 열을 흡수해야 온도가 오르므로 가열에 시간이 오래 걸린다. 물은 비열이 높아 천천히 데워지지만 열 보존이 좋다.

반대로, 비열이 작으면 적은 열로도 온도가 쉽게 올라 가열이 빠르게 진행된다. 또한 비열은 식재료의 수분 함량과 밀접한 관련이 있어, 그림 1-6과 같이 동일한 조건에서 물과 기름을 가열하면 기름의 온도가 더 빨리 올라간다. 튀김유는 비열이 낮아 가열 시 온도가 빠르게 상승하고 냉각도 빨리 되므로, 조리 시 온도 조절에 주의해야 한다.

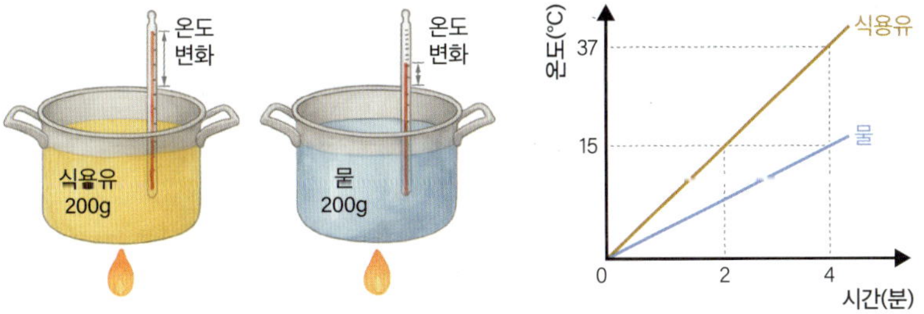

그림 1-6 물과 식용유의 가열 시 온도 변화

출처: AI 생성 이미지(OpenAI ChatGPT).

(2) 끓는점 오름

끓는점 오름(boiling point elevation)은 액체의 수증기압(vapor pressure)이 외부 대기압(atmospheric pressure)과 같아져 액체 내부에서 기화가 시작되는 온도인 끓는점(boiling point)이 용질의 존재로 인해 상승하는 현상을 의미한다. 일반적으로 순수한 물은 해수면 기준 100℃에서 끓는다.

그러나 소금이나 설탕과 같은 비휘발성 용질(non-volatile solute)이 용해되면 용매 분자의 자유 에너지가 감소하여 그림 1-7과 같이 수증기압이 낮아진다. 이로 인해 끓는점은 상승하게 된다. 이러한 끓는점 오름은 용질의 종류보다 용액의 몰랄농도(molal concentration)에 비례한다.

끓는점 오름은 조리 과정에서 열에너지 전달 효율을 높여 더 높은 온도에서 조리를 가능하게 함으로써, 조리시간을 단축하거나 식감 개선 효과를 가져올 수 있다. 예를 들어, 파스타를 삶을 때 소금을 첨가하는 것은 단순히 간을 맞추기 위한 것뿐만 아니라, 소금물의 끓는점을 약간 상승시켜(약 100.5~101℃) 보다 효과적인 조리를 가능하게 한다.

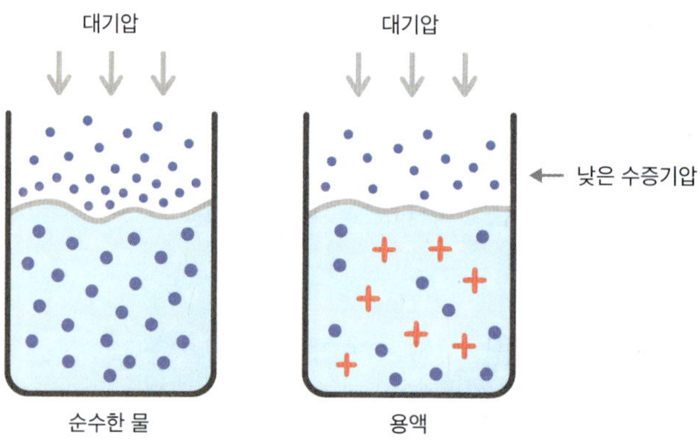

그림 1-7 순수한 물과 용액의 수증기압 비교

또한 설탕을 농축한 시럽, 잼, 캔디 등은 물보다 높은 온도에서 끓기 때문에 제품의 점도 조절과 보존성을 높이는 데 중요한 역할을 한다. 특히, 설탕 농도는 끓는점과 정비례 관계를 보이므로, 제품 특성에 따라 정확한 온도 조절이 필수적이다.

한편, 기압 변화에 따른 끓는점 변화도 조리 시 고려해야 한다. 그림 1-8과 같이 고지대처럼 대기압이 낮은 지역에서는 물이 100℃보다 낮은 온도에서 끓기 때문에 조리시간이 길어질 수 있다. 반대로, 압력솥은 내부 기압을 높여 물의 끓는점을 약 120℃까지 상승시켜, 고온에서 빠르게 조리할 수 있도록 만든 기기이다.

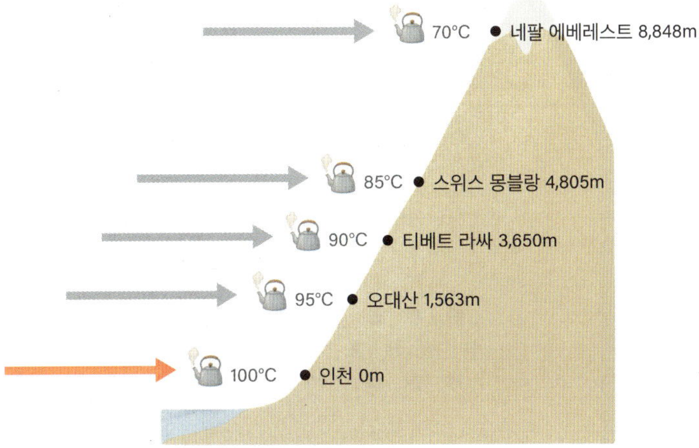

그림 1-8 끓는점과 고도의 관계

(3) 어는점 내림

어는점 내림(freezing point depression)은 순수한 물에 소금, 설탕 등 다른 물질을 녹였을 때 물이 어는 온도가 0℃보다 낮아지는 현상을 의미한다. 순수한 물은 0℃에서 얼지만, 용질이 녹아 있으면 용질 분자가 물 분자 사이에 끼어들어 물이 결정구조를 형성하는 것을 방해하므로 어는점이 낮아진다.

설탕물보다 소금물에서 어는점 내림이 더 크게 나타나는 이유는, 소금(NaCl)이 물에 녹아 이온(Na^+, Cl^-)으로 분리되어 더 많은 입자를 생성하여 물의 결정화를 더 크게 방해하기 때문이다. 설탕은 물에 녹아도 분자 상태로 존재하므로 상대적으로 입자 수가 적다(그림 1-9).

어는점 내림은 용질의 종류보다 용액 속 용질 입자의 개수에 좌우되는 총괄성(colligative) 현상이다. 이 원리는 조리에서도 활용된다. 예를 들어, 아이스크림 제조 과정에서 얼음에 소금을 넣어 주변 온도를 −10℃ 이하로 낮추면 아이스크림 혼합물을 빠르게 얼릴 수 있다. 또한 아이스크림이나 셔벗에서는 설탕 함량이 많을수록 어는점이 낮아져 완전히 얼지 않고 크리미한 질감을 유지하게 된다.

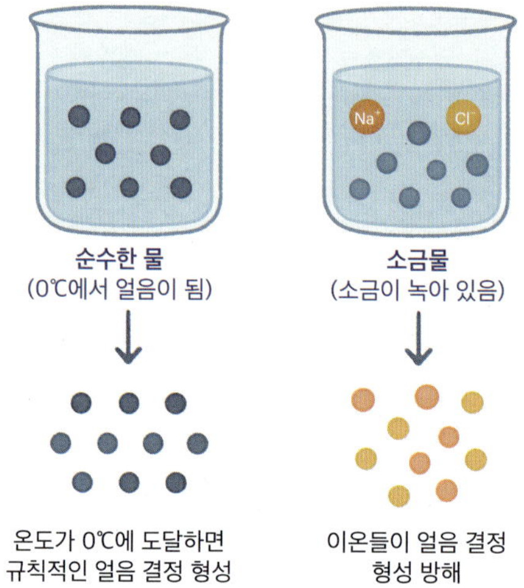

그림 1-9 어는점 내림

출처: AI 생성 이미지(OpenAI ChatGPT).

6) 조리 온도

(1) 섭씨온도

섭씨온도(Celsius, ˚C)는 1기압(1atm) 상태에서 물의 어는점을 0℃, 끓는점을 100℃로 기준하여 설정한 온도 체계이다. 이 온도 단위는 1742년 스웨덴의 천문학자 안데르스 셀시우스(Anders Celsius)가 처음 제안했으며, 국제적으로 그의 이름을 따 '셀시우스(Celsius)'라고 불린다.

섭씨는 현재 과학 및 조리 분야에서 널리 사용되는 기본 온도 단위로, 조리 시 가열 온도, 보관 온도, 냉각 온도 등을 나타내는 데 활용된다.

(2) 화씨온도

화씨온도는 독일의 물리학자 다니엘 가브리엘 파렌하이트(Daniel Gabriel Fahrenheit)의 이름에서 유래한 온도 단위로, 물의 어는점을 32˚F, 끓는점을 212˚F로 정하고 두 지점 사이를 180등분하여 온도를 구분한다. 주로 미국 및 일부 국가에서 사용되며, 조리법을 국제적으로 해석할 때는 온도 단위 변환이 필요하다.

그림 1-10에서는 섭씨온도와 화씨온도가 물의 어는점과 끓는점을 서로 다르게 설정해 온도를 구분하는 방식을 비교하였다. 두 단위는 기준점과 구분 간격이 달라 실제 조리나 실험 과정에서 단위 변환이 필요한 상황을 보여준다.

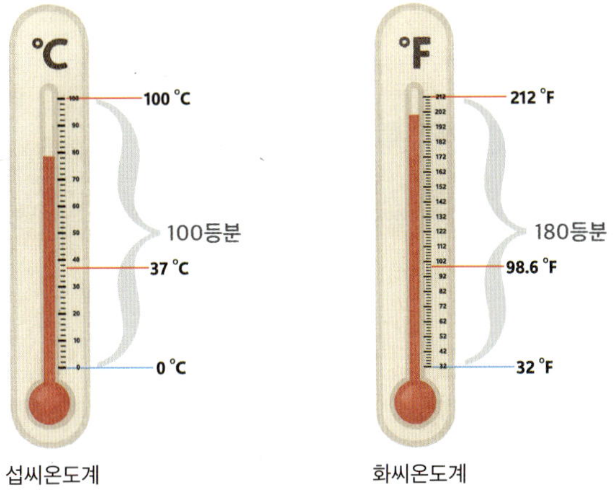

그림 1-10 섭씨온도계와 화씨온도계 비교

(3) 변환 공식

섭씨와 화씨는 물의 어는점과 끓는점을 기준으로 나누는 눈금 체계가 달라 변환이 필요하다. 섭씨는 0℃를 어는점, 100℃를 끓는점으로 100등분하고, 화씨는 32℉를 어는점, 212℉를 끓는점으로 180등분한다.

따라서 1℃는 1.8℉(180/100=9/5)에 해당하며, 두 단위를 변환할 때는 이 비율을 적용해야 한다. 또한 기준점이 다르기 때문에 섭씨를 화씨로 변환할 때는 32℉를 더해야 하며, 화씨를 섭씨로 변환할 때는 기준을 맞추기 위해 먼저 32℉를 빼고 1.8(=9/5)로 나누어야 한다.

- 섭씨 → 화씨: ℉=(℃×9/5)+32
- 화씨 → 섭씨: ℃=(℉−32)×5/9

표 1-4 주요 온도 비교

섭씨(℃)	화씨(℉)	설명
0	32	물의 어는점
25	77	실온(상온)
37	98.6	체온
100	212	물의 끓는점
160	320	고온 베이킹(쿠키, 파이 등)
180	356	일반 오븐 요리(빵, 케이크, 로스트 등)

7) 열전달 매체의 종류와 특성

조리 과정에서 식품으로 열이 전달되는 방식은 전도, 대류, 복사로 나눌 수 있다. 이때 열을 운반하는 매개체인 열전달 매체(heat transfer medium)는 조리 중 열의 전달 속도와 강도에 직접적인 영향을 미친다. 조리에서 주로 사용되는 대표적인 열전달 매체는 다음과 같다.

(1) 물

물(water)은 비열이 약 4.18J/g·℃로 매우 높아, 가열 시 많은 에너지가 필요하지만 온도를 일정하게 유지하는 데 유리하다. 대기압(1atm)에서는 100℃에서 끓으며, 그 이상 온도를 올릴 수 없다.

물을 열전달 매체로 활용하는 대표적인 조리법에는 데치기(blanching), 끓이기(boiling) 등이 있으며, 일정한 온도에서 식품을 부드럽게 익히는 데 적합하다. 다만, 수용성 영양소(예: 비타민 C, 비타민 B군 등)가 물로 용출될 수 있다는 단점이 있다.

(2) 수증기

수증기(steam)는 물이 기화한 기체 상태로, 높은 잠열(latent heat)을 가져 열효율이 매우 높다. 대기압에서는 100℃에서 발생하지만, 압력솥과 같은 밀폐된 환경에서는 120℃ 이상의 고온 증기가 생성될 수 있다.

수증기를 열매체로 사용하는 조리법에는 찜(steaming), 스팀오븐 조리, 식품 살균(pasteurization) 등이 있다. 수증기는 식품 표면에 열을 균일하게 전달하며, 기름을 사용하지 않아 저지방 조리에 유리하다.

(3) 공기

공기(air)는 비열과 밀도가 모두 낮아 열전달 속도가 느리고, 열효율도 상대적으로 낮다. 또한 건조한 환경에서 식품을 가열하기 때문에 수분 손실이 크다.

공기를 열매체로 활용하는 대표적인 조리법에는 오븐 베이킹(baking), 로스팅(roasting) 등이 있으며, 이 과정에서는 식품 표면에 갈변반응과 바삭한 껍질(크러스트)이 형성되어 향미가 증진된다. 그러나 식품 중심부까지 열이 전달되기까지는 시간이 오래 걸린다.

(4) 기름

기름(oil)은 끓는점이 높아(150~200℃ 이상) 고온 조리에 적합한 열매체이다. 공기보다 밀도와 비열이 높아 열전달이 빠르고 열 보존력도 우수하다.

기름을 사용하는 조리법에는 튀김(frying), 볶음(sautéing, stir-frying) 등이 있으며, 고온에서 식품을 빠르게 익힐 수 있고 바삭한 식감을 부여한다. 다만, 기름이 발연점을 초과하면 분해가 일어나 아크롤레인과 같은 유해물질이 생성될 수 있으므로 적정 온도 유지가 중요하다.

8) 유화와 조리

유화는 조리의 물리화학적 원리 중 하나로, 다양한 소스와 가공식품, 디저트 등에 활용된다. 유화의 이해는 감각적 품질뿐만 아니라 조리의 완성도를 높이는 데 핵심적인 역할을 한다.

(1) 유화의 원리

유화(emulsification)란 서로 섞이지 않는 두 액체(주로 지방과 수분) 중 한쪽이 다른 쪽에 미세한 입자로 분산된 상태를 의미한다. 즉, 물방울이 기름 속에 분산되거나 기름방울이 물 속에 분산되는 현상을 말한다. 이러한 유화 상태가 유지되기 위해서는 계면에서의 불안정성을 극복해야 하며, 이를 위해 계면활성제(emulsifier)가 사용된다.

계면활성제는 친수성(hydrophilic)과 소수성(hydrophobic) 부분을 동시에 지니고 있어 두 액체의 경계면에서 에너지를 낮추고, 분산된 방울들이 서로 응집하지 않도록 안정화한다. 그 결과 유화된 상태가 지속될 수 있다.

유화제에는 다양한 종류가 있다. 레시틴(lecithin)은 난황(달걀노른자)에 풍부한 인지질 성분으로 천연 유화제 중 하나로 널리 사용된다. 카제인(casein)은 우유에 함유된 단백질로, 유화뿐만 아니라 기포의 안정성에도 중요한 역할을 한다. 이 외에 머스타드, 꿀, 일부 향신료와 같은 식재료는 유화효과는 약하지만, 드레싱이나 소스를 만들 때 보조적인 역할을 할 수 있다.

유화는 유지 안정성에 따라 일시적 유화(temporary emulsion)와 안정된 유화(permanent emulsion)로 구분된다. 프렌치드레싱은 유화제가 없거나 약하기 때문에 시간이 지나면 분리되는 일시적 유화이며, 마요네즈는 난황의 레시틴에 의해 유화가 안정적으로 유지되는 대표적인 안정된 유화이다.

(2) 유화의 유형과 대표 식품

유화는 그림 1-11과 같이 수중유적형(O/W, Oil in Water)과 유중수적형(W/O, Water in Oil)의 두 가지 유형이 있다.

- **수중유적형**: 기름이 물속에 미세하게 분산된 형태로, 마요네즈, 아이스크림, 우유 등이 대표적이며 수분 함량이 높고 비교적 산뜻한 질감을 지닌다.
- **유중수적형**: 수분이 지방 속에 분산된 형태로, 버터나 마가린처럼 보습성이 강하고 유연한 특성을 가진 식품에서 흔히 볼 수 있다.

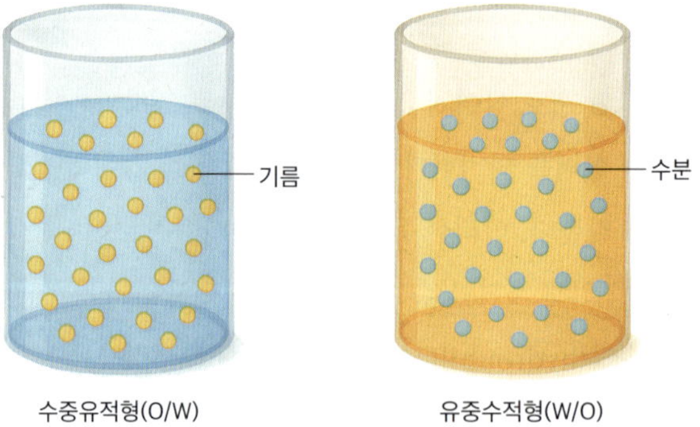

그림 1-11 유화의 유형

다양한 조리 과정에서 서로 섞이지 않는 성분을 결합해 안정적인 혼합물을 만드는 기술이 활용된다. 표 1-5는 대표적인 음식과 그 유화작용 요소를 정리한 것이다.

표 1-5 조리에서 유화작용 사례

조리	설명	유화작용 요소
마요네즈	식초와 식용유를 섞고 난황을 이용해 안정적 유화	레시틴
홀랜다이즈 소스	달걀 난황+버터+레몬즙	난황
프렌치드레싱	식초와 식용유 혼합 후 흔들어 섞음	일시적 유화
아이스크림	우유, 크림, 설탕 등을 혼합하여 부드러운 질감 형성	유단백질
버터	크림을 휘저어 물과 지방 분리→역유화 후 버터 생성	유지방 입자

9) 냉동과 해동

냉동과 해동은 식품의 보존성과 품질 유지에 매우 중요한 과정이다. 특히, 냉동 속도와 해동 방식은 식품의 조직 손상, 수분 손실, 미생물 증식 등에 영향을 미친다.

(1) 급속동결과 완만동결

급속동결과 완만동결은 냉동 속도에 따라 얼음 결정의 크기와 분포가 달라지며, 이는 조직 손상 및 해동 후 품질에 직접적인 영향을 미친다(표 1-6).

급속동결은 $-1°C \sim -5°C$ 사이의 최대 빙결정 형성대를 30분 이내에 빠르게 통과하는 방식이다. 이 과정에서 작고 균일한 얼음 결정이 형성되어 세포막 파괴를 최소화한다(그림 1-12). 그 결과 해동 후에도 조직감과 수분 보유력이 우수하여 높은 조리 품질을 유지할 수 있다.

반면, 완만동결은 해당 온도 구간을 천천히 통과하기 때문에 얼음 결정이 크고 불규칙하게 형성된다. 이는 결국 세포 구조의 손상으로 이어지며, 해동 시 드립(drip) 발생이 많아져 품질이 저하되는 원인이 된다. 따라서 식품의 품질을 최상으로 유지하기 위해서는 목적에 부합하는 적절한 냉동 방식을 선택하는 것이 중요하다.

표 1-6 급속동결과 완만동결의 차이

구분	급속동결(quick freezing)	완만동결(slow freezing)
냉동 속도	빠름(몇 분 내에 중심 온도 도달)	느림(몇 시간~며칠 소요)
온도 조건	−40℃ 이하	−10℃~−20℃
얼음 결정	작고 균일함	크고 날카로움
세포 손상	적음(조직 유지)	큼(세포벽 파괴, 육즙 손실)
품질 유지	우수(식감·수분 유지)	낮음[해동 시 드립(drip)이 많이 나옴]
활용	냉동식품 공장, 급속동결고	가정용 냉동고, 오래 걸리는 냉동 보관

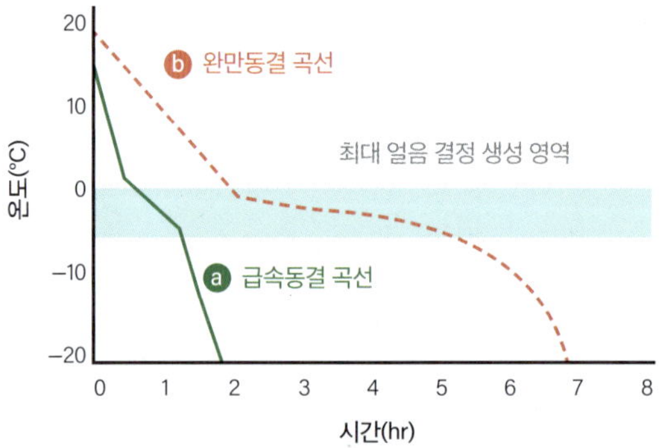

동결 전 세포

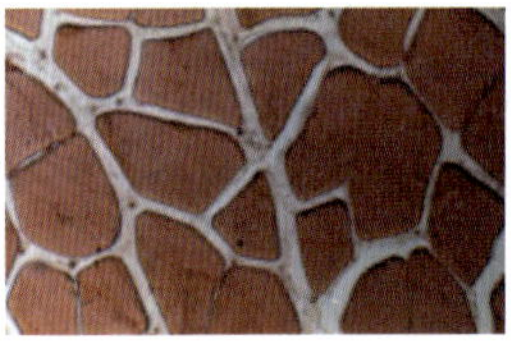

정상 조직

급속동결한 세포

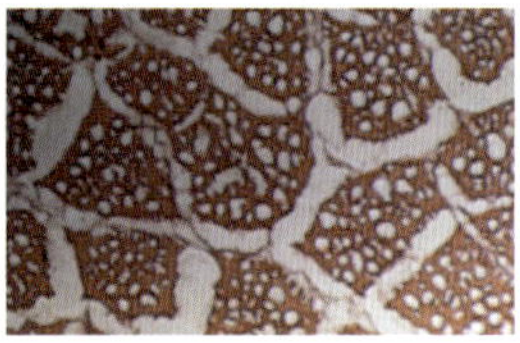

급속동결하면 조직 내 작은 얼음 결정이 생겨 조직 손상이 적어지고, 해동 시 육즙 유출도 적다.

완만동결한 세포

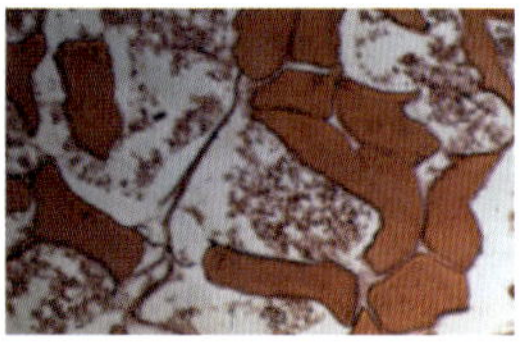

완만동결하면 큰 얼음 결정이 생겨 조직이 손상되고 해동 시 유출된다.

그림 1-12 급속동결과 완만동결 비교

출처: nichirei.

(2) 해동 시 주의사항

해동 시에는 세균 증식을 막기 위해 4°C 이상의 온도에 장시간 노출되지 않도록 주의해야 하며, 특히 식중독 위험이 있는 상온 해동은 피해야 한다. 한번 해동한 식품을 재냉동하는 것은 조직 손상과 품질 저하의 원인이 되므로 금지해야 한다. 또한 해동 과정에서 발생하는 드립(drip) 유출을 최소화하기 위해 밀봉 상태를 유지함으로써 풍미와 영양소 손실 그리고 외부 오염을 방지해야 한다.

10) 식품의 물성과 조리

식품은 여러 성분이 섞여 있는 복합체이며, 이 성분들은 다양한 물리적 형태로 존재한다. 그 중 콜로이드(colloid) 상태는 조리 중 중요한 물리화학적 특성으로 작용한다. 콜로이드 시스템의 이해는 조리 중 질감, 점도, 안정성, 외관 등에 영향을 주며, 조리 품질을 향상시키는 데 필수적이다. 콜로이드 상태에 대한 이해는 거품 형성, 유화, 젤화, 응고 등 다양한 물리적 조리 기법에 활용된다.

(1) 콜로이드 용액의 정의

콜로이드 용액은 지름 100~1000nm 범위의 미세한 입자(분산질)가 다른 물질(분산매) 속에 균일하게 분산된 이질계 혼합물이다. 일반적인 진용액과 달리 분산질이 완전히 용해되지는 않지만, 중력에 의해 침전되지 않으며 반투명하거나 불투명한 외관을 나타낸다.

콜로이드계의 주요 구성 요소는 다음과 같다.

- 분산질(dispersed phase): 분산되는 입자성분으로, 콜로이드계의 핵심 요소이다.
- 분산매(dispersion medium): 분산질이 퍼져 있는 연속적인 매질로, 콜로이드계의 물리적 성질에 영향을 미친다.

조리나 식품 가공 과정에서 흔히 접할 수 있는 콜로이드 용액의 예로는 마요네즈(액체 속 액체 유화계), 젤리(액체 속 고체 졸), 우유(액체 속 액체 및 고체 분산계), 커스터드크림(액체 속 고체 분산계), 수프(액체 속 고형물 분산계) 등이 있으며, 이들은 물리적 안정성과 감각적 품질에 중요한 영향을 미친다.

(2) 분산계의 유형

분산계는 두 가지 이상의 상(phase)으로 구성된 시스템으로, 조리 과정에서 다양한 형태로 나타나며 조성에 따라 여러 유형으로 분류된다.

① 유탁액

유탁액(emulsion)은 서로 섞이지 않는 두 액체가 한쪽이 다른 쪽에 미세하게 분산된 계로, 마요네즈나 드레싱과 같은 유화식품이 대표적이다. 유화제의 작용으로 안정화된다.

② 현탁액

현탁액(suspension)은 고체 입자가 액체 속에 분산된 형태로, 감자전 반죽이나 미숫가루 음료처럼 일정 시간이 지나면 침전이 발생할 수 있는 불안정한 분산계를 말한다.

③ 젤

젤(gel)은 액체가 고체 구조 내에 포획된 응고 형태로, 젤리나 도토리묵처럼 콜로이드 용액이 유동성을 잃어 약간의 탄성과 견고성을 가지고 굳어진 것이다.

④ 거품

거품(foam)은 기체가 액체 내에 분산된 계로, 머랭이나 생크림처럼 공기가 유입되어 부피가 증가하고 부드러운 질감을 형성하는 조리제품에서 흔히 볼 수 있다.

(3) 조리에서의 콜로이드 응용

조리 과정에서 콜로이드 시스템은 여러 형태로 활용되며, 식품의 조직감과 품질에 중요한 영향을 준다.

- **마요네즈**: 대표적인 유탁액으로 기름이 분산질, 식초 등의 수용성 물질이 분산매가 된다. 난황 속 레시틴은 유화제로서 두 액체의 경계를 안정화하여 유화를 유지시킨다.
- **우유**: 지방이 수중에 미세하게 분산된 유탁액으로, 지방구는 단백질막에 의해 안정화된 천연 콜로이드 시스템을 이룬다.
- **젤리**: 젤라틴 용액이 냉각되면서 액체 상태의 물이 고체 젤 구조 안에 갇히는 젤화 과정으로 생성된다. 이는 액체가 고체 골격 안에 분산된 전형적인 젤형 콜로이드이다.

- **머랭**: 머랭을 활용한 거품 케이크는 기체가 액체 내에 분산된 거품 상태를 열로 고정시켜, 단백질 응고로 형성된 기포 구조가 부드럽고 가벼운 식감을 제공한다.
- **커스터드**: 열에 의해 난백과 난황 단백질이 응고되며, 수분이 응고된 단백질망 내에 포획되어 젤 구조를 이루는 콜로이드 성질을 나타낸다.

2. 계량과 조리기구

1) 계량의 중요성

조리에서 '계량(計量)'은 식재료나 조미료의 정확한 양을 측정하는 행위를 말한다. 이는 조리의 일관성을 유지하고 맛과 품질을 표준화하며, 영양적 균형을 유지하기 위해 반드시 필요한 과정이다. 특히, 제과·제빵, 특수식 조리, 다수 인원 급식 등에서는 미세한 계량 차이로 인해 맛이나 결과물이 크게 달라질 수 있다.

정확한 계량은 조리 과정의 과학적 재현성을 높이고 조리 실패를 줄일 뿐만 아니라, 식자재 낭비를 줄이는 경제적 측면에서도 매우 중요하다.

2) 계량의 단위와 변환

(1) 무게 단위의 이해와 환산

조리에서 사용하는 무게 단위(weight)는 주로 고체 재료의 질량을 측정하는 데 활용된다. 대표적인 무게 단위로 mg(밀리그램), g(그램), kg(킬로그램) 등이 있으며, 정확한 계량을 위해서는 단위 간 환산을 정확히 이해해야 한다.

표 1-7 계량 단위(무게) 환산

단위	환산값
1파운드(lb)	453.6g
1온스(oz)	28.35g
1kg	1,000g
1g	1,000mg

예) 고기 500g은 약 1.1파운드(lb)

(2) 부피 단위의 이해와 환산

부피(volume)는 액체 재료나 가루 형태의 재료를 계량할 때 주로 사용한다. 조리에서는 mL(밀리리터), L(리터), 컵(cup), 큰술(T), 작은술(t) 단위가 흔히 사용되며, 국가나 조리 기준에 따라 약간의 차이가 있다(표 1-8).

표 1-8 계량 단위(부피) 환산

단위	환산값
1L	1,000mL
1컵(cup, C, 한국, 미터법)	200mL
1컵(cup, C, 미국 쿼트법)	240mL
1큰술(Table spoon, Ts)	15mL
1작은술(tea spoon, ts)	5mL
1갤런(gal)	3.79L
1쿼트(qt)	946.4mL
1파인트(pt)	473.2mL
1액체온스(fl oz)	29.6mL

예)

- 1Ts = 3ts = 5mL × 3 = 15mL
- 1 액체온스(fl oz) = 약 2Ts = 29.6mL
- 조개류의 해감을 위한 소금물은 물 5컵에 소금 2Ts을 넣어 만들 수 있다.
  (3% = 30g/1,000mL ≈ 2Ts/5컵)

(3) 무게와 부피의 차이

무게는 물체의 질량을 나타내는 물리량으로, 일반적으로 g 또는 kg 단위를 사용한다. 반면, 부피는 물체가 차지하는 공간의 크기를 의미하며, mL 또는 L 단위로 나타낸다. 동일한 부피라도 식재료의 종류에 따라 밀도 차이에 의해 무게는 달라질 수 있다(표 1-9, 그림 1-13).

예를 들어, 물 100mL와 밀가루 100mL의 부피는 같지만 질량은 다르다. 따라서 조리 시 정확한 계량을 위해서는 식재료의 특성에 따른 무게와 부피의 관계를 고려해야 한다.

표 1-9 재료별 부피와 무게

재료	1컵의 부피(200mL 기준)	무게
물	200mL	200g
밀가루	200mL	약 110~120g
설탕	200mL	약 160~180g
식용유	200mL	약 180g

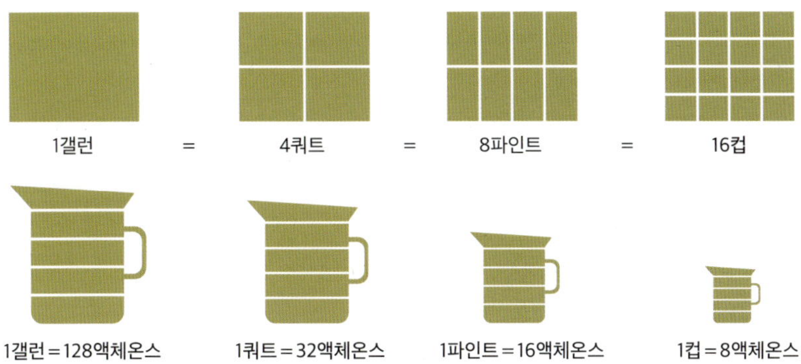

그림 1-13 단위 환산

조리 Tip '1컵=200g'은 물만 해당

가루나 기름은 밀도 차이로 인해 같은 부피라도 무게가 다르므로, 반드시 재료별 밀도를 고려하여 계량해야 한다.

3) 식품별 계량 방법

(1) 가루식품의 계량법

가루식품은 포장 상태, 습도, 입자 크기 등에 따라 부피당 무게가 달라질 수 있어 계량 과정에서 오차가 발생하기 쉽다. 따라서 정확한 조리를 위해 표준화된 계량법을 준수하는 것이 중요하다.

① 밀가루 계량법

밀가루를 정확히 계량하기 위해서는 그림 1-14와 같이 계량컵 또는 계량스푼을 사용한다. 먼저 체로 쳐서 덩어리를 풀고 가볍게 부풀린 상태로 만든다. 그다음 계량컵으로 떠서 담고, 윗면을 수직으로 깎아 평평하게 정리한다. 이때 컵을 누르거나 두드리면 실제보다 무게가 많이 나가 과잉 계량이 발생하므로 주의해야 한다.

일반적으로 밀가루 1컵은 약 110~120g이며, 밀가루의 종류와 습도에 따라 차이가 있다.

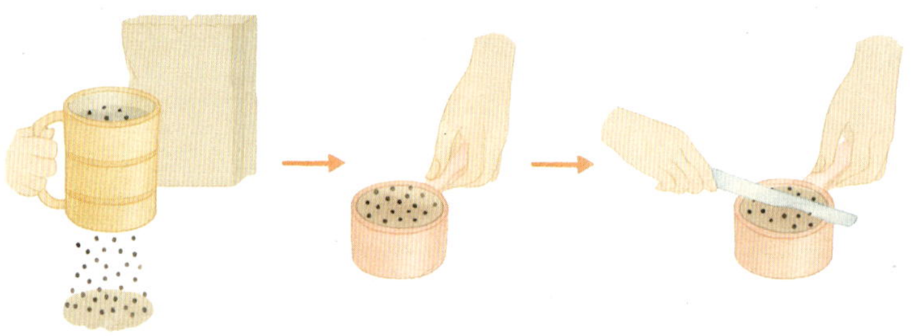

그림 1-14 밀가루 계량법

출처: 이주희 외(2019). 과학으로 풀어 쓴 식품과 조리원리. 교문사.

② 설탕 계량법

설탕을 계량할 때도 계량컵 또는 계량스푼을 사용한다. 백설탕은 그대로 담은 뒤 윗면을 수직으로 깎아 평평하게 맞춘다. 반면, 흑설탕은 입자가 크고 수분을 함유하고 있어 부피가 크므로, 컵에 담을 때 꾹꾹 눌러 담아야 보다 정확한 계량이 가능하다.

백설탕은 입자가 작아 같은 부피라도 무게가 더 나가는 경향이 있으며, 흑설탕은 수분 함량으로 인해 상대적으로 가볍게 계량된다. 일반적으로 백설탕 1컵은 약 180g, 흑설탕 1컵은 약 160g 정도이다.

(2) 고체식품의 계량법

고체식품은 형태가 일정하지 않아 컵으로 계량하기 어려우므로, 그림 1-15와 같이 물 이용법이나 종자 치환법과 같은 보조적인 계량법을 사용한다.

그림 1-15 고체식품 계량법

출처: 이주희 외(2019). 과학으로 풀어 쓴 식품과 조리원리. 교문사.

① 물 이용법(water displacement method)

부피 측정이 어려운 고체식품의 부피를 물의 증가량으로 간접 측정하는 방법이다. 눈금이 있는 계량컵에 일정량의 물을 넣고 고체식품을 넣은 뒤, 상승한 눈금만큼을 식품의 부피로 계산한다.

예를 들어, 처음 컵에 담긴 물이 100mL이고 식품을 넣은 뒤 눈금이 180mL로 증가했다면, 고체식품의 부피는 80mL로 볼 수 있다. 이 방법의 장점은 형태가 일정하지 않은 식품도 쉽게 계량할 수 있다는 점이다. 다만, 흡수성이 큰 건조식품(예: 빵, 해조류 등)은 물을 흡수하거나 형태가 변형되어 정확한 측정이 어려우므로 이 방법을 적용하기에 적합하지 않다.

② 종자 치환법(seed displacement method)

고체식품의 부피를 측정할 때 물 대신 곡물(콩, 팥, 좁쌀 등)을 이용하여 식품의 용적을 간접적으로 측정하는 방법이다. 이 방법은 다음 절차로 이루어진다.

그릇에 좁쌀이나 유채씨 등의 종자를 가득 채운 뒤 측정하려는 식품을 넣으면, 식품의 부피만큼 종자가 밀려 나오게 된다. 이때 넘친 종자를 메스실린더에 옮겨 계량하면 그 수치가 곧 식품의 부피에 해당한다.

종자 치환법에 사용되는 곡물은 일반적으로 크기가 균일하고 흐름성이 좋은 콩, 팥, 좁쌀, 유채씨 등이며, 물을 사용하지 않기 때문에 수분 흡수나 조직 변형 우려가 있는 식품에도 적용할 수 있다는 장점이 있다.

3. 조리기구의 분류와 특징

조리기구는 조리 과정을 돕는 기계 또는 도구로, 조리 목적과 조리법에 따라 매우 다양하게 분류된다.

1) 온도계

온도는 조리의 안전성과 품질을 좌우하는 중요한 요소로, 상황에 따라 다양한 종류의 온도계가 사용된다(그림 1-16).

(1) 바이메탈 온도계(bimetal thermometer)

두 종류의 금속이 서로 다른 열팽창률을 가진다는 원리를 이용하여 온도를 측정한다. 구조가 단순하고 내구성이 뛰어나 오븐 내부 또는 고기 내부 온도 측정에 적합하나, 반응 속도는 다소 느리다.

(2) 디지털 온도계(digital thermometer)

전자 센서를 통해 온도를 감지하고 디지털 화면에 표시한다. 반응 속도가 빠르고 정밀도가 높아 다양한 식품의 중심 온도 측정에 널리 활용된다. 일부 제품은 방수 기능이나 알람 기능을 갖추고 있다.

(3) 적외선 온도계(infrared thermometer)

대상 표면에서 방출되는 적외선을 감지하여 비접촉식으로 온도를 측정한다. 뜨거운 기름, 조리기구 표면 등의 온도 측정에 유용하나, 식품 내부 온도 측정에는 적합하지 않다.

(4) 튀김 온도계(candy / deep - fry thermometer)

시럽이나 튀김유 등 고온(약 150~200℃)의 액체 온도를 측정하기 위한 온도계이다. 긴 탐침과 고온에 견디는 구조를 가지며, 일부 제품은 조리기구에 고정할 수 있는 클립이 부착되어 있다.

(5) 오븐 온도계(oven thermometer)

오븐 내부의 실제 온도를 확인하는 데 사용하며, 내열성이 높은 재질로 제작된다. 설정 온도와 실제 온도의 차이를 점검하는 데 유용하다.

바이메탈 온도계

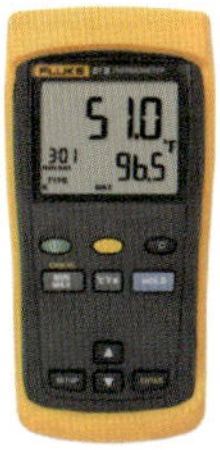
디지털 온도계

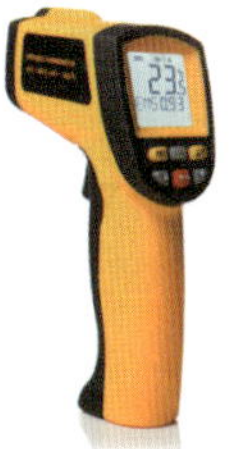
적외선 온도계

튀김 온도계

오븐 온도계

그림 1-16 온도계의 종류

2) 염도계

염도계(salinity meter)는 식품 중 염분(NaCl) 농도를 측정하는 장비로, 전기전도도(electrical conductivity) 또는 굴절률(refractive index)을 이용해 염도를 산출한다(그림 1-17). 가장 널리 사용되는 방식은 전기전도도 기반 측정이다.

염화나트륨은 수용액에서 나트륨 이온(Na^+)과 염화 이온(Cl^-)으로 해리되며, 이들 이온은 전류를 전달하는 성질을 가진다. 염도계는 시료용액에 일정 전압을 인가한 뒤, 그에 따라 흐르는 전류의 세기를 측정하여 전기전도도를 계산한다. 이때 전도도는 용액 내 이온 농도, 즉 염분 농도에 비례하므로 전도도값을 바탕으로 염도를 환산할 수 있다.

또한 일부 디지털 염도계는 내부에 저장된 보정 곡선(calibration curve)을 이용해 전도도값을 염도(%)로 자동 변환하여 표시한다. 이러한 방식은 조리 및 식품 가공 과정에서 국물, 소스, 반죽 등 다양한 액체 식품의 염분 조절에 활용된다.

굴절률 방식의 염도계는 빛이 액체 시료를 통과할 때 나타나는 굴절률 변화를 측정하여 염도를 간접적으로 추정하며, 주로 당도계와 겸용되는 장비에서 사용된다.

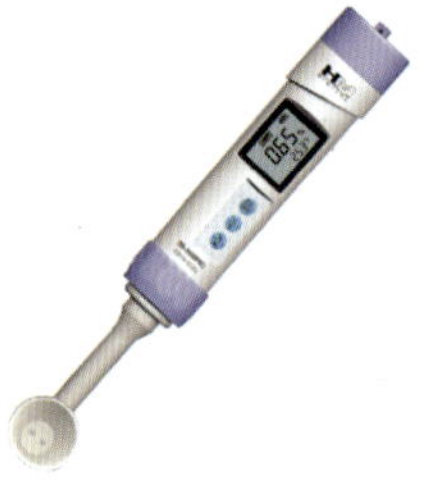

스푼형 염도계

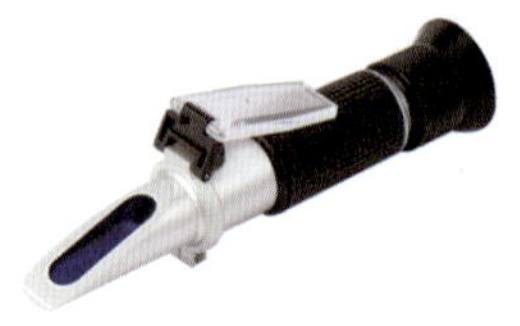

굴절당도계(아날로그)

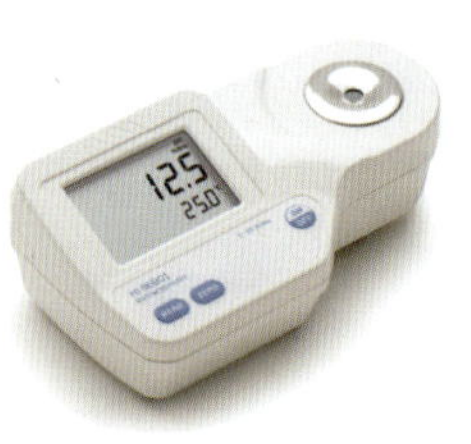

디지털 당도계

그림 1-17 염도계와 당도계

3) 당도계

당도계(糖度計, refractometer)는 식품 중 당(糖) 함량을 측정하는 장비로, 주로 굴절률(refractive index)을 이용하여 당도를 간접적으로 산출한다. 굴절률은 빛이 한 매질에서 다른 매질로 이동할 때 진행 방향이 얼마나 꺾이는지를 나타내는 값으로, 용액의 농도에 따라 달라진다.

당류는 수용액에서 빛의 굴절에 영향을 미치는 주요 성분이므로, 시료의 굴절률을 측정하면 용액 내의 당 농도를 예측할 수 있다. 당도계는 이러한 굴절률값을 내부에 설정된 기준 곡선에 따라 브릭스(Brix, °Bx) 단위로 환산해 표시한다. 브릭스는 수용액 100g 중에 포함된 자당(sucrose)의 그램 수를 의미하며, 1°Bx는 100g의 용액에 자당 1g이 녹아 있는 상태를 뜻한다.

디지털 당도계는 광원을 이용해 시료에 빛을 투과시키고, 센서로 굴절된 빛의 각도를 측정해 당도를 자동으로 계산하여 디스플레이에 표시한다. 아날로그 당도계는 광학식 프리즘과 스케일을 활용해 사용자가 굴절 경계선을 직접 읽어 값을 확인하는 방식이다. 당도계는 과일, 음료, 소스류 등의 당 함량 측정에 널리 활용되며, 식품의 맛, 품질, 숙성 정도를 판단하는 데 유용한 기초 정보를 제공한다.

4) 점도계

점도계(viscometer)는 액체가 흐를 때 받는 저항, 즉 점도(viscosity)를 측정하는 장비로, 조리 및 식품 가공 분야에서 소스, 시럽, 반죽 등의 농도와 품질을 정량적으로 평가하는 데 사용된다. 점도는 식품의 물성과 제조 공정의 품질을 좌우하는 중요한 특성이므로, 점도계는 식품 품질 관리와 공정 표준화에 필수적인 도구라고 할 수 있다. 또한 점도는 온도, 전단 속도 등 측정 조건에 따라 값이 달라질 수 있으므로, 일정하고 표준화된 조건에서 측정하는 것이 중요하다.

점도계는 사용 목적과 측정 원리에 따라 다양한 종류가 있으며, 주요 점도계의 특징은 다음과 같다.

(1) 컵식 점도계(flow cup viscometer)

일정한 부피의 액체가 바닥에 구멍이 있는 컵에서 흘러나오는 데 걸리는 시간을 측정해 점도를 간접적으로 파악한다. 측정이 간단하고 휴대가 용이하지만 정밀도는 다소 낮아 상대적인 점도 비교에 주로 사용된다.

(2) 회전식 점도계(rotational viscometer)

액체 속에서 원통 또는 스핀들을 회전시켜 받을 때의 저항을 측정해 점도를 계산한다. 다양한 점도 범위를 정밀하게 측정할 수 있어 식품산업에서 가장 널리 활용되며, 대표 장비로 브룩필드(brookfield) 점도계가 있다.

(3) 낙구식 점도계(falling ball viscometer)

일정한 크기와 밀도의 공을 액체 속에 떨어뜨리고, 공이 낙하하는 속도를 측정해 점도를 산출한다. 구조가 간단하며 투명한 액체의 점도 측정에 적합하다.

(4) 관형 점도계(capillary viscometer)

모세관 형태의 좁은 유리관을 따라 액체가 흐르는 시간을 측정하여 점도를 구한다. 정밀도가 높지만 실험 조건의 엄격한 통제가 필요해 조리 현장보다는 실험실에서 주로 사용된다.

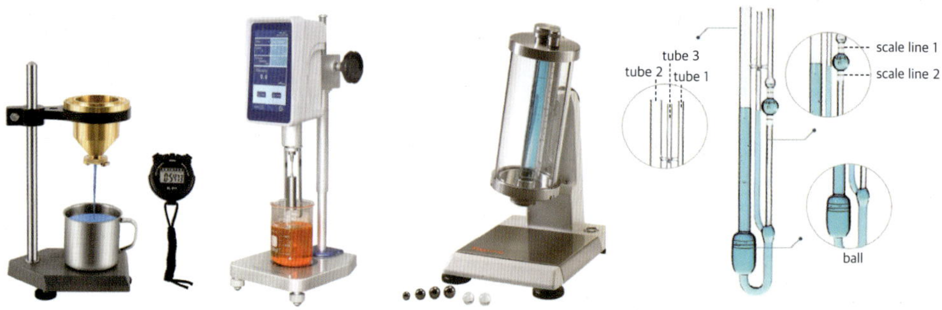

컵식 점도계 회전식 점도계 낙구식 점도계 관형 점도계

그림 1-18 점도계의 종류

self summary

1. 열전달 방식

2. 비열

3. 섭씨온도 · 화씨온도

4. 유화의 형태

5. 급속동결 · 완만동결

6. 계량 단위

7. 온도계의 종류

학습 마무리 문제

1 열전도율이 가장 빠른 것은?

① 은 ② 철 ③ 구리
④ 유리 ⑤ 알루미늄

정답 ①

해설 전도(conduction)는 고체를 통한 직접적인 열전달 방식이며, 금속은 일반적으로 열전도율이 높다. 특히, 은(Ag)은 모든 금속 중 열전도율이 가장 뛰어나 열이 가장 빠르게 전달된다.

철, 구리, 알루미늄은 모두 우수한 전도체이지만, 은의 전도 효율이 가장 뛰어나므로 조리기구 재료 중에서도 기준이 된다.

2 수란의 포칭 온도는 85℃이다. 이는 화씨 몇 도에 해당하는가?

① 175℉ ② 180℉ ③ 185℉
④ 190℉ ⑤ 195℉

정답 ③

해설 섭씨(℃)와 화씨(℉)는 눈금 기준이 달라 변환이 필요하다.

공식은 ℉=(℃×9/5)+32이며,
85℃×9/5+32=185℉가 된다.
따라서 섭씨 85℃는 약 185℉에 해당한다.

3 전자레인지에 대한 설명으로 옳은 것은?

① 조리용기는 자성 금속만 가능하다.
② 조리시간이 짧아 에너지 효율이 낮다.
③ 수분 함량이 낮은 식재료의 가열에 효율적이다.
④ 식품 내부의 물 분자들의 마찰열을 이용한 것이다.
⑤ 식품용기에서 열이 발생하여 식품 내부로 전달된다.

정답 ④

해설 전자레인지는 약 2,450MHz의 극초단파(microwave)를 이용하여 식품 내 물 분자를 진동시켜 마찰열을 발생시키는 원리이다. 즉, 열이 외부에서 내부로 전달되는 일반 가열과 달리 식품 내부에서부터 열이 발생한다. 또한 조리시간이 짧고 에너지 효율이 높으며, 수분 함량이 높은 식재료에서 가장 효과적이다.

4 난황에 존재하는 인지질로 대표적인 천연 유화제는?

① 레시틴 ② 카제인 ③ 오보뮤신
④ 오브알부민 ⑤ 오보글로불린

정답 ①

해설 유화(emulsification)는 물과 기름처럼 서로 섞이지 않는 두 액체가 한쪽이 다른 쪽에 미세하게 분산되는 현상이다. 이때 난황(달걀노른자)에 포함된 레시틴(lecithin)은 인지질 계열의 천연 유화제로, 친수성과 소수성을 동시에 가져 두 액체의 경계면을 안정화한다.

따라서 마요네즈, 홀랜다이즈 소스 등은 레시틴의 유화작용으로 부드럽고 균일한 질감을 유지할 수 있다.

5 계량 단위에 대한 설명으로 옳은 것은?

① 1Ts=4ts
② 1갤런=16파인트
③ 1파운드=약 16액체온스
④ 1액체온스=약 3큰술
⑤ 소고기 600g=약 2.3파운드

정답 ③

해설 1파운드(lb)=453.6g=16액체온스(oz)

학습목표

- 기본 조리 조작 및 조리 기법이 식품의 품질에 미치는 영향을 이해하고 이를 조리에 적용할 수 있다.
- 열전달 방식에 따른 조리 방법의 원리를 이해할 수 있다.
- 기본양념의 종류와 조리에서의 역할을 설명할 수 있다.

CHAPTER 2

조리 방법과 기본양념

1. 조리 방법

1) 조리의 예비 조작

(1) 다듬기

다듬기는 식재료를 조리에 적합하도록 전처리하는 과정으로, 식품의 비가식 부분을 제거하는 작업이다. 이 과정에서 발생하는 폐기물의 비율을 폐기율이라고 하며, 이는 식품의 종류에 따라 다르게 나타난다. 예를 들어, 채소류는 폐기율이 6~10% 정도로 낮지만 생선류는 30~50%, 육류는 약 30%로 비교적 높다. 조개류의 껍데기, 생선의 내장, 육류의 뼈와 같이 식품에 따라 폐기율이 높게 나타나는 반면, 곡류나 채소류는 낮은 폐기율을 보인다.

폐기율에 대한 이해는 조리 현장에서 재료 준비량과 구매량을 계산하는 데 필수적이며, 식재료의 효율적인 사용과 비용 산정에도 중요한 역할을 한다. 또한 다듬기를 통해 식재료의 크기와 모양이 일정하게 유지되어 조리 시 균일한 가열과 조미가 가능해진다.

따라서 조리 실무에서는 폐기율을 반영하여 필요량과 발주량을 계산하는 산식을 활용한다. 다음은 이를 구체적으로 나타낸 것이다.

- $\text{폐기율}(\%) = \dfrac{\text{전체 무게} - \text{가식부 무게(g)}}{\text{전체 무게(g)}} \times 100$
- $\text{필요량(g)} = \text{가식부 무게} \times \dfrac{100}{100 - \text{폐기율}(\%)}$
- $\text{발주량} = \text{식수} \times 1\text{인분 필요량} = \dfrac{\text{식수} \times 1\text{인분 가식부 무게} \times 100}{100 - \text{폐기율}(\%)}$

(2) 씻기

씻기는 조리 과정에서 가장 먼저 이루어지는 단계로, 조리의 위생과 안전성을 확보하기 위한 필수 작업이다. 이 과정의 목적은 식품에 묻은 흙, 이물질, 미생물, 기생충 알, 농약 등의 위해물질을 제거하고, 불쾌한 맛을 유발하는 성분을 씻어내어 식재료 본연의 맛과 품질을 유지하는 데 있다.

일반적으로 흐르는 물을 이용하여 세척하며, 어패류와 같이 표면에 점액질이 많은 식재료는 2~3% 농도의 소금물을 사용하여 세척하는 것이 효과적이다. 채소나 과일은 필요에 따라 전용 세정제를 최소 농도로 희석하여 사용하기도 하는데, 이 경우 세제를 이용한 세척 후에는 식품에 잔류하지 않도록 기준에 맞춰 단시간에 세척하고 깨끗이 헹구는 작업을 여러 번 반복해야 한다.

씻기는 식품의 수용성 성분 손실을 최소화하기 위해 썰기 전에 수행하는 것이 바람직하다. 특히, 곡류의 경우 쌀을 씻을 때는 씻는 횟수를 3회 정도로 제한하는 것이 비타민 B군 손실을 줄이는 데 도움이 된다. 또한 쌀을 씻은 후 장시간 물에 담가 두면 쌀겨 냄새가 발생하고 밥알의 형태가 손상되어 밥맛이 저하될 수 있으므로 주의해야 한다.

이러한 기본 원리를 바탕으로, 식품 종류별로 적용되는 세척과 헹굼의 구체적인 방법을 살펴보면 채소, 과일, 수산물, 국수 등에서 서로 다른 특징이 나타난다.

① 채소 씻기

채소를 씻는 목적은 위생적 청결을 확보하고 흙, 이물질, 기생충, 농약 등의 위해요소를 제거하는 것이다. 또한 채소에 포함된 쓴맛이나 떫은맛 성분(호모겐티스산, 수산, 탄닌 등)을 제거하기 위해 잘라서 물에 담그거나 흐르는 물에 세척하면 더욱 효과적이다. 특히, 우엉, 연근, 감자, 토란, 시금치, 죽순, 고사리, 고비 등의 채소는 이러한 방법을 활용하면 맛을 개선할 수 있다.

② 과일 씻기

과일은 껍질을 벗기거나 자른 후에는 갈변이 쉽게 일어나고 단맛과 향미가 손실되기 쉬우므로, 가능하면 자르기 전에 통째로 세척하는 것이 바람직하다.

③ 생선과 조개류 씻기

수산물을 씻는 주목적은 비린내를 제거하고 오염물질 및 표면의 미끈거림을 없애는 것이다. 생선 표면의 점액은 당류와 단백질이 결합된 점성 물질로, 세균이나 오염물질이 부착되기 쉽다. 이 점액질은 일반 물에는 잘 제거되지 않지만, 2~3% 농도의 소금물에서는 용해되어 쉽게 제거된다. 생선은 소금물로 표면을 씻어내고, 조갯살은 소쿠리에 담아 소금물에 흔들어 세척한다.

④ 삶은 국수 헹구기

삶은 국수는 찬물에 헹궈 열을 빠르게 낮춤으로써 고온에서 계속 진행되는 호화작용을 멈추게 한다. 이는 단순한 세척의 의미를 넘어, 식감 유지와 품질 관리를 위한 중요한 과정이다.

더 알아보기 | 올바른 식재료 세척법

- 세제를 사용하는 경우에는 기준에 맞게 세척 후 반드시 여러 번 깨끗이 헹궈 잔류물이 남지 않도록 한다.
- 수용성 단백질, 수용성 비타민, 향미물질 등의 손실을 최소화하기 위해 식재료를 썰기 전에 큰 상태로 씻는다.
- 수용성 영양소와 무기질의 용출을 줄이기 위해 세척시간을 가급적 단축하는 것이 바람직하다.

(3) 불리기

불리기는 식품을 물이나 조미액에 담가 수분을 공급하고 조직을 연화하며, 떫은맛과 쓴맛 같은 수용성 성분 및 불필요한 성분을 용출시키는 과정이다. 또한 식품의 갈변을 방지하고 조미료가 침투하는 효과도 있다.

곡류, 미역, 건채소와 같은 건조식품은 침수 과정에서 부피가 증가하며, 곡류는 약 2.5배, 일반 건조식품은 5~7배, 한천은 20배까지 팽윤된다(표 2-1). 침수된 식품은 팽윤 및 수화로 인해 물성 변화가 촉진되어 조리시간이 단축되며, 단단한 식품은 연화된다. 또한 식품의 갈변과 변색을 방지하고 불필요한 맛성분을 제거하며, 조미료의 침투를 도와 조리 후 품질을 향상시킨다.

표 2-1 건조식품의 무게 증가율

건조식품	무게 증가율(배)	건조식품	무게 증가율(배)
미역	8~9	고사리	6~7
다시마	4~5	해삼	4~5
당면	6~7	홍합	2~3
표고버섯	6~7	콩(대두)	2~3
목이버섯	7~8	쌀	1.2~1.3

(4) 썰기

썰기는 조리 과정에서 가장 많이 사용되는 조리 조작으로, 식재료의 먹을 수 없는 부분이나 불필요한 부분을 제거하고, 먹기 좋고 보기 좋은 크기와 형태로 만드는 작업이다. 썰기 방법에는 그림 2-1과 같이 여러 가지가 있다.

이 과정은 단순히 모양을 다듬는 것뿐만 아니라 열전달을 용이하게 하고 조미료의 침투를 돕는 중요한 역할을 한다. 썰기를 통해 식재료의 표면적이 증가하면 열전도율이 높아지고, 가열시간이 단축되며 소화 흡수율도 향상된다.

육류는 결의 반대 방향으로 썰면 연도가 증가하고 부드러워지며, 육회나 편육과 같은 조리법에서 이 원칙이 적용된다. 식품의 종류와 특성에 따라 다양한 썰기 방법(어슷썰기, 채썰기, 다지기 등)을 선택하며, 외관과 맛을 증진시켜 미적 가치와 식감을 향상시킨다. 육류나 생선류와 같이 세포막이 약한 식품은 눌러 자르지 않고 단번에 썰어 감칠맛 성분의 손실을 최소화한다.

그림 2-1 다양한 썰기 방법

더 알아보기	썰기가 조리 과정에 미치는 영향

- 열전달과 조미 침투 용이: 표면적을 증가시켜 열이 고르게 전달되고 조미료가 쉽게 침투한다.
- 불필요한 부분 제거: 식용 불가능한 부분(채소의 껍질, 뿌리, 생선의 지느러미나 아가미 등)과 변질 부위를 제거한다.
- 조리시간 단축 및 식감 향상: 크기와 모양을 조절하여 조리시간을 줄이고 먹기 좋은 식감과 외관을 제공한다.

(5) 섞기

섞기는 재료를 균일하게 혼합하는 과정으로, 무침이나 조림에서는 섞기를 통해 조미액이 고르게 스며들어 맛이 향상된다. 머랭, 휘핑크림, 마요네즈, 나물무침 등이 그 예이다.

섞기 방법에는 혼합(mixing), 폴딩(folding), 교반(beating), 휘핑(whipping)이 있으며, 상황에 따라 병행하여 사용된다. 제과·제빵에서는 공기 유입으로 인한 용적 팽창을 위해 필수적인 과정이며, 특히 휘핑은 유지방 함량이 높은 크림을 거품 내어 과일 샐러드나 케이크 장식 등에 활용된다.

섞기는 조리 과정에서 다음과 같은 영향을 미친다.

- **재료의 균질화**: 제과·제빵에서 밀가루에 우유나 달걀 등을 넣고 골고루 섞어 균일한 반죽을 만든다.
- **열전도의 균질화**: 소스나 묵 등을 만들 때 고르게 저어 주면 열이 균일하게 전달된다. 젓지 않으면 바닥이 눌어붙거나 탈 위험이 있다.
- **맛의 균일화**: 조미료가 고르게 퍼져 전체적인 맛의 일관성이 유지된다.
- **촉감 개선**: 스펀지케이크 반죽과 같이 재료를 충분히 섞으면 부드러운 질감을 얻을 수 있다.

(6) 갈기·으깨기·다지기

식품에 외부의 힘을 가하여 조직이나 세포를 파괴해 분말이나 페이스트 상태로 만드는 방법이다. 수분 함량이 적은 건조식품은 믹서나 그라인더 등을 이용하여 분쇄하고, 수분 함량이 많은 식품은 갈거나 으깨는 방법으로 마쇄한다.

- 갈기(grinding): 믹서나 그라인더로 미세한 입자 형태로 만드는 과정으로, 주로 쌀가루, 미숫가루, 후춧가루, 고춧가루 등을 제조할 때 사용된다.
- 으깨기(mashing): 감자나 달걀 등의 고형 재료를 고운 입자 상태로 만드는 방법이다.
- 다지기(mincing, chopping): 마늘이나 허브와 같이 일정한 형태가 없는 재료를 작은 조각으로 자르는 방법이다.

(7) 냉각·냉장

냉각은 가열 조리된 음식의 온도를 낮추는 과정으로, 자연바람, 냉수, 냉장고 등을 이용한다. 음식의 맛을 개선하고 미생물 번식을 억제하며, 묵이나 젤리와 같이 젤화가 필요한 음식의 응고를 돕는다. 특히, 샐러드·냉채와 같이 차게 먹는 음식에서는 냉각이 맛을 더욱 좋게 한다.

냉각 속도는 식품 주위의 열전도율, 식품의 표면적 그리고 식품과 냉각매체(찬 공기 또는 찬물) 간의 온도 차이에 따라 달라진다. 찬물은 찬 공기보다 열전도율이 높아 효과적이며, 얼음물에 담그면 더욱 빠르게 식힐 수 있다. 식품의 크기가 작고 얇을수록 냉각 속도가 빠르며, 큰 덩어리는 잘라 냉각하는 것이 좋다.

짧은 시간 동안 냉각하거나 저장을 위해 낮은 온도에 보관할 때는 음식의 표면적이 클수록, 용기가 작을수록 냉각이 빠르게 이루어진다. 냉장고 내부는 위치에 따라 온도 차이가 있으므로 식품의 종류와 보관 목적에 따라 저장하는 것이 중요하다.

(8) 냉동

냉동은 식품을 0℃ 이하로 낮춰 내부의 수분을 동결시키는 방법으로, 수산물, 빙과류, 냉동식품 등 다양한 식품 보존에 널리 활용된다. 이 과정은 미생물의 번식과 효소 활동, 산화반응을 억제하여 식품의 품질 저하를 방지한다.

동결 속도는 식품 품질 유지에 중요한 요소이다. 급속동결 시 작은 얼음 결정이 형성되어 조직 파괴가 최소화되지만, 서서히 동결할 경우 얼음 결정이 커지면서 세포구조가 손상되고 해동 시 많은 양의 수분이 빠져나오는 드립(drip) 현상이 발생한다. 따라서 −40℃ 이하에서 급속동결하는 것이 조직 손상을 효과적으로 줄일 수 있는 방법이다.

동결 과정은 얼음 결정이 형성되는 핵화(nucleation) 단계와 결정 성장(crystal growth) 단계로 구분된다. 급속동결은 얼음 결정의 성장을 억제하여 품질 저하를 억제하는 반면, 완만동결은 얼음 결정이 커지면서 식품의 조직을 파괴하여 해동 후 식품의 질감과 형태가 변형될 수 있다.

냉동 상태에서는 미생물 증식과 전분의 노화가 억제되지만, 장기간 저장 시 유지의 산패와 단백질 변성이 발생할 수 있으므로 적절한 기간 내에 소비하는 것이 권장된다.

(9) 해동

해동은 냉동된 식품을 냉동 이전의 상태로 되돌리는 과정으로, 이 과정에서 식품의 물리적·화학적 변화가 발생한다. 특히, 단백질 변성으로 인해 조직이 파괴되고 정미성분의 손실이 나타날 수 있다.

① 해동 방식의 분류

㉠ 급속해동 짧은 시간 내 빠르게 해동하는 방식으로, 주로 반조리 식품, 조리된 냉동식품, 데친 채소 등에 이용된다. 전자레인지나 직접 가열을 통해 이루어지며 조리 편의성이 높다. 다만, 해동 속도가 빠를수록 조직 파괴와 드립이 증가할 수 있다.

㉡ 완만해동 0℃ 근처의 저온에서 서서히 진행되는 해동 방식으로, 표면과 중심부의 온도 차이가 적어 식품의 조직을 가장 잘 보존한다. 특히, 육류와 같은 동물성 식품은 2~4℃ 냉장고에서 완만하게 해동하는 것이 품질 유지에 가장 적합하다.

② 해동 방법의 종류

㉠ 냉장해동(완만해동) 품질 손실이 가장 적으며 미생물 번식 위험도 낮다.

㉡ 실온해동(공기해동) 시간은 짧지만 조직 변화와 드립이 심하고 미생물 번식 위험이 높다.

㉢ 수중해동 물은 공기보다 열전도율이 높아 빠른 해동이 가능하다. 흐르는 물(유수해동)을 사용하면 효과적이다.

㉣ 전자레인지 해동 식품 자체 수분의 발열을 이용하여 빠르고 간편하게 해동할 수 있으며, 겉모양과 맛의 변화가 적다. 다만, 가열이 불균일하게 이루어질 위험이 있으므로 해동 시 중간에 뒤집어주는 과정 등이 필요하며, 해동 직후에는 즉시 조리하는 것이 바람직하다.

㉤ **가열해동** 냉동된 반조리 식품이나 데친 채소는 해동 없이 바로 가열 조리할 수 있다.

해동 과정에서는 급속해동 시 액즙 손실이 많으며, 한 번 유출된 물은 다시 단백질과 결합하기 어려워 조직의 질감과 맛이 저하된다. 따라서 가능한 경우에는 완만해동이 권장된다.

2) 비가열 조리

비가열 조리는 식품 고유의 색, 맛, 향, 질감을 유지하면서 신선한 상태로 조리하는 방법이다. 채소와 과일을 이용한 생채, 쌈, 샐러드, 절임, 장아찌, 김치뿐만 아니라 어패류 회와 육회 등도 비가열 조리에 속한다.

이러한 조리법은 수용성 영양소의 손실이 적고 식품 고유의 풍미와 질감을 그대로 살릴 수 있으며, 조리시간이 짧다는 장점이 있다. 그러나 위생 관리가 철저히 이루어지지 않으면 농약, 병원성 미생물, 기생충 등으로 인해 식품 안전성에 문제가 발생할 수 있다. 따라서 신선하고 위생적인 재료를 사용하고 깨끗하게 세척한 후, 가능한 한 빠른 시간 안에 조리하고 섭취해야 한다.

3) 가열 조리

(1) 습열 조리법

① 데치기·삶기

㉠ **데치기(blanching)** 끓는 물에 식재료를 짧은 시간 담갔다가 꺼내는 조리법으로, 주로 채소와 어패류에 사용된다. 이 방법은 식재료의 색을 고정하고 좋은 질감을 유지하며, 효소를 불활성화시켜 변색을 방지하고 불쾌한 냄새나 불순물을 제거하는 데 효과적이다. 주로 채소를 냉동 저장하거나 건조채소를 만들 때 전처리 과정으로 활용된다.

예를 들어, 시금치나 무청을 데쳐 나물로 사용하거나 오징어숙회를 준비할 때, 토마토 껍질을 쉽게 벗길 때 사용된다. 데친 후에는 찬물에 식혀 색과 질감을 유지하고, 장기간 보관 시 물기를 제거한 후 냉동하는 것이 좋다.

㉡ **삶기(boiling)** 식재료를 끓는 물에 넣고 충분히 익을 때까지 가열하는 조리법이다. 삶기

를 통해 조직은 연화되고 단백질은 응고되며, 감칠맛 성분이 증가하고 불필요한 지방이나 쓴맛 성분이 제거된다. 삶은 후에는 주로 건더기를 사용하며 물은 버리는 경우가 많다.

삶기 과정에서는 수용성 영양소의 손실을 최소화하도록 주의해야 하며, 건조식품은 수분 흡수가 촉진되어 재료의 색과 맛이 향상된다. 예를 들어, 삼겹살을 삶아 수육으로 제공하거나 편육으로 활용하고, 국수를 삶아 면 요리를 준비하며, 죽순이나 연근과 같은 단단한 채소를 부드럽게 삶아 무침 요리에 사용한다.

② 끓이기

끓이기(boiling)는 식재료를 물이나 조미액에 넣어 100℃에서 가열하는 조리법이다. 이 방법은 식품에 포함된 맛성분을 국물에 우려내어 함께 섭취할 수 있어 영양소 손실이 비교적 적다. 조리 과정에서 조직의 연화, 전분의 호화, 단백질의 응고, 콜라겐의 젤라틴화가 일어나 음식의 소화와 흡수를 돕는다. 또한 조리 중에도 온도 조절과 조미가 가능해 음식의 풍미를 균일하게 유지할 수 있다.

끓이기는 식재료에 열을 고르게 전달하여 부드러운 식감을 만들고, 수용성 성분의 용출과 조미료의 침투로 맛을 강화한다. 육류로 국물을 낼 경우 찬물에서부터 끓이기 시작하면 표면 단백질의 응고 전에 수용성 단백질이 국물로 용출되어 깊은 맛을 낼 수 있다. 채소류나 어패류는 비교적 적은 양의 국물로 단시간 끓여야 하며, 건조식품은 물을 넉넉히 넣고 약불에서 오래 끓이는 것이 좋다. 예로 국, 찌개, 전골 등이 있다.

③ 시머링

시머링(simmering)은 물의 끓는점(100℃)보다 낮은 약 90℃ 전후의 온도에서 식재료를 서서히 끓이는 조리법이다. 이 방법은 식재료의 단백질을 천천히 응고시키고 조직을 부드럽게 연화하며, 감칠맛 성분을 우려내는 데 효과적이다.

그림 2-2 습열 조리법

시머링을 활용하면 고온에서 빠르게 조리할 때 발생하기 쉬운 조직 파괴나 영양소 손실을 줄일 수 있고, 조리시간이 길어질수록 더욱 풍부한 맛과 부드러운 질감을 얻을 수 있다. 특히, 육류나 뼈를 오래 끓이는 요리에서 국물 맛을 깊고 진하게 만드는 데 적합하다.

시머링은 국물 표면에 작은 기포가 천천히 올라오는 정도의 약한 불에서 진행되며, 온도가 지나치게 높으면 지방과 불순물이 빠르게 분해되어 국물이 탁해질 수 있다. 대표적인 시머링 조리 예로는 곰국, 백숙, 서양 요리의 스톡(stock) 등이 있으며, 오래 끓이는 모든 육수나 탕 요리에 사용된다.

④ 포칭

포칭(poaching)은 약 65~82℃(일반적으로 70~80℃)의 낮은 온도에서 물이나 조미액을 이용해 식재료를 천천히 익히는 조리법이다. 주로 조직이 연한 생선이나 달걀을 섬세하게 조리할 때 사용되며, 재료의 질감을 살리고 수용성 영양소의 손실을 최소화하는 데 적합하다.

그림 2-3 포칭을 이용한 수란 조리 예시

포칭은 재료를 부드럽게 익혀 조직 손상을 방지하고, 고유의 맛과 수분을 유지하는 데 도움이 된다. 높은 온도에서 빠르게 익힐 때 발생할 수 있는 단백질의 과도한 응고나 질감 저하를 피할 수 있다는 것이 장점이다.

조리 시에는 액체의 온도를 일정하게 유지하며 끓어오르지 않도록 주의해야 하는데, 기포가 거의 생기지 않는 상태가 적당하다. 사용되는 액체는 물뿐만 아니라 육수, 와인, 향신료 등을 더해 풍미를 높일 수 있다. 대표적인 예로는 수란(포치드 에그)과 샤브샤브가 있다.

포칭에는 다음과 같은 방식이 있다.

- 딥 포칭(deep poaching): 재료가 액체에 완전히 잠기도록 조리하는 방법으로, 주로 수란이나 연한 생선을 익힐 때 사용한다.
- 샬로 포칭(shallow poaching): 재료가 액체에 반쯤 잠긴 상태에서 뚜껑을 덮어 스팀과 액체의 열로 익히는 방법이다. 조직이 약한 생선을 소스나 양념장에 조릴 때 주로 활용된다.

⑤ 찌기

찌기(steaming)는 물의 끓는점(100℃)에서 발생하는 수증기의 기화열(539.7cal/g)을 이용해 식재료를 가열하는 조리법이다. 수증기는 높은 에너지를 가지고 있어 식품을 간접적으로 익히며, 재료의 맛과 질감을 유지하는 데 효과적이다.

찌기는 식재료가 물에 직접 닿지 않아 수용성 영양소 손실이 적고, 조리 후에도 고유의 맛과 모양이 잘 보존된다. 또한 수분이 유지되어 음식이 촉촉하고 부드러운 질감을 갖는다.

가열 시 찜기에 식재료를 넣고 수증기에 노출해 조리하며, 물이 끓기 전에는 재료를 찜기에 넣지 않는다. 끓기 전에 넣으면 증기가 응축되어 식품 표면에 물방울이 맺혀 질감이 저하될 수 있다. 가열 중에는 조미가 어렵기 때문에 조리 전에 간을 하거나 찐 후에 조미한다. 대표적인 예로는 찐빵, 찐만두, 감자, 채소찜, 떡, 어패류 찜, 달걀찜, 푸딩 등이 있다.

⑥ 수비드

수비드(Sous vide)는 그림 2-4와 같이 식재료를 진공 상태로 밀봉한 뒤 55~60℃ 정도의 낮은 온도에서 장시간 천천히 익히는 저온 조리법이다. 닭가슴살, 스테이크, 수육 등에 활용되며, 낮은 온도에서 단백질의 급격한 응고를 방지해 육질을 부드럽고 촉촉하게 유지할 수 있다.

그림 2-4 수비드 조리 예시

특히, 질기기 쉬운 닭가슴살도 내부까지 균일하게 익으며 촉촉한 식감을 유지할 수 있다. 조리시간은 일반적인 가열 방식보다 오래 걸리며, 채소류는 조금 더 높은 온도에서 조리해야 한다.

(2) 건열 조리법

① 굽기

굽기는 기름이나 물을 사용하지 않고 고온의 열을 직접 또는 간접적으로 가하여 조리하는 방법이다. 이 과정에서 수분 손실이 적고 식품 고유의 풍미가 강화되며, 당질의 캐러멜화(caramelization), 지방 분해로 인한 풍미 증대가 이루어진다. 표면은 갈색화되며 바삭한 식감이 형성되고, 내부는 촉촉하게 유지된다.

㉠ **직접구이** 식재료를 불꽃이나 열원 가까이에 두어 복사열(radiation heat)로 직접 가열하는 방법으로, 다음과 같은 방식이 있다.

- 그릴링(grilling): 열원이 식재료 아래에 있어 복사열과 전도열로 조리한다. 석쇠나 그릴 판을 사용하며 150~250℃의 고온에서 빠르게 익힌다. 숯이나 나무를 사용하면 훈연 향(smoky flavor)이 더해진다. 대표 음식에는 바비큐, 불고기가 있다.
- 브로일링(broiling): 열원이 식재료 위에 있어 복사열로 가열한다. 280~300℃의 높은 온도에서 조리하며, 연한 육류, 생선, 채소를 빠르게 굽는 데 사용된다.

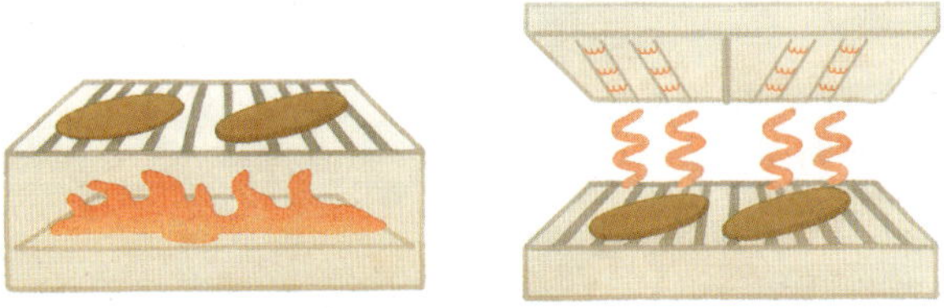

그림 2-5 직접구이 방식

㉡ **간접구이** 식재료가 열원에 직접 닿지 않도록 하고, 금속 조리기구를 통해 열을 전달하여 조리하는 방법이다. 대표적인 방식으로 팬구이(pan grilling, pan broiling)가 있다. 이는 팬이나 철판을 충분히 달군 뒤 식재료의 표면을 센 불에서 빠르게 익히고, 이후 불을 줄여 속까지 고르게 익히는 방식으로, 철판구이(테판야키), 팬 스테이크 등이 이에 해당한다.

㉢ **오븐구이** 오븐 내부의 복사열과 대류열을 이용하여 식재료를 전체적으로 고르게 가열하는 조리 방법이다. 고온의 공기가 내부에서 순환하면서 식재료를 서서히 익히며, 열전달이 직접적으로 이루어지지 않아 비교적 균일한 조리가 가능하다.

이러한 오븐구이는 조리하는 식재료의 종류와 완성되는 형태에 따라 크게 로스팅과 베이킹으로 구분된다.

- 로스팅(roasting): 육류, 가금류, 뿌리채소 등을 큰 덩어리로 오븐에서 굽는 조리법이다. 보통 160~220℃에서 복사열과 대류열로 조리하며, 완성 시 표면은 바삭하고 내부는 부드럽다. 오븐 안의 긴 꼬챙이에 식재료를 끼워 회전시키며 굽는 회전식 로스팅(rotisserie)도 있다.
- 베이킹(baking): 빵, 케이크, 과자류, 일부 생선이나 과일 등을 오븐에서 굽는 조리법이다. 로스팅과 달리 식재료의 크기가 작거나 반죽 상태에서 시작하는 경우가 많다. 복사열과 대류열이 작용해 고르게 익으며, 내부 수분이 증발하면서 조직이 단단해진다. 대표적인 예로는 식빵, 파운드케이크, 과일 타르트 등이 있다.

로스팅

베이킹

그림 2-6 오븐구이 방식

② 볶기

볶기는 고온으로 달군 팬이나 웍(wok)에 소량의 기름을 두르고 식재료를 빠르게 익히는 조리법이다. 짧은 시간에 조리하므로 영양소와 비타민의 손실이 적고 풍미가 뛰어나다. 조리 과정에서 일부 수분이 증발하면서 재료에 기름이 흡수되어 맛과 향이 강화된다.

팬이나 웍은 충분히 예열하고, 재료의 양은 팬의 절반 이하로 유지해 열 손실을 방지한다. 기름은 발연점이 높고 향미가 좋은 땅콩기름이나 포도씨유 등을 사용하는 것이 적합하다. 볶기에는 다음과 같은 조리 방식이 활용된다.

㉠ 소테(Sautéing) 서양 조리에서 사용하는 볶기 방식으로, 적은 양의 기름을 프라이팬에 두르고 식재료를 단시간에 익힌다. 주로 육질이 연한 재료(얇게 썬 고기, 생선살, 채소)에 활용된다. 강한 화력과 팬 예열이 중요하며, 모든 재료는 조리 전 미리 준비해 두어야 한다.

조리 중 생기는 즙액은 데글레이즈(deglaze)하여 팬에 남은 퐁드(fond)를 소스로 활용할 수 있다.

그림 2-7 소테 조리 예시

ⓛ 저어 볶기(stir-frying) 동양 조리, 특히 중국 조리에서 널리 사용하는 방법으로, 바닥이 둥근 웍을 사용한다. 기름을 5~10% 정도 두르고 충분히 달군 뒤 재료를 넣는다. 빠른 조리를 위해 재료는 얇고 작게 손질하며, 센 불에서 지속적으로 저어 짧은 시간에 익혀 수분 유출을 줄이고 색과 식감을 살린다.

ⓒ 지지기(pan frying) 팬에 소량의 기름을 두르고 식재료를 굽듯이 익히는 조리법이다. 주로 육류, 생선, 채소 등에 사용되며, 기름의 높이는 재료 두께의 절반 이하가 적당하다. 고온(약 160~190℃)에서 조리하기 때문에 수용성 영양소 손실과 비타민 파괴가 적다. 조리 중 표면의 수분이 빠져나오고 기름이 일부 흡수되어 풍미와 바삭한 식감이 형성된다.

지지기는 재료의 특성에 따라 그대로 익히기도 하고, 밀가루, 달걀물 또는 빵가루를 입혀 조리하기도 한다. 이러한 튀김옷은 조리 과정에서 식품 내부의 수분 손실을 줄이고, 표면에 갈색을 형성하여 맛과 색을 향상시킨다. 한국 요리의 생선전, 풋고추전, 육원전, 표고버섯전, 서양 요리의 커틀릿(cutlet), 슈니첼(schnitzel) 등이 대표적이다.

발연점이 높은 카놀라유, 포도씨유, 땅콩기름 등이 적합하며, 열 보존성이 좋은 두꺼운 팬을 사용하면 열이 고르게 전달되어 균일한 조리 결과를 얻을 수 있다. 지지기는 튀김보다 기름 사용량이 적고, 볶기보다 더 바삭한 식감을 낼 수 있어 다양한 식재료에 활용된다.

ⓔ 튀기기(deep fat frying) 기름을 열전달 매체로 사용하여 높은 온도(150~200℃)의 기름 속에 식재료를 완전히 담가 조리하는 방법이다. 물보다 높은 온도를 이용하기 때문에 단시간에 식재료를 익힐 수 있으며, 이로 인해 수용성 영양소의 손실이 적고 비타민의 파괴도 최소화된다.

튀기는 과정에서는 식품 내부의 수분이 증발하면서 표면이 바삭해지고, 그 빈 공간을 튀김 기름이 부분적으로 채워 풍미가 증가한다. 이 조리법은 식재료 고유의 맛과 향을 유지하면서 외피가 갈색으로 변하고 바삭한 질감을 형성하는 특징이 있다. 일반적으로 조리 중에는 조미를 하지 않으며, 가열 전 또는 가열 후에 조미를 한다.

튀기기는 튀김옷 유무에 따라 나뉘며, 감자튀김과 같은 전분질 식품은 호화에 시간이 필요하므로 낮은 온도에서 천천히 조리하고, 육류·어패류 등의 단백질 식품은 질감 변화 방지를 위해 고온에서 단시간 조리하는 것이 원칙이다.

식재료의 양을 적절히 조절해 기름 온도가 급격히 떨어지지 않도록 하고, 열 보존성이 좋은 두꺼운 팬이나 냄비를 사용해야 한다. 대표적인 음식으로 감자튀김, 치킨, 돈가스, 튀김만두, 새우튀김 등이 있다.

㉯ 에어프라잉(air frying) 에어프라이어(air fryer)는 고온의 공기를 빠르게 순환시켜 식품을 조리하는 가열 조리기로, 최대 약 200℃로 가열된 공기를 팬으로 순환시키는 열풍 대류 방식(hot air circulation)을 사용한다. 이 과정에서 식재료의 표면에 열이 집중되어, 기름에 튀기지 않고도 튀김과 유사한 바삭한 식감을 낼 수 있다.

기존의 딥프라이 방식과 달리 기름을 거의 사용하지 않거나 사용하지 않고도 조리가 가능하며, 딥프라이어에 비해 약 70~80% 적은 양의 기름으로 조리할 수 있는 것이 특징이다. 조리 과정에서 식재료 내부의 수분과 기름이 함께 배출되면서 겉은 바삭하고 속은 비교적 촉촉한 상태를 유지할 수 있다.

또한 조작이 간편하고 예열시간이 짧으며, 기름이 거의 튀지 않아 조리 후 정리와 청소가 용이하다는 실용적인 장점이 있다. 이러한 특성으로 인해 가정용 가열 조리기는 물론 HMR(가정간편식) 냉동식품 조리 도구로도 널리 활용되고 있다.

(3) 복합 조리법

① 브레이징

브레이징(braising)은 건열 조리와 습열 조리를 결합한 방법으로, 주로 크고 질긴 육류나 단단한 채소 조리에 적합하다. 먼저 고온에서 표면을 갈색이 나도록 구운 뒤, 소량의 물이나 육수를 넣고 뚜껑을 덮어 천천히 익힌다. 이 과정에서 단백질이 응고되고 조직이 연화되며, 재료 고유의 풍미가 유지된다.

프랑스어 'braiser'에서 유래했으며, 한국 조리의 조리기 방식과 유사하다. 일반적으로 냄비 바닥에 당근, 셀러리, 양파 등의 뿌리채소를 깔고 그 위에 육류를 올린 뒤, 액체를 더해 밀폐된 상태에서 서서히 조리한다. 뚜껑을 닫고 조리하기 때문에 향미 손실이 적고 육즙이 재료 속에 유지되는 것이 특징이며, 갈비찜·닭찜 등이 대표적이다.

② 스튜잉

스튜잉(stewing)은 작은 육류, 가금류, 채소, 과일 등 크기의 식재료를 사용해 건열과 습열을 함께 적용하는 조리법이다. 먼저 재료를 고온에서 갈색이 나도록 익힌 후, 충분한 양의 액체(물, 육수, 와인 등)를 넣어 낮은 온도에서 장시간 은근하게 끓인다.

브레이징과 유사하나, 스튜잉은 재료 크기가 더 작고 액체의 양이 더 많아 조리 중 대부분의 재료가 액체에 잠긴다. 장시간 조리로 고기 조직이 부드러워지고 맛성분이 액체에 녹아들어 풍부한 소스가 형성된다. 조리 시 뚜껑을 덮어 재료의 건조를 방지하고, 액체가 과도하게 줄어들지 않도록 주의한다. 비프스튜, 치킨스튜, 부야베스(bouillabaisse), 카레 등이 대표적이다.

그림 2-8 복합 조리법

(4) 초단파 조리법

그림 2-9 전자레인지를 이용한 초단파 조리 예시

초단파 조리법(microwave cooking)은 식품 외부에서 열을 가하는 방식이 아니라, 식품 내부의 물분자가 초단파(극초단파)의 에너지를 받아 급속히 진동하면서 자체적으로 열을 발생시키는 원리를 이용한 조리법이다. 식품의 표면과 내부가 동시에 빠르게 가열되며, 표면에서 약 2.55cm 정도까지 침투하여 열을 전달한다.

초단파 조리의 가장 큰 장점은 조리시간이 매우 짧고 식품의 색, 향, 질감 및 영양소 손실이 적다는 점이다. 또한 갈변반응(마이야르 반응)이 일어나지 않아 식품의 색 변화가 적고, 조리 공간의 온도가 상승하지 않아 에너지 손실이 거의 없다. 수분 증발로 인한 중량 감소가 발생할 수 있으나, 뚜껑이나 랩을 사용하면 이를 최소화할 수 있다. 다만, 식품의 종류와 크기에 따라 가열 정도가 달라질 수 있어 조리 시 주의가 필요하다.

초단파 조리에 적합한 용기는 파이렉스와 같은 내열 유리, 도자기, 종이, 내열 플라스틱(폴리프로필렌, 테플론, 실리콘 수지 등)이며, 금속용기나 금속 장식이 포함된 기구, 칠기, 열에 약한 플라스틱(비닐, 멜라민 등)은 사용할 수 없다.

또한 단일 크기의 식품을 조리할 때 가장 효과적이며, 다량의 식품이나 크기가 큰 식품 조리에는 적합하지 않다. 조리 시 효소의 불활성화가 빠르게 이루어지고, 냉동식품의 해동이나 간편한 데우기 등에서 특히 유용하다. 이와 같이 초단파 조리의 특성은 일반적인 조리 방법과 여러 측면에서 차이를 보이며, 이러한 비교 내용은 표 2-2와 같다.

초단파 조리를 이용하면 고구마나 감자와 같은 식품을 빠르게 익힐 수 있으며, 색은 유지되지만 단맛은 감소시킬 수 있다. 식품을 고르게 익히기 위해서는 다양한 재료가 포함된 음식은 조리시간이 다름을 고려해야 하며, 균일한 크기의 식재료를 사용하는 것이 좋다.

표 2-2 초단파 조리와 일반 조리 비교

구분	초단파 조리	일반 조리
가열시간	매우 짧음	초단파보다 길
영양소 파괴	매우 적음	다양함
가열 순서	식품부터 뜨거워짐	용기부터 뜨거워짐
갈색화	일어나지 않음	일어남
용기	도자기, 나무, 종이는 사용 가능하나, 금속성 용기, 알루미늄 포일은 사용이 제한됨	금속성 용기 사용 가능
화력 조절	화력 조절이 어려워 은근히 졸이는 음식은 어려움	조절 용이

2. 기본양념

식품에는 단맛, 신맛, 짠맛, 감칠맛 등 다양한 맛을 첨가하거나 본래의 맛을 더욱 돋보이게 하여 조화를 이루게 하는 과정이 필요하다. 이렇게 맛을 더하거나 어우러지도록 하여 새로운 풍미를 내는 데 쓰이는 조미료를 우리나라에서는 '양념'이라고 부른다. 양념이라는 단어는 단순히 조미료를 뜻하는 것에 그치지 않고 "약이 되도록 염두에 둔다"는 의미에서 유래하였으며, 한자로는 '藥念'이라고 표기한다.

조미를 할 때는 설탕의 분자량과 확산계수를 고려하여 가장 먼저 넣은 다음 소금을 넣고, 그 후 휘발성이 있는 식초, 간장, 된장 순으로 넣어야 조미료가 잘 침투되어 맛이 좋다.

1) 소금

(1) 소금의 기능과 조리 특성

소금은 짠맛을 내어 음식의 간을 맞추는 가장 기본적인 양념이다. 그러나 단순히 간을 맞추는 기능에 그치지 않고, 미생물의 증식을 억제하여 부패를 방지하는 방부작용, 절임 과정에서 재료의 수분을 빼내는 삼투작용, 채소를 데칠 때 녹색을 유지시키는 색 보존 작용 등 다양한 역할을 한다. 소금에 들어 있는 나트륨 함량은 약 40%로, 소금 1g을 섭취하면 나트륨 약 400mg을 섭취하게 된다.

소금은 단맛을 돋우는 성질이 있어 단팥죽을 만들 때 설탕과 함께 소금을 소량 첨가하면 단맛이 한층 강해지는 대비현상이 나타난다. 또한 소금은 신맛을 부드럽게 완화해 주므로 식초가 들어가는 음식의 간은 소금으로 맞추는 것이 좋다. 소금은 요리의 양이 증가할 때 비례적으로 증가하는 것이 아니므로, 재료의 양이 2배로 늘어날 때 소금은 1.7배 정도만 추가하는 것이 바람직하다.

소금은 크게 바닷물을 염전에서 자연 증발시켜 제조한 천일염과, 이를 다시 가공하여 불순물을 제거한 정제염으로 분류된다. 이처럼 다양한 특성을 지닌 소금을 실제 요리에 활용할 때, 조리 방법별로 권장되는 적정 농도는 표 2-3과 같다.

표 2-3 조리 방법별 적정 소금 농도

조리 방법	농도(%)	조리 방법	농도(%)
채소 데치기	1.0~2.0	찜	0.8~0.9
국	0.6~0.8	구이	1.0~1.5
찌개	0.6~0.9	초무침	1.2~2.0
김치류	2.0~2.2	겉절이	2.0~3.0

(2) 소금의 종류

① 천일염(호렴, 굵은소금)

바닷물을 염전에 담아 햇볕과 바람에 의해 서서히 증발시켜 얻는다. 염화나트륨이 70% 이상 함유되어 있으며, 칼슘, 마그네슘 등 미네랄과 불순물이 포함되어 입자가 굵고 색이 약간 회색빛을 띤다. 김치나 장 담그기 등 발효식품에 적합하다. 호렴은 불순물에 함유된 칼슘 등의 2가 이온이 펙틴과 결합하여 배추나 오이의 조직을 단단하게 한다.

② 재제소금

천일염에서 불순물을 제거한 것으로, 염화나트륨 함량이 약 88% 이상이다. 색이 희고 결정이 일정하며, 가정에서 일반 조리용으로 널리 사용된다.

③ 정제소금

염화나트륨만을 분리·정제한 것으로 함량이 95% 이상이다. 맛이 깔끔하고 입자가 곱지만, 미네랄 함량은 매우 낮다.

④ 가공소금

구운 소금, 맛소금과 같이 향신료나 식품첨가물을 첨가한 소금으로, 필요에 따라 풍미를 부여하거나 특정 기능을 강화한다.

2) 장류

장류는 콩을 주원료로 발효·숙성시킨 우리나라의 대표적인 전통 발효식품으로, 음식의 간을 맞추고 풍미를 더하는 데 핵심적인 역할을 한다. 대표적인 장류로는 간장, 된장, 고추장이 있다.

간장은 콩을 발효시켜 만든 액상 조미료로, 음식에 짠맛과 감칠맛을 더하고 특유의 색을 부여한다. 전통 간장은 잘 띄운 메주를 소금물에 담가 장기간 발효시켜 맛과 향이 깊어진다. 조리 시 기본 간을 맞추는 용도 외에도, 초간장이나 양념간장으로 만들어 전이나 튀김 요리에 곁들이는 등 다양하게 활용된다.

된장은 잘 띄운 메주에 소금물을 부어 발효·숙성시킨 것이다. 숙성 후 액체인 간장을 떠내고 남은 고형분을 다시 숙성시켜 만들거나, 간장을 분리하지 않고 그대로 숙성하여 제조하기도 한다. 구수하고 깊은 맛이 특징인 된장은 토장국이나 된장찌개의 주재료로 쓰이며, 나물무침이나 쌈장의 바탕이 되는 기본 조미료로 널리 활용된다.

고추장은 고운 고춧가루에 메줏가루, 엿기름, 소금 그리고 찹쌀·보리·밀 등의 곡류를 섞어 발효시킨 장류이다. 매운맛, 짠맛, 구수한 맛, 단맛이 절묘하게 조화를 이루어 식욕을 돋우는 특징이 있다. 고추장은 찌개, 국, 볶음, 구이, 무침 등 광범위한 요리에 사용되며, 초고추장이나 약고추장 같은 응용 양념으로도 자주 활용된다.

보다 상세한 내용은 Chapter 10「두류 및 두류 제품」에서 확인할 수 있다.

3) 설탕

설탕은 단맛을 내어 음식의 맛을 부드럽게 하고 윤기를 더하는 역할을 한다. 색과 향에 따라 백설탕, 황설탕, 흑설탕 등으로 구분되며, 신맛, 쓴맛, 짠맛을 순화시켜 요리에 폭넓게 활용된다. 설탕은 조미 역할 외에도 육류를 연하게 하는 연화작용 및 식품의 부패 방지에도 효과적이다. 조리 시 가열하면 갈변반응인 캐러멜화가 일어나 색과 향이 진해지며, 과일과 함께 조리하면 젤화작용이 일어나 잼이나 젤리를 만들 수 있다. 제빵 과정에서는 효모의 발효를 촉진해 반죽이 잘 부풀도록 돕는다.

설탕을 다량 사용할 때는 여러 번 나누어 넣어야 질감이 부드러워진다. 황설탕과 흑설탕은 약식이나 수정과 등 진한 색을 내는 음식에 주로 사용된다. 특히, 설탕과 소금을 함께 사용할 때는 분자량이 크고 침투 속도가 느린 설탕을 소금보다 먼저 넣어야 간이 고르게 배어 든다. 이러한 설탕의 조리 특성과 과학적 원리를 바탕으로, 실제 요리에서 최적의 맛과 질감을 구현하기 위한 주요 조리 방법별 적정 설탕 사용 농도는 표 2-4와 같다.

표 2-4 조리 방법별 적정 설탕 농도

조리 방법	농도(%)	조리 방법	농도(%)
무침	2.0~8.0	크림의 기포성	6.0~10
초절임	3.0~5.0	음료	8.0~10
단팥죽	20~50	푸딩, 젤리	10~12
잼	60~70	방부효과	50 이상

4) 조청

조청은 곡물전분을 엿기름(맥아)으로 당화시켜 만든 전통 감미료로, 높은 점성과 은은한 곡물 향, 부드러운 단맛이 특징이다. 주로 찹쌀, 멥쌀, 조, 수수, 고구마 등 전분질 식품을 원료로 하며, 당화 후 수분 함량을 약 18% 정도로 농축한 맥아당과 포도당의 혼합물이다. 단맛의 강도는 비교적 약하지만, 음식에 윤기와 깊은 풍미를 더해 조림이나 찜 등 진한 색의 음식에 주로 사용된다. 꿀과 유사하게 활용할 수 있으나 열에 다소 약하므로, 설탕보다 사용량을 조절하고 낮은 온도에서 조리하는 것이 바람직하다.

5) 꿀

꿀(honey)은 꿀벌이 꽃의 꿀샘에서 화밀(花蜜)을 채집하여 벌집에 저장·농축한 후, 꽃가루와 밀랍 등을 제거하여 정제한 천연 감미료이다. 밀원에 따라 아카시아꿀, 싸리꿀, 밤꿀, 유채꿀 등으로 구분되며, 종류별로 향과 맛이 다르다.

꿀은 특유의 향과 깊은 단맛을 지녀 설탕보다 적은 양으로도 충분한 감미를 낼 수 있다. 또한 보습성이 뛰어나 떡, 약과, 약식, 빵류 등에 사용하면 건조를 방지하고 촉촉한 질감을 오래 유지해준다. 꿀의 고유한 향과 성분 손실을 최소화하기 위해서는 장시간의 고온 가열을 피하고, 설탕 사용 시보다 액체량을 줄여 낮은 온도에서 조리하는 것이 좋다.

6) 식초

식초는 신맛을 내는 조미료로, 곡류·과실류·주류 등을 주원료로 발효시켜 만든 양조식초와 빙초산 또는 초산을 물로 희석하여 제조한 합성식초로 구분된다. 일반적인 산도는 3~4%이며, 초산 함량을 높인 2배 식초도 있다. 주성분인 초산은 음식에 상쾌한 신맛과 향을 더해 풍미를 높인다. 생채나 겨자채 등에 사용하여 식욕을 돋우고 생선이나 육류의 비린내와 잡내를 제거하는 데 효과적이며, 특히 단백질 식품에 첨가하면 등전점에 도달하여 응고가 촉진되므로 조직을 단단하게 하고 생선살의 결착력을 높인다. 수란을 만들 때 끓는 물에 소량의 식초를 넣으면 달걀흰자가 응고되어 형태가 흐트러지는 것을 방지할 수 있다.

또한 살균 및 방부 효과가 있어 초밥이나 장아찌 등 절임식품의 저장성과 위생성을 높인다. 다만, 휘발성이 강하고 엽록소를 페오피틴(pheophytin)으로 변화시켜 녹색 채소를 황변시키므로, 서빙 직전에 넣는 것이 좋다. 한편, 식초는 색소 변화에도 영향을 주어 자색양배추 등의 안토시아닌 색소는 붉게 만들고, 무나 양파의 안토잔틴 색소는 선명한 백색으로 유지해 준다. 천연 재료인 당분이 미생물의 작용을 거쳐 알코올과 초산으로 변화하는 단계별 양조 과정은 그림 2-10과 같다.

그림 2-10 **식초 발효 과정**

출처: 새미네 부엌(샘표).

7) 고추

고추에는 매운맛을 내는 캡사이신(capsaicin)과 붉은색을 나타내는 색소성분인 캡산틴(capsanthin)이 함유되어 있어 음식에 매운맛과 선명한 색감을 동시에 부여한다. 이러한 특성으로 고추는 맛의 자극뿐만 아니라 시각적 효과를 높이는 중요한 향신·채소 재료로 활용된다. 고추를 건조하여 만든 고춧가루는 김치, 양념장, 고추장 등 다양한 한식에 널리 사용되며, 입자의 크기에 따라 용도가 달라진다. 굵은 고춧가루는 겉절이와 열무김치에 적합하고, 고운 고춧가루는 나박김치, 생채, 젓갈 양념 및 고추장 제조에 주로 사용된다. 김치와 깍두기, 일반적인 조리에는 중간 입자의 고춧가루가 가장 보편적으로 활용된다.

한편, 말리지 않은 다홍고추는 물고추라고 하며, 이를 굵게 갈아 열무김치 등에 사용한다. 실고추는 가늘게 채 썬 형태로 나박김치나 음식의 고명으로 사용되어 색감과 장식효과를 더한다.

8) 화학조미료

화학조미료는 음식의 감칠맛을 강화하여 풍미를 높이는 데 사용하는 조미료이다. 대표적인 성분으로는 MSG가 있으며, 단독 사용도 가능하지만 핵산계 조미료와 병용할 경우 감칠맛의 상승작용이 나타나 한층 깊고 풍부한 맛을 낼 수 있다. 이러한 원리를 적용하여 제조한 것이 복합조미료이다.

(1) MSG

MSG(Monosodium Glutamate, 글루탐산나트륨)는 다시마 등에 함유된 감칠맛 성분인 글루탐산(glutamic acid)에 나트륨(Na)이 결합되어, 대표적인 감칠맛 조미료에 해당한다. 음식에 첨가하면 신맛과 쓴맛을 완화하는 동시에 단맛과 감칠맛을 부각해 전체적인 맛의 조화를 높여준다.

조리 시에는 산성 환경에서도 비교적 안정하여 다양한 음식에 두루 사용할 수 있으며, 조리 과정의 마지막 단계에 첨가할 때 가장 효과적이다. 다만, 나트륨을 함유하고 있으므로, 과다 섭취 시 전체 나트륨 섭취량이 증가하지 않도록 주의해야 한다.

(2) 핵산조미료

핵산조미료는 천연 식재료에 포함된 감칠맛 성분을 이용한 조미료이다. 대표적으로 마른 표고버섯의 감칠맛 성분인 5′-구아닐산나트륨(5′-GMP)과 가쓰오부시(가다랑어포)의 감칠맛 성분인 5′-이노신산나트륨(5′-IMP)이 있다. 이들 핵산조미료는 MSG와 함께 사용할 때 감칠맛의 상승작용을 일으켜 단독 사용 시보다 훨씬 강한 맛을 나타낸다. 감칠맛의 강도는 5′-GMP > 5′-IMP > 5′-XMP 순으로 강하다.

(3) 복합조미료

복합조미료는 MSG에 핵산조미료를 약 1~2% 정도 혼합하여 만든 조미료이다. 소량만 사용해도 강한 감칠맛과 풍부한 풍미를 구현할 수 있어 효율적인 맛 증강이 가능하며, 현재 가정용 및 가공식품 조리에 널리 활용되고 있다.

self summary

1. 기본 조리 조작

2. 비가열 조리 방법과 가열 조리 방법

3. 기본양념의 사용

학습 마무리 문제

1 다듬기 과정의 설명으로 옳은 것은?

① 먹기 좋은 크기와 모양으로 만드는 과정이다.
② 식재료 표면의 유해물질을 제거하는 과정이다.
③ 수분 공급과 조직 연화를 위해 물에 담그는 과정이다.
④ 조리 후 온도를 낮춰 미생물 증식을 억제하는 과정이다.
⑤ 비가식 부분을 제거하여 조리에 적합하게 준비하는 전처리 과정이다.

정답 ⑤
해설 다듬기는 식재료의 비가식 부분을 제거하여 조리에 적합한 상태로 준비하는 전처리 과정이다.

2 씻기 과정에서 채소를 자른 후 물에 담그는 주된 이유로 알맞은 것은?

① 색을 고정하기 위해
② 수분을 공급하기 위해
③ 영양소를 강화하기 위해
④ 단백질 응고를 방지하기 위해
⑤ 쓴맛과 떫은맛 성분을 제거하기 위해

정답 ⑤
해설 채소를 자른 뒤 물에 담그면 호모겐티스산, 수산, 탄닌 등 불쾌한 맛 성분이 용출되어 쓴맛과 떫은맛이 감소한다.

3 불리기의 효과로 옳지 않은 것은?

① 조리시간을 단축한다.
② 갈변과 변색을 방지한다.
③ 불필요한 맛성분을 제거한다.
④ 수용성 비타민의 파괴를 줄인다.
⑤ 식품의 조직을 부드럽게 만들어 준다.

정답 ④
해설 불리기 과정에서는 수용성 비타민이 보호되는 것이 아니라, 일부가 물에 용출되어 손실될 수 있다.

4 포칭(poaching)의 설명으로 옳은 것은?

① 고온의 공기를 순환시켜 바삭하게 조리한다.
② 기화열을 이용해 식품을 간접적으로 가열한다.
③ 65~82℃의 낮은 온도에서 재료를 천천히 익힌다.
④ 약 90℃ 정도의 약한 끓임 상태에서 서서히 익힌다.
⑤ 고온의 기름 속에 재료를 넣어 완전히 잠기게 하여 조리한다.

정답 ③
해설 포칭은 65~82℃ 정도의 낮은 온도의 물 또는 조미액에서 재료를 부드럽게 익혀 조직 손상을 최소화하는 조리법이다.

5 다음 중 소금의 기능에 해당하지 않는 것은?

① 단백질 응고 억제
② 미생물 증식 억제
③ 음식의 간 맞추기
④ 녹색 채소의 색 보존
⑤ 절임 시 수분을 빼내는 삼투작용

정답 ①
해설 소금은 단백질 응고를 억제하지 않으며, 오히려 단백질의 변성과 응고를 촉진하기도 한다.

학습목표

- 곡류 및 감자류의 종류와 주요 영양성분을 설명할 수 있다.
- 곡류 및 감자류의 조리원리와 가공 특성을 이해하고 이를 실제 사례에 적용할 수 있다.
- 곡류 및 감자류의 대표 조리법을 비교·분석하고 각 조리법의 특징을 설명할 수 있다.

CHAPTER

3

곡류 및 감자류

1. 곡류

곡류는 인류가 가장 오래전부터 재배하여 섭취해 온 주요 식량 자원으로, 주로 벼과 식물의 종자를 말한다. 우리나라에서는 쌀을 주식으로 하고, 보리, 밀, 귀리, 메밀 등의 맥류와 조, 기장, 수수, 옥수수 등의 잡곡도 널리 이용된다.

특히, 한국인의 식단에서 곡류는 하루 에너지 필요량의 약 65%를 차지하는 핵심 에너지원이다. 이는 곡류가 열량의 우수한 공급원일 뿐만 아니라 소화·흡수가 잘되고 담백한 맛으로 다양한 음식에 적합하기 때문이다.

곡류는 탄수화물을 다량 함유한 안정적인 에너지원으로, 단백질과 소량의 지질도 포함하고 있어 인류와 가축의 주요 영양 공급원으로 활용된다. 수분과 단백질 함량이 낮아 장기 보관이 가능하고 부패 위험이 적어 수송과 저장이 용이하다는 장점이 있다. 이러한 특성으로 곡류는 전 세계에서 인간의 주식이자 가축 사료로 널리 이용된다. 대표적인 곡류로는 세계 3대 식량작물인 옥수수, 쌀, 밀이 있으며, 이들은 각기 다른 기후와 토양 조건에서도 안정적으로 재배되어 세계인의 주요 에너지원 역할을 한다.

곡류는 낟알을 그대로 조리하여 섭취하거나, 제분 및 가공 과정을 거쳐 다양한 형태로 이용된다. 제분을 통해 얻은 고운 가루(flour)는 빵, 국수, 떡 등의 주원료로 사용되며, 굵은 가루는 죽이나 수프 등에 쓰인다. 이 외에도 곡류에서 전분, 시럽, 기름 등을 추출하여 다양한 식품 및 산업용 재료로 활용한다. 곡류는 특히 전분의 함량이 높아 조리 시 가열과 수분을 통해 호화가 일어나 부드럽고 소화가 잘되는 형태로 변한다. 이 과정은 밥, 죽, 떡, 국수 등 다양한 전통 음식의 기본이 된다.

1) 곡류의 구조

곡류는 공통적으로 그림 3-1과 같이 외피, 배유, 배아의 세 부분으로 구성된 기본 구조를 가지고 있다. 이 중 쌀, 보리, 귀리 등은 곤충이나 외부 환경으로부터 종자를 보호하는 단단한 껍질인 왕겨로 싸여 있으나, 밀, 호밀, 옥수수 등은 왕겨가 없어 낟알이 그대로 노출된 형태이다.

- **외피(bran)**: 과피, 종피, 호분층으로 구성되어 있으며, 주로 섬유질, 무기질, 비타민 B군 등이 풍부하다. 그러나 이 부분은 도정(milling) 과정에서 대부분 제거된다.
- **배유(endosperm)**: 전체 곡립의 80~85%를 차지하며, 전분과 단백질을 주성분으로 하는 주요 에너지원이다. 특히, 쌀의 경우 배유는 입자의 약 91~92%에 해당하며, 우리가 일상적으로 섭취하는 백미의 대부분을 이룬다.
- **배아**: 단백질, 지질, 무기질, 비타민 등이 풍부하지만, 도정 과정에서 쉽게 떨어져 나간다.

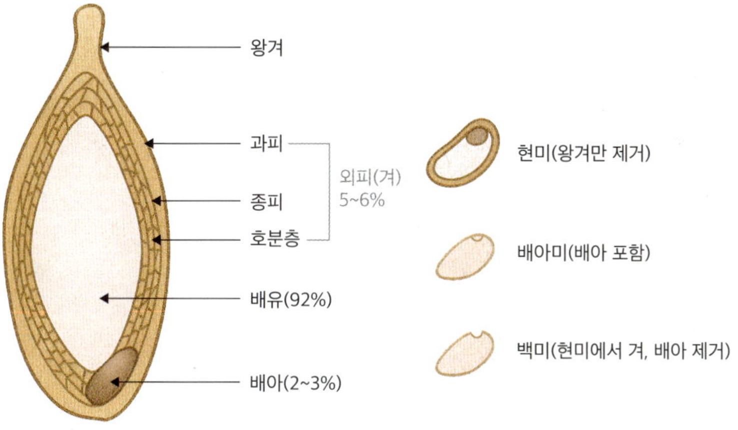

그림 3-1 곡류(쌀)의 구조

곡류의 구조와 도정 과정을 이해하면 쌀이 현미 상태에서 점차 백미로 변하는 과정을 더 쉽게 파악할 수 있다. 그림 3-2는 단계별 도정 모습을 시각적으로 보여주어 외피 제거 정도를 비교할 수 있도록 하며, 표 3-1에서는 이러한 도정 단계가 실제 도정도와 도정률로 어떻게 나타나는지 정량적으로 제시하고 있어, 각각의 쌀 종류가 어떤 수준으로 도정된 상태인지 한눈에 이해할 수 있다.

그림 3-2 쌀의 단계별 도정

표 3-1 쌀의 도정도와 도정률

쌀의 종류	도정도(%)	도정률(%)
현미	0	–
5분도미	50	96
7분도미	70	94.4
10분도미	100	92

더 알아보기 | 도정도에 따른 쌀의 형태 변화

- 도정: 벼의 겨층을 제거하여 배유를 얻는 과정
- 도정률(%): 현미 무게에 대한 도정된 쌀의 무게 비율
  - 1분도미: 현미 중량의 0.8% 감소
  - 5분도미: 현미가 100일 때 약 96%
  - 7분도미: 약 94.4%
  - 10분도미(백미): 약 92%

2) 곡류의 성분

곡류는 표 3-2와 같이 탄수화물 저장 형태인 전분이 75% 이상, 단백질이 약 10%, 지질과 무기질이 약 2%를 차지하며, 배아에는 티아민, 리보플라빈 등이 함유되어 있다.

표 3-2 곡류의 영양성분 (가식부 100g당)

식품명	에너지 (kcal)	수분 (g)	단백질 (g)	지방 (g)	회분 (g)	탄수화물 (g)	당류 (g)	총 식이섬유 (g)
귀리, 겉귀리, 도정, 생것	388	11.7	9.88	8.84	1.56	68.03	0.92	7.6
귀리, 오트밀	382	12.0	13.2	8.2	1.7	64.9	—	18.8
기장, 도정, 생것	360	11.3	11.2	1.9	1.0	74.6	—	—
메밀, 도정, 생것	363	13.1	13.64	3.38	2.04	67.84	0.30	6.3
멥쌀, 백미, 생것	366	13.0	6.81	1.05	0.40	78.74	0.50	1.9
멥쌀, 쌀눈, 생것	441	8.9	20.27	26.11	7.92	36.81	11.91	24.0
밀, 도정, 생것	333	10.6	10.6	1.0	2.0	75.8	—	—
보리, 겉보리, 도정, 생것	349	11.8	8.75	1.67	0.90	76.89	0.92	10.9
보리, 쌀보리, 도정, 생것	341	13.7	8.66	1.66	0.90	75.04	0.51	12.5
수수, 찰수수, 도정, 생것	368	11.8	10.94	3.17	1.53	72.54	0.75	6.3
옥수수, 찰옥수수, 생것	141	64.0	4.79	1.40	0.83	28.96	3.42	4.8
율무, 도정, 생것	380	10.9	14.95	5.25	1.23	67.63	0.97	4.7
조, 메조, 도정, 생것	373	11.2	11.48	3.91	1.68	71.70	0.71	6.0
찹쌀, 백미, 생것	363	13.7	6.64	0.99	0.46	78.17	0.29	1.2
찹쌀, 현미, 생것	356	13.7	7.28	2.29	1.26	75.52	0.90	5.2

식품명	무기질				비타민			
	칼슘 (mg)	철 (mg)	인 (mg)	칼륨 (mg)	A (μg)	티아민 (mg)	리보플라빈 (mg)	니아신 (mg)
귀리, 겉귀리, 도정, 생것	52	5.30	361	423	0	0.372	0.077	1.415
귀리, 오트밀	60	5.8	381	383	0	—	0.07	1.1
기장, 도정, 생것	15	2.8	226	233	0	0.42	0.09	2.9
메밀, 도정, 생것	21	2.78	453	444	1	0.458	0.255	5.189
멥쌀, 백미, 생것	7	0.24	101	88	0	0.099	0.028	1.059
멥쌀, 쌀눈, 생것	47	8.90	1,996	1,980	3	5.760	1.446	22.556
밀, 도정, 생것	52	4.7	254	538	0	0.43	0.12	2.4
보리, 겉보리, 도정, 생것	33	1.84	207	223	0	0.222	0.020	1.302

(계속)

식품명	무기질				비타민			
	칼슘 (mg)	철 (mg)	인 (mg)	칼륨 (mg)	A (μg)	티아민 (mg)	리보플라빈 (mg)	니아신 (mg)
보리, 쌀보리, 도정, 생것	38	2.28	203	275	0	0.153	0.050	1.187
수수, 찰수수, 도정, 생것	8	2.28	322	399	1	0.444	0.032	2.047
옥수수, 찰옥수수, 생것	5	0.82	133	303	1	0.268	0.078	2.600
율무, 도정, 생것	14	5.41	345	285	0	0.127	0.046	1.671
조, 메조, 도정, 생것	23	3.45	335	304	1	0.874	0.133	0.793
찹쌀, 백미, 생것	7	0.34	101	104	0	0.417	0.003	1.419
찹쌀, 현미, 생것	12	1.19	301	266	0	0.296	0.018	2.232

'–' 표기는 측정되지 않은 결측치를 의미함
출처: 농촌진흥청(2025). 국가표준식품성분 DB 10.3.

3) 곡류의 종류

(1) 쌀

쌀(rice)은 형태에 따라 일본형(Japonica), 인도형(Indica) 그리고 중간형인 자바니카형(Javanica)으로 구분된다. 일본형은 우리나라와 일본에서 주로 소비되며 쌀알이 짧고 굵으며 둥근 형태로, 밥을 지었을 때 점성이 강한 것이 특징이다. 반면, 인도형은 쌀알이 길고 가늘며 부스러지기 쉽고, 밥의 점성이 낮아 고슬고슬한 질감을 나타낸다.

쌀의 주성분은 탄수화물로, 그중 75% 이상이 전분이며 나머지는 덱스트린(dextrin), 섬유소 등으로 구성된다. 단백질 함량은 높지 않지만, 주요 단백질인 오리제닌(oryzenin)은 단백가가 74로 곡류 중 가장 우수하다. 티아민과 리보플라빈과 같은 비타민 B군은 외피와 배아에 풍부하나, 도정 과정과 밥 짓는 과정에서 대부분 손실된다.

또한 쌀은 전분의 아밀로오스(amylose)와 아밀로펙틴(amylopectin) 비율에 따라 멥쌀과 찹쌀로 나뉜다. 멥쌀은 아밀로오스 20~25%, 아밀로펙틴 75~80%로 구성되어 점성이 적고 고슬고슬한 밥이 되며, 찹쌀은 대부분 아밀로펙틴으로 이루어져 매우 점성이 높고 쫄깃한 질감을 가진다.

자포니카		인디카
둥근 모양	모양	길쭉한 모양
많음	찰기	적음
작고 단단함	특징	길고 부스러짐
한국, 일본 등	분포	인도, 동남아 등

그림 3-3 자포니카와 인디카 품종 비교

출처: 농촌진흥청.

(2) 보리

보리(barley)는 쌀, 밀, 옥수수에 이어 세계에서 널리 재배되는 주요 곡류로, 종류에는 쌀보리와 겉보리가 있다. 쌀보리는 껍질이 종실에서 쉽게 분리되며 배유 함량이 많아 밥에 혼합하여 섭취하기 적합하다. 반면, 겉보리는 껍질이 잘 분리되지 않고 배유 함량이 적어 볶아서 보리차를 만들거나 발아시켜 엿기름의 원료로 사용된다.

보리의 주성분은 탄수화물이며 대부분이 전분이고, 주요 단백질은 호르데인(hordein)이다. 단백질 함량은 약 10%로 쌀보다 다소 높지만 라이신, 트레오닌, 트립토판 등 필수아미노산의 함량이 낮아 단백질의 질은 우수하지 않다. 무기질 중 칼슘, 인, 철 및 비타민 B군이 풍부하며, 특히 식이섬유인 β-글루칸(β-glucan)은 혈중 콜레스테롤을 낮추는 데 효과가 있다.

그림 3-4 보리의 종류

보리의 가운데 골진 부분에는 섬유소가 많아 장 건강에 도움을 주지만 소화율이 낮다는 단점이 있다. 이를 개선하기 위해 보리를 분할한 할맥이나, 미리 찐 후 눌러 만든 압맥 형태로 가공하여 사용하기도 한다. 보리는 전통적으로 맥주, 위스키, 맥아, 식혜, 보리차, 된장, 고추장 등 다양한 가공식품의 원료로 활용된다.

(3) 밀

그림 3-5 밀

밀(wheat)은 입자가 외피(13~18%), 배아(2~3%), 배유(80~85%)로 구성되어 있다. 외피는 단단하여 도정 과정에서 제거되며, 배유는 중심부로 갈수록 전분 함량이 높아진다.

밀의 주요 성분은 탄수화물이며 대부분이 전분이다. 단백질 함량은 7~16%로 곡류 중 비교적 높은 편이나, 라이신, 트립토판 등 필수아미노산이 부족하여 단백질의 질은 완전하지 않다. 지질은 약 2%로 소량 함유되며, 무기질은 주로 인과 칼륨이 많고 비타민은 소량 존재한다.

밀단백질의 75~85%는 글루텐(gluten)으로, 글루테닌(glutenin)과 글리아딘(gliadin)으로 구성된다. 이 두 단백질은 물과 결합하면 점성과 신축성이 있는 반죽을 형성하여 빵, 면류 등 밀가루 제품의 특유한 물성을 결정한다.

(4) 귀리

귀리(연맥, oats)는 곡류 중 단백질과 지질 함량이 특히 높은 편이며, 칼슘, 인, 철 등 무기질과 비타민 B군도 풍부하다. 이러한 영양학적 장점은 귀리가 곡물 중에서도 우수한 영양 밀도를 지닌 식품임을 보여준다.

귀리는 도정 과정에서 겉껍질만 제거되고, 식용에 중요한 배유와 배아가 대부분 유지되어 영양소 손실이 적다. 이 때문에 통곡물 형태로도 훌륭하게 활용할 수 있다.

귀리는 일반적으로 증기로 가열한 뒤 압착해 오트밀(oatmeal) 형태로 가공되며, 소화가 잘되어 유아식, 환자식, 고령자 식단 등에 널리 이용된다. 부드럽고 중성적인 맛 덕분에 알코올 발효용 기질, 종국 제조, 장류 발효 원료로도 쓰이고, 제과·제빵에는 밀가루와 혼합하여 사용되기도 한다. 최근에는 건강식에 대한 관심이 높아지면서 시리얼, 그래놀라, 귀리우유 등 다양한 형태로 소비가 증가하고 있다.

그림 3-6 오트밀의 종류

(5) 메밀

그림 3-7 메밀

메밀(buckwheat)은 대부분의 곡류가 화본과(*Gramineae*)에 속하는 것과 달리 여귀과(*Polygonaceae*)에 속하는 식물로, 추위와 척박한 토양에서도 잘 자라는 강한 생명력을 가지고 있다.

단백질의 질이 비교적 우수하여 필수아미노산인 트립토판, 트레오닌, 라이신 함량이 많고, 비타민 B군 중 티아민과 리보플라빈 함량도 높은 편이다. 이러한 영양적 특징으로 인해 소화가 잘되고 건강식으로 널리 인식되고 있다. 특히, 메밀의 잎과 꽃에는 혈관 강화 및 항산화 작용이 있는 루틴(rutin)이 100g당 5.9~6.8mg 정도 함유되어 있어 기능성 식품으로서의 가치도 높다.

메밀은 주로 외피를 제거하고 제분하여 사용하며, 점성이 부족하기 때문에 밀가루와 혼합해 국수를 만드는 데 활용된다. 대표적인 가공품으로는 메밀국수(소바), 냉면, 메밀묵, 각종 제과류 등이 있다.

(6) 조

그림 3-8 조

조(Italian millet, Setaria italica)는 곡류 중 종실 크기가 가장 작지만 저장성이 뛰어나 오래 보관할 수 있다. 탄수화물 대부분은 전분이며, 단백질은 제한아미노산인 라이신 함량이 적으나, 로이신과 트립토판은 비교적 풍부하다. 또한 칼슘과 비타민 B군이 많이 함유되어 있고 소화율이 99.4%로 매우 높아, 유아 이유식이나 치료식으로 적합하다.

조는 메조와 차조로 구분되며, 메조는 노란색, 차조는 짙은 녹색을 띤다. 차조는 메조에 비해 단백질과 지방 함량이 더 높다. 조는 주로 밥, 죽, 떡, 엿, 소주, 종국(누룩) 등의 원료로 이용된다.

(7) 기장

기장(millet)은 조보다 성숙이 빠르고 메마른 땅에서도 잘 자라 주로 산간 지역과 건조 지역에서 재배된다. 아프리카와 아시아가 원산지이며, 건조한 기후에 강해 주요 식량 자원으로 활용된다.

그림 3-9 기장

기장은 노란색 종실을 가지며 조와 형태가 비슷하지만 크기가 조금 더 크다. 품종에는 메기장과 찰기장이 있고, 주성분은 전분이다. 단백질 함량은 16~22%로 높은 편이며, 지방과 비타민도 풍부해 영양가가 우수하다.

주로 쌀과 혼합해 밥을 짓거나 떡, 엿, 소주, 맥주 등의 원료로 사용되며, 특유의 고소한 맛과 높은 영양가 덕분에 다양한 식품 가공 소재로 활용된다.

(8) 수수

수수(sorghum)는 메수수와 차수수로 구분되며, 품종은 외피 색에 따라 흰색, 갈색, 노란색 등으로 나뉜다. 이 중 식용으로는 주로 갈색 품종이 사용된다. 수수의 외피는 매우 단단하며 탄닌(tannin)을 함유해 특유의 떫은맛을 나타내므로, 다른 곡류에 비해 소화율이 낮은 편이다.

그림 3-10 수수

주된 단백질은 글루텔린이며, 차수수는 메수수보다 단백질 함량이 약간 높다. 수수는 우리나라에서 오곡밥 재료로 자주 사용되며, 떫은맛을 줄이기 위해 조리 전에 세게 문질러 씻는 과정이 필요하다.

또한 제분하여 수수경단, 수수부꾸미 등 떡과 과자류의 원료로 쓰이며, 전분, 주정, 엿 등의 가공식품에도 활용된다. 발아 시에는 종자를 보호하기 위해 사인화합물이 생성되므로, 싹이 튼 상태에서는 섭취하지 않도록 주의해야 한다.

(9) 옥수수

옥수수(corn)는 황색과 백색 품종이 주로 재배되지만, 적색, 흑색, 청자색 등 다양한 색상의 품종도 존재한다. 옥수수는 크게 그림 3-11과 같이 찰옥수수와 단옥수수로 구분된다. 찰옥수수는 국내에서 흔히 재배되는 품종으로 흰색, 노란색, 보라색 등을 띠며 찰기가 있어 식감이 좋다. 단옥수수는 풋옥수수 품종으로 재배 기간이 짧고, 찰옥수수에 비해 단맛이 강한 것이 특징이며, 초당옥수수는 단옥수수에 속한다.

옥수수는 저장성이 뛰어나며 주성분은 전분이다. 단백질은 주로 제인(zein)으로 구성되는데, 라이신과 트립토판이 부족한 반면, 트레오닌은 비교적 풍부하다. 지질은 대부분 배아에 집중되어 있으며 주요 지방산은 올레산과 리놀레산이다. 특히, 옥수수유(corn oil)에는 비타민 A와 E가 풍부하다.

옥수수는 품종에 따라 경립종(hard corn), 감미종(sweet corn), 폭열종(popcorn) 등이 대표적으로 이용된다. 옥수수전분(corn starch)은 순도가 높고 색이 흰색에 가깝고 무취여서 제과·제빵 및 조리용으로 널리 활용된다.

찰옥수수 단옥수수

그림 3-11 옥수수의 종류

(10) 퀴노아

퀴노아(quinoa)는 감자, 옥수수와 함께 고대 잉카 제국의 3대 주요 작물 중 하나로, '모든 곡식의 어머니'를 의미한다. 좁쌀 크기의 작은 원형 곡물로 흰색, 붉은색, 갈색, 검은색 등 다양한 색을 띤다. 퀴노아는 평균 16~20%의 단백질을 함유하며 필수아미노산이 균형 있게 포함되어 있어, 어린이와 성인 모두에게 양질의 단백질 공급원으로 적합하다.

블랙 퀴노아는 식이섬유와 항산화 성분이 풍부해 고소한 풍미와 쫀득한 식감을 살릴 수 있어 볶음요리나 곡물볼 등에 적합하다. 화이트 퀴노아는 밥에 혼합하여 사용하기 좋고, 레드 퀴노아는 단백질과 칼슘 함량이 더 높아 샐러드 등 다양한 요리에 활용된다.

퀴노아의 외과피에는 쓴맛을 내는 방어 물질인 사포닌(saponin)이 함유되어 있으므로, 조리 전 반드시 찬물에 여러 번 헹궈 거품이 나오지 않을 때까지 씻어내야 한다.

그림 3-12 퀴노아의 종류

4) 곡류의 조리 특성

(1) 밥

곡류를 조리하는 목적은 소화율을 높이고 맛을 좋게 하기 위함이다. 곡류의 주성분인 전분을 적당한 수분과 충분한 가열 온도에서 완전히 호화시키는 것이 중요하다.

① 쌀의 조리

쌀을 밥으로 조리할 때는 먼저 물에 씻어 담그는 과정이 필요하다. 이 과정에서 쌀 입자는 전체 중량의 약 20~30% 정도를 흡수하여 '포화점'에 도달하며, 이 상태에서는 더 이상 수분을 흡수하지 않는다. 수분이 내부까지 고르게 퍼지면 가열 시 열전도가 원활해져 전분 호화가 촉진되고 밥의 조직이 부드럽고 윤기가 나게 된다.

포화점에 도달하는 시간은 온도가 높을수록 짧아지며, 멥쌀은 여름철(약 26℃) 약 30분, 겨울철(약 6℃) 약 90분 정도가 필요하다. 일반적으로 2시간 이상 장시간 침수하는 것은 피하는 것이 좋은데, 포화점 이후 과다한 수분 유입이 계속되면 쌀 입자가 쉽게 부스러져 밥의 조직이 무르고 흐트러질 수 있기 때문이다.

또한 쌀을 씻는 과정에서는 수용성 영양성분이 손실되기 쉬우며, 특히 티아민의 손실이 크다. 따라서 쌀은 가능한 한 빠르게 씻고, 마지막으로 헹군 물을 버리지 않고 그대로 사용하는 것이 영양 보존에 도움이 된다.

단체급식에서 대량으로 밥을 짓는 경우에는 별도의 장시간 침수 과정을 생략하기도 한다. 쌀의 양이 많기 때문에 취반기에 넣은 물과 쌀이 함께 천천히 가열되는 '온도 상승기'가 자연스럽게 길어지며, 이 과정에서 충분한 수침효과가 발생한다. 즉, 대량 조리에서는 가열 전 단계에서 이미 포화점에 도달할 만큼 수분 흡수 시간이 확보되므로, 별도 침수 과정 없이도 전분 호화가 잘 이루어진다.

② 밥 짓는 원리와 단계

밥은 분량의 물을 붓고 가열하면 약 60~65℃에서 전분 호화가 시작되며, 70℃에서 본격적으로 진행된다. 100℃에서 약 20분 동안 가열하면 전분의 호화가 완전히 이루어진다. 이때 약한 불로 조절하여 밥물이 쌀에 충분히 흡수되면 불을 끄고 여열로 뜸을 들인다. 뜸 들이는 동안 쌀 표면의 수분이 내부로 스며들면서 호화가 완성되고, 밥의 맛과 식감이 좋아진다.

밥 짓는 과정은 화력 조절에 따라 그림 3-13과 같이 세 단계로 구분된다.

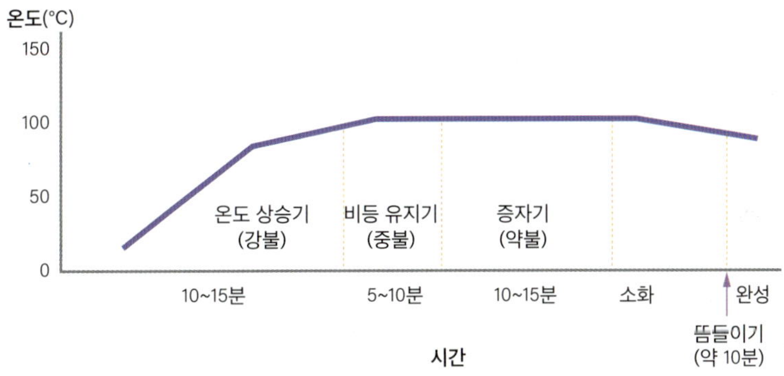

그림 3-13 밥 짓는 단계

㉠ 온도 상승기 센 불로 가열하여 물이 끓기 시작할 때까지의 단계이다. 이때 쌀의 온도가 일정하게 유지되고 수분 흡수가 균일하게 이루어진다. 약 10~15분 정도 소요되며 수온, 기온, 쌀의 양, 화력 등에 따라 달라질 수 있다.

㉡ 비등 유지기 물이 끓기 시작하면 쌀이 물속에서 활발히 움직이며, 많은 양의 물을 흡수

하고 크게 팽윤한다. 이때 중간 불로 조절하여 쌀 외부에 있던 물이 내부로 스며들고 전분 호화가 계속된다. 쌀알이 움직이지 않게 되고 점성이 증가하면 이 단계는 끝난다. 비등 유지기는 5~10분 정도로 비교적 짧다.

㉢ 증자기(뜸들이기) 전분 호화가 쌀알의 중심부까지 진행되는 단계이다. 쌀 주위에 남아 있던 소량의 수분이 내부로 천천히 이동해 호화를 마무리한다. 뜸들이기는 약한 불에서 10~15분 유지하며, 이때 뚜껑을 열지 않는 것이 매우 중요하다.

뜸 들인 후에는 밥을 가볍게 섞어준다. 뜸 들이는 동안 생긴 수증기가 뚜껑에 맺혀 그대로 떨어지면 밥의 일부분이 질어질 수 있기 때문이다. 아래에서 위로 고르게 섞어주면 수분이 균일하게 분산되어 밥맛이 좋아진다.

③ 밥맛을 좌우하는 요인

밥맛은 쌀 품종에 따라 다르지만, 같은 품종이라도 밥 짓는 조건에 따라 차이가 크다. 맛있는 밥의 수분 함량은 약 65%이며, 중량은 생쌀의 2.2~2.5배, 흡수량은 1.2~1.5배로 증가한다. 밥맛에 영향을 미치는 주요 요인은 다음과 같다.

㉠ 쌀의 건조 상태 쌀의 수분 함량은 약 14%이다. 수확 후 오래되어 지나치게 건조된 쌀은 단시간에 많은 수분을 흡수해야 하므로 팽창이 고르지 못하고 조직이 손상되어 식감이 떨어진다. 반면, 햅쌀은 수분 함량이 높고 포도당 등 가용성 맛성분이 많아 밥맛이 좋다.

㉡ 밥물과 pH 밥물의 양은 쌀이 호화되기 위해 필요한 흡수량과 조리 중 증발되는 수분량을 고려해 결정한다. 일반적으로 쌀 중량의 1.4~1.5배(부피 기준 1.2배)가 적당하다. 다만, 햅쌀은 자체 수분이 많아 약 1.0배의 물이 적합하다.

밥물의 pH가 7~8일 때 밥맛이 가장 좋으며, 산성일수록 맛과 조직이 저하된다. 소금을 약 0.03% 정도 넣으면 맛이 개선된다. 또한 쌀의 양이 많을수록 상대적으로 필요한 물의 양은 줄어드는데, 이는 대량 취반 시 온도 상승 시간이 길어지면서 수분 흡수가 자연스럽게 증가하기 때문이다. 이 경우 이미 충분한 수침 효과가 포함되어 있어 적은 물로도 호화가 잘 이루어진다.

불린 쌀은 이미 수분을 충분히 흡수한 상태이므로 물의 양을 쌀 부피와 동일한 1배 정도로 잡는 것이 적당하다. 채소밥은 채소에서 수분이 나오므로 일반 밥보다 물을 적게 넣어야 질척함을 방지할 수 있다.

㉢ 밥 짓는 용구 밥을 짓는 용구는 두껍고 뚜껑이 잘 맞는 무쇠솥이나 곱돌솥이 이상적이다. 무쇠솥은 열전도율은 낮으나 열 지속성이 뛰어나 뜸들이기에 유리하고, 곱돌솥은 두껍고 무게가 있어 온도 유지력이 뛰어나다. 이러한 전통 가마솥의 원리를 현대적으로 구현한 것이 압력솥이다.

㉣ 밥 짓는 열원 밥 짓는 데 사용되는 열원으로는 장작, 숯, 연탄, 가스, 전기 등이 있으며, 이 중 장작불로 지은 밥이 가장 맛있다고 평가된다.

④ 찹쌀의 조리

찹쌀은 멥쌀보다 아밀로펙틴 함량이 높아 점성이 강하고 물을 빠르게 흡수한다. 찹쌀밥은 물의 양을 멥쌀보다 적게 하여 쌀 중량의 약 0.9배 사용한다. 이때 물의 양이 적어 쌀이 완전히 잠기지 않기 때문에 멥쌀처럼 센 불에서 끓이기 어렵다.

따라서 찹쌀은 충분히 불린 뒤 찜통에서 수증기로 찌는 방법이 선호된다. 찌는 동안 2~3회 물을 뿌려주면 수분이 표면에서 내부로 고르게 전달되어 호화가 잘 이루어진다. 최근에는 대나무통에 불린 찹쌀을 넣어 찌는 대나무통밥이 인기인데, 조리시간은 오래 걸리지만 은은한 향과 독특한 풍미를 낼 수 있다.

(2) 죽

죽은 곡류에 5~6배의 물을 넣고 끓여 만든 반유동식으로, 소화가 잘되고 흡수성이 높아 유아식, 환자식, 노인식으로 많이 사용된다. 주로 쌀, 찹쌀, 차조, 메조 등이 이용되며, 전분이 충분히 호화되어 점성이 높고 부드러운 질감을 유지하는 것이 중요하다.

특히, 견과류가 들어가는 잣죽이나 깨죽은 쌀가루가 완전히 호화된 후 갈아 놓은 견과류를 넣어야 한다. 견과류에는 아밀레이스(아밀라아제)가 풍부해 전분을 분해하여 점성을 낮출 수 있기 때문이다. 잣죽은 일반 죽보다 물의 양을 적게 사용하며, 곡류 대비 약 4배의 물이 적당하다.

이처럼 죽은 사용 재료와 조리 방식에 따라 점성, 질감, 물의 양이 달라지며 다양한 특징을 갖는다. 이러한 특성을 기준으로 분류한 대표적인 죽의 종류는 표 3-3과 같다.

표 3-3 죽의 종류

종류	특성
흰죽	쌀 분량의 5~6배의 물을 사용 • 옹근죽: 쌀알을 그대로 쑤는 죽 • 원미죽: 쌀알을 굵게 갈아서 쑤는 죽 • 무리죽: 쌀알을 곱게 갈아서 쑤는 죽
암죽	곡물을 말려 가루로 만든 뒤 물을 넣고 끓인 것
응이	곡물을 갈아서 앙금을 얻어 이것으로 쑨 것. '의이'라고도 함
미음	곡물 분량의 10배가량의 물을 붓고 낟알이 푹 물러 퍼질 때까지 끓인 뒤 미음체에 받쳐 곡물만 마시는 음식

(3) 국수

밀가루로 만든 마른 국수를 삶을 때는 국수 무게의 6~7배 정도의 끓는 물을 사용하며, 단시간 내에 조리하는 것이 핵심이다. 끓는 물에 국수를 넣은 후 센 불에서 빠르게 다시 비등점에 도달하게 하면 표면이 거칠어지는 것을 방지할 수 있다.

삶은 국수는 즉시 찬물에 넣어 표면의 끈기를 제거하고, 전분이 β형으로 재결정화되는 것을 억제하여 서로 달라붙는 것을 방지한다. 이 과정은 표면을 매끈하게 하고 여분의 수분 침투를 억제해 식감을 좋게 한다.

(4) 떡

쌀가루로 만드는 음식에는 백설기, 시루떡, 가래떡, 절편, 찰시루떡, 경단, 증편 등이 있다. 쌀가루는 쌀을 충분히 불린 뒤 제분하며, 이때 수분 함량은 약 30%이다. 떡은 조리 시 수분 함량을 40~50%로 유지해 전분 호화가 충분히 이루어지도록 적절한 수분과 열이 필요하다.

쌀가루는 밀가루와 달리 글루텐이 없어 점성이 부족하므로, 끓는 물을 사용하여 일부 전분을 호화시키는 익반죽법으로 점성을 보완한다. 이는 찹쌀가루로 만드는 경단, 화전 등에서도 동일하게 적용된다. 또한 쌀가루를 체에 치거나 손으로 여러 번 치대면 공기가 혼입되어 조직이 부드러워지고 백색도가 높아져 식감과 외관이 개선된다. 떡을 찔 때 소금을 약간 넣으면 맛이 좋아질 뿐만 아니라, 염소 이온(Cl^-)이 전분 호화를 촉진하여 더 부드러운 조직을 얻을 수 있다.

이처럼 떡은 사용되는 재료와 조리 방법에 따라 다양한 형태로 만들어지며, 이러한 특성에 기반한 떡의 주요 분류와 대표적인 종류를 표 3-4에 정리하였다.

표 3-4 떡의 종류

떡의 분류	특성	종류
찌는 떡	수증기를 이용하여 쌀가루를 호화시킴	백설기, 팥시루떡, 잡과병 등
치는 떡	호화된 쌀가루를 쳐서 점성을 높임	가래떡, 절편, 인절미 등
빚는 떡	쌀가루 반죽을 그대로 빚거나 호화시켜 빚어 모양을 냄	경단, 송편, 대추단자 등
지지는 떡	식용유에 지지거나 튀김	화전, 부꾸미, 주악 등
발효떡	효모를 이용하여 발효시켜 부풀림	증편

2. 감자류

1) 감자류의 성분

감자류는 식물의 뿌리로 감자, 고구마, 토란, 마, 곤약, 야콘 등이 있으며 주성분은 탄수화물이고 수분 함량이 70~80%에 이르러 곡류에 비해 열량이 낮다. 이와 같은 감자류의 성분 특성은 표 3-5와 같다.

표 3-5 감자류의 영양성분 (가식부 100g당)

구분	에너지 (kcal)	수분 (g)	단백질 (g)	지방 (g)	회분 (g)	탄수화물 (g)	당류 (g)	총 식이섬유 (g)
감자, 대지, 생것	67	81.9	2.01	0.04	0.97	15.08	0	2.7
감자, 수미, 생것	70	81.1	1.93	0.03	0.87	16.07	0	1.7
고구마, 분질(밤) 고구마, 생것	154	60.6	1.01	0.11	1.09	37.22	9.83	2.7
고구마, 점질(호박) 고구마, 생것	141	63.9	1.17	0.20	0.96	33.81	9.83	2.0

(계속)

구분	에너지 (kcal)	수분 (g)	단백질 (g)	지방 (g)	회분 (g)	탄수화물 (g)	당류 (g)	총 식이섬유 (g)
곤약(구약나물), 가루	194	6.0	3.0	0.1	5.6	85.3	–	79.9
돼지감자, 생것	35	81.4	2.18	0.09	1.41	14.92	6.37	1.8
마, 단마, 생것	63	83.1	1.84	0.12	0.89	14.05	1.00	2.4
야콘, 뿌리, 생것	52	86.3	0.6	0.3	0.4	12.4	0.5	1.1
올방개묵	44	88.8	0.05	0.04	0.23	10.91	0	0
칡, 뿌리, 생것	137	63.7	2.48	0.10	1.67	32.05	3.58	4.4
토란, 생것	71	80.8	2.08	0.14	1.21	15.77	0	2.8

구분	무기질				비타민				폐기율 (%)
	칼슘 (mg)	철 (mg)	인 (mg)	칼륨 (mg)	A (μg)	티아민 (mg)	리보플라빈 (mg)	니아신 (mg)	
감자, 대지, 생것	9	0.58	33	412	0	0.060	0.027	0.314	9
감자, 수미, 생것	6	0.40	62	335	0	0.034	0.038	0.447	11
고구마, 분질(밤) 고구마, 생것	15	0.45	49	370	3	0.065	0.027	0.591	11
고구마, 점질(호박) 고구마, 생것	21	0.52	55	379	75	0.086	0.034	0.756	11
곤약(구약나물), 가루	57	2.1	160	3,000	(0)	(0)	(0)	(0)	0
돼지감자, 생것	17	0.53	100	561	0	0.044	0.088	0.472	12
마, 단마, 생것	9	0.44	52	417	0	0.119	0.053	0.677	20
야콘, 뿌리, 생것	11	0.2	31	240	2	0.04	0.01	1.0	15
올방개묵	3	0.83	0	22	0	0.009	0	0	0
칡, 뿌리, 생것	383	2.00	61	243	2	0.152	0.020	1.321	17
토란, 생것	11	0.59	55	520	1	0.081	0.022	0.630	12

'–' 표기는 측정되지 않은 결측치를 의미함

출처: 농촌진흥청(2025). 국가표준식품성분 DB 10.3.

2) 감자류의 종류

(1) 감자

① 감자의 종류

감자는 점성(粘性)과 분성(粉性)의 성질에 따라 조리 용도가 달라지며, 이를 구분하기 위해 '식용가(palatability factor)'라는 지표를 사용한다. 단백질 함량이 많을수록 식용가는 높아져 점성을 띠고, 전분 함량이 많을수록 식용가는 낮아져 분성을 나타낸다.

㉠ 점질감자(waxy potato) 세포 내 전분 입자 함량이 낮고, 가열 시 육질이 약간 불투명하며 찰진 질감을 가진다. 비중은 1.07~1.08로 비교적 낮은 편이다. 찌거나 삶아도 잘 부서지지 않아 기름으로 볶는 요리에 적합하며, 샐러드나 조림 등에 주로 사용된다.

㉡ 분질감자(mealy potato) 세포 내 전분 입자 함량이 높고, 가열 시 표면에 작은 입상 조직이 나타나며 불투명하고 건조한 흰색을 띤다. 식감은 보슬보슬하고 윤기가 적은 파삭한 질감을 보이며, 비중은 1.11~1.12로 높다. 찐 감자, 오븐구이, 메시드 포테이토(mashed potato), 프렌치 프라이드 포테이토(french fried potato) 등에 적합하며, 특히 메시드 포테이토는 감자가 식기 전에 으깨야 끈기가 생기지 않는다.

점질감자와 분질감자의 특성 및 조리 적합성을 비교하면 표 3-6과 같다.

표 3-6 점질감자와 분질감자 비교

구분	점질감자	분질감자
전분 함량	적음	많음
수분 함량	많음	적음
식감	부드러움, 쫀득쫀득함	잘 부스러짐, 포슬포슬함
내외관	흰 속살, 얇은 껍질	노란 속살, 두꺼운 껍질
적합 요리	찌개, 볶음, 샐러드, 튀김, 감자조림 등	감자탕, 카레, 튀김, 화덕통감자, 구이, 찜, 감자칩 등
대표 품종	대서, 서홍, 자영 등 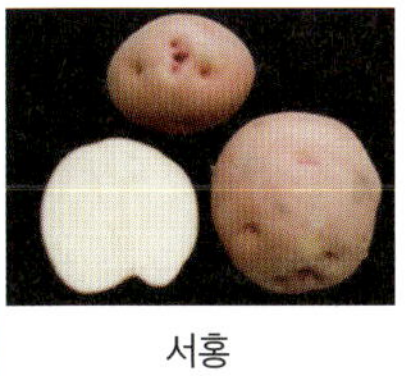 서홍	남작, 두백, 하령 등  하령

② 효소적 갈변

감자는 껍질을 벗긴 후 표면이 적갈색을 거쳐 갈색으로 변하는데, 이는 효소적 갈변 때문이다. 감자에 포함된 아미노산 티로신(tyrosine)이 티로시네이스(tyrosinase)의 작용으로 산화되어 멜라닌(melanin) 색소를 형성하기 때문이다.

이를 방지하기 위해 껍질을 벗긴 감자를 물에 담가 티로신을 제거하거나 공기와의 접촉을 차단하고, 산을 첨가하거나 아스코르빈산(ascorbic acid) 또는 0.25% 아황산을 첨가하는 방법이 사용된다. 그림 3-14는 감자에서 일어나는 이러한 효소적 갈변 과정을 단계별로 보여준다.

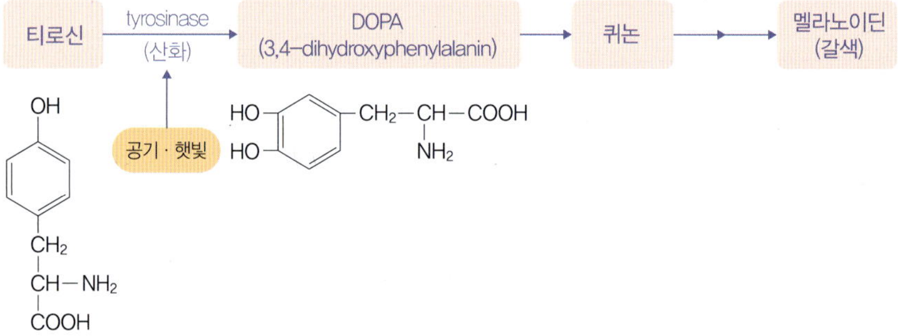

그림 3-14 감자의 효소적 갈변 반응

출처: 이주희 외(2019). 과학으로 풀어 쓴 식품과 조리원리. 교문사.

③ 감자의 조리 및 이용

감자는 찌기, 굽기, 튀기기, 으깨기 등 다양한 방식으로 조리된다. 또한 감자칩, 감자전분, 과자, 물엿, 포도당, 주정 등으로 가공되어 식품산업 전반에서 활용된다.

(2) 고구마

① 고구마의 종류

고구마(sweet potato)는 열대 및 아열대 지역에서 재배되는 일년생 식물로, 껍질은 주로 적색 계통을 띠며 감자보다 당분 함량이 높아 단맛이 강한 것이 특징이다. 이처럼 고구마는 품종에 따라 색상과 맛, 식감이 다양하게 나타나며, 이러한 특성을 보다 구체적으로 살펴보기 위해 표 3-7에 고구마의 종류를 정리하였다.

표 3-7 고구마의 종류

구분		공급 시기	특징	추천 이용법	주요 영양성분
밤고구마		9월~ 이듬해 5월	알밤처럼 포슬포슬한 식감, 다른 고구마보다 열량이 낮음	수분이 적고 껍질이 질겨 삶거나 찌는 것보다, 튀김·전·오븐 조리에 적합	나트륨 배출 및 혈압 조절에 도움을 주는 칼륨 풍부
호박고구마		10월~ 이듬해 4월	진득한 식감과 달콤한 맛, 밤고구마보다 섬유질이 많음	당도가 높아 식감으로 먹거나 찌고 구워 먹기 좋음	항암효과가 뛰어난 베타카로틴과 칼륨 풍부
자색고구마		10월~ 11월	단맛은 비교적 적고, 껍질과 속이 모두 보랏빛을 띰	샐러드·구이·찜 등으로 활용하면 특유의 풍미를 즐길 수 있음	항산화 성분인 안토시아닌 풍부

② 고구마의 성분

고구마는 감자에 비해 수분 함량이 적고 탄수화물 함량이 높아 열량이 약간 더 높다. 탄수화물의 대부분은 전분이지만, 맥아당, 자당, 포도당, 과당 등 단당류가 약 20%를 차지해 단맛이 강하다. 단백질은 이포메인(ipomain)으로, 양은 적지만 질은 우수하다. 무기질 중에서는 칼륨의 함량이 많고, 황색 고구마에는 카로틴(carotene)이 풍부하며 비타민 B군과 C도 다량 함유되어 있다.

특수성분으로는 고구마 절단 시 나오는 유액에 포함된 얄라핀(jalapin)이 있으며, 이는 수지배당체로 강한 점성을 가지며 물에 녹지 않는다. 공기 중에 노출되면 산화되어 흑색으로 변하며 조리 시 제거가 쉽지 않다.

또한 껍질을 벗긴 고구마 표면은 공기 중에서 클로로겐산(chlorogenic acid)과 같은 폴리페놀(polyphenol)이 폴리페놀옥시데이스(polyphenol oxidase)의 작용으로 산화되어 갈변한다. 고구마의 표피는 코르크층으로 되어 있으며 색소가 포함되어 색을 결정하고, 약간 두꺼운 껍질에는 전분과 탄닌이 함유되어 있다. 실제 가식 부위는 대부분 전분이 포함되어 있다.

③ 고구마의 조리 특성

고구마는 자체 수분으로 조리 시 전분 호화가 일어나므로 찌기, 삶기, 굽기 시 별도의 물을 첨가할 필요가 없다. 특히, 고구마에 포함된 β-아밀레이스(β-amylase)는 전분을 가수분해하여 맥아당을 형성해 단맛을 낸다. 이 효소는 50℃에서 가장 활발히 작용하며 70℃에서 활성이 멈추므로, 군고구마나 말린 고구마의 단맛이 증가하는 원인이 된다.

그러나 고구마가 홍수 등으로 수중에 오래 방치되면 관수현상이 나타나는데, 이는 세포 내 금속 이온(칼슘, 마그네슘 등)이 펙틴과 결합해 칼슘 펙테이트(calcium pectate)를 형성하기 때문이다. 이 물질은 가열해도 연화되지 않아 굽거나 삶아도 질긴 식감을 보인다. 또한 낮은 온도에서 가열하거나 삶던 도중 장시간 방치하면 연화되지 않는 것도 같은 이유이다.

④ 고구마 저장 시 유의사항

고구마는 저장 중 리조푸스 니그리칸스(*Rhizopus nigricans*)에 의한 연부병이나 흑반병에 감염되기 쉽고, 냉장 보관 시 냉해를 입어 품질이 떨어진다. 따라서 약 13℃, 85~90%의 습도에서 저장하는 것이 이상적이다. 흑반병에 걸린 고구마의 쓴맛 성분은 이포메아메론(ipomeamerone)이다.

⑤ 고구마의 조리 및 이용

고구마는 조리법에 따라 다양한 형태로 활용된다. 대표적으로 찐 고구마, 군고구마, 튀김, 샐러드 등으로 조리해 식용하며, 특유의 단맛과 부드러운 식감으로 사랑받는다.

또한 고구마는 가공식품의 원료로도 널리 사용되며, 고구마전분은 당면, 제과류, 물엿, 잼, 고추장, 주정(술 제조) 등의 제조에 활용된다. 이 외에도 고구마 줄기는 채소로서 반찬으로 이용된다.

(3) 토란

토란(taro)은 우리나라에서 주로 7월 중순경부터 수확되며, 특히 추석 전후에 소비가 많다. 생산량의 97% 이상이 생토란으로 이용되고 가공량은 매우 적다. 토란의 성분은 수분 약 80%, 탄수화물 약 13%로 대부분이 전분이며, 이외에도 갈락탄, 펙트산, 덱스트린 등이 포함되어 있다. 무기질 중에서는 칼륨의 함

그림 3-15 토란

량이 높다.

토란의 표면에서 느껴지는 미끈거림은 갈락탄(galactan)이라는 다당류 때문이다. 이 물질은 전분과 함께 토란의 독특한 맛을 내지만, 가열 시 국물에 녹아 거품을 일으켜 넘치게 하고 점도를 높여 열전달과 조미료 침투를 방해할 수 있다. 이러한 점질물은 1% 소금을 첨가하면 응고되어 점성이 줄고 국물이 맑아지므로, 조리 전 쌀뜨물이나 소금물에 데쳐 제거하는 것이 좋다.

또한 토란 껍질에는 수산칼슘이 많아 만지면 손이 가려울 수 있는데, 가열하거나 식초에 담그면 이 성분의 활성이 억제된다. 토란의 아린맛은 호모겐티스산(homogentisic acid)에 의한 것으로, 소금물에 데치면 줄일 수 있다. 토란은 주로 토란탕, 토란병 등으로 이용되며, 토란줄기는 껍질을 벗겨 건조해 저장 채소로 활용된다.

(4) 마

그림 3-16 마

마(yam)는 다년생 넝쿨성 식물로, 주성분은 전분이며 점성이 강한 것이 특징이다. 점질물은 뮤신(mucin)으로, α-아밀레이스 등 다양한 소화효소가 많이 함유되어 있어 소화 촉진에 도움을 준다. 마는 보통 갈아서 생식하거나 삶아서 섭취하며, 참마는 생식용으로 널리 이용된다.

또한 마는 식용 외에 한약재로도 널리 쓰이며, '산약'이라고 불려 자양강장, 노년층의 기침·가래 완화, 신장 보호 등에 활용된다. 최근에는 강장효과와 기능성 식품으로서의 가치가 알려지면서 수비가 증가하고 있다.

(5) 곤약

그림 3-17 곤약

곤약(konjac)은 구약감자에서 얻은 글루코만난(glucomannan)을 활용해 만든 식품으로, 수분이 약 95~97%를 차지하고 당질은 약 3%에 불과해 매우 저칼로리 식품이다. 이 밖에 소량의 무기질과 식이섬유가 포함되어 있으며, 글루코만난은 수용성 식이섬유로 특유의 젤 형성력을 가져

곤약을 묵처럼 응고시킨다. 곤약은 특유의 냄새가 있으므로 조리 전 끓는 물에 데치면 냄새가 줄고 식감도 개선된다.

(6) 돼지감자

그림 3-18 돼지감자

돼지감자(Jerusalem artichoke)는 국화과에 속하는 다년생 초본으로, 예전에는 맛이 없다는 이유로 돼지 사료로 주로 이용되어 '뚱딴지'라는 별칭으로 불렸다. 척박한 환경에서도 잘 자랄 만큼 재배가 용이하며, 우리나라 전역에 야생으로 분포한다. 최근에는 당뇨 개선에 도움이 되는 식품으로 알려지면서 자연산 채취 및 재배·판매가 증가하고 있다.

돼지감자의 주요 성분은 과당의 β-1,2 결합으로 이루어진 다당류인 이눌린(inulin)으로, 전분 대신 저장물질로 존재한다. 이눌린은 인체 소화효소로 분해되지 않아 소장에서 흡수되지 못하고 대장에서 발효되므로 가스를 유발할 수 있어 생식에는 한계가 있다. 그러나 건강에 이로운 프리바이오틱스로 알려져 있으며, 과당 원료, 엿, 알코올 제조 등 다양한 용도로 활용된다.

돼지감자는 조림, 김치, 튀김, 찜, 무침 등으로 조리해 식용하고, 사료나 알코올 제조에도 이용된다.

(7) 카사바

그림 3-19 카사바

카사바(cassava)는 남아메리카 열대 지역이 원산지인 덩이뿌리 식물로, 현재는 동남아시아, 남태평양 섬들, 열대 및 아열대 지역에서 널리 재배된다. 덩이뿌리는 고구마처럼 굵고 사방으로 뻗는 형태이며, 전분 함량이 20~25%로 높으나 단백질 함량은 다른 서류에 비해 낮다. 칼슘과 비타민 C가 풍부해 영양 공급원으로 가치가 있다.

카사바 덩이뿌리에서 채취한 전분은 타피오카(tapioca)라고 하며, 과자, 알코올, 풀, 요리용 재료 등으로 활용된다. 타피오카 펄은 버블티나 디저트용 과일 퓨레 등에 넣어 즐기기도 한다. 카사바는 감미종과 고미종으로 구분되는데, 감미종은 소형으로 단맛이 있어 고구마처럼 쪄서 섭취할 수 있는 반면, 고미종은 대형이며 쓴맛과 독성이 강해 주로 전분 제조 원료로 이용된다.

카사바 껍질에는 청산(HCN) 배당체인 리나마린(linamarin)이 함유되어 있어 생식할 수 없다. 독성을 제거하려면 분쇄 후 물로 씻거나 가열해 배당체를 가수분해한 뒤 사용해야 한다. 독성은 열에 의해 분해되므로 감자처럼 쪄서 먹을 수 있으며, 최근에는 우동, 인조미 형태의 곡류 대용품, 깨찰빵, 음료 등 다양한 식품 소재로 활용되고 있다.

(8) 야콘

그림 3-20 야콘

야콘(yacon)은 국화과에 속하는 다년생 식물로, 탄수화물을 포도당, 과당, 자당, 올리고당 형태로 저장한다. 뿌리는 고구마처럼 단맛이 나고 수분 함량이 높으며, 아삭한 식감이 특징이다. 생것은 샐러드나 과일 대용으로 즐겨 먹으며, 삶거나 구워서 섭취하기도 한다.

또한 야콘은 다양한 가공식품의 원료로 활용되며, 야콘즙은 음료로, 농축해 만든 찬카카(chancaca)는 갈색 엿 형태로 소비된다. 가공된 야콘전분은 야콘냉면, 야콘국수 등 다양한 면류 제품에 이용된다.

self summary

1. 곡류의 종류와 특성

2. 곡류의 조리 특성

3. 감자류의 종류와 특성

4. 감자류의 조리 특성

학습 마무리 문제

1 곡류 조리 시 불림의 주요 목적이 아닌 것은?
① 조직을 연화한다.
② 전분 노화를 촉진한다.
③ 수분을 흡수하게 한다.
④ 조리시간을 단축한다.
⑤ 열전달을 균일하게 한다.

정답 ②
해설 불림은 곡류가 수분을 흡수하여 조직이 부드러워지고 조리시간이 단축되며, 열전달이 균일해지도록 하는 과정이다. 전분 노화는 조리 후 냉각 과정에서 서서히 일어나는 현상으로, 불림과는 관련이 없다.

2 전분 호화가 주로 일어나는 온도 범위는?
① 40~50℃ ② 50~60℃ ③ 60~70℃
④ 70~80℃ ⑤ 80~90℃

정답 ③
해설 대부분의 곡류전분은 약 60~70℃에서 호화가 시작된다. 이 온도에서 전분 입자가 팽윤하여 점성이 증가하며, 충분한 가열을 통해 완전한 호화가 이루어진다.

3 감자의 녹색 변색과 관련 있는 독성 물질은?
① 솔라닌 ② 사포닌 ③ 리모넨
④ 알칼로이드 ⑤ 아크릴아마이드

정답 ①
해설 감자가 빛을 받아 녹색으로 변하면 껍질과 싹 부분에 독성 알칼로이드인 솔라닌이 증가한다. 다량 섭취 시 구토, 복통 등의 식중독 증상을 유발할 수 있으므로 변색된 부위는 제거하고 조리해야 한다.

4 곡류의 세척 과정에서 과도하게 씻을 경우 가장 많이 손실되는 영양소는?
① 지방
② 단백질
③ 식이섬유
④ 수용성 비타민
⑤ 지용성 비타민

정답 ④
해설 곡류 표면에는 비타민 B군과 같은 수용성 영양소가 많다. 세척을 오래 하거나 강하게 문지를 경우 이들 영양소가 물에 용출되어 손실되기 쉽다.

5 감자 조리 시 갈변을 억제하기 위한 방법으로 옳은 것은?
① 햇볕에 충분히 말린다.
② 조리 후 냉동 보관한다.
③ 금속용기에 장시간 보관한다.
④ 조리 전 알칼리 용액에 담근다.
⑤ 조리 전 산성 용액이나 소금물에 담근다.

정답 ⑤
해설 감자의 효소적 갈변은 폴리페놀 산화효소의 작용으로 발생한다. 레몬즙이나 식초 등의 산성 용액 또는 소금물에 담가두면 효소 활성이 억제되며, 물속에 담김으로써 산소 접촉이 차단되어 갈변을 방지할 수 있다.

학습목표

- 전분의 종류와 구조를 이해하고 설명할 수 있다.
- 전분의 조리원리를 근거와 함께 설명할 수 있다.
- 당류의 분류와 감미료의 종류를 구분하여 설명할 수 있다.
- 당의 조리원리를 사례와 함께 설명할 수 있다.

CHAPTER

4

전분 및 당류

1. 전분

1) 전분의 특성

전분은 엽록소를 가진 녹색식물이 광합성을 통해 생성한 포도당이 수백~수천 개 결합된 다당류로, 식물의 주요 저장 탄수화물이다.

전분은 주로 곡류, 두류, 서류 등의 조직에서 입자 형태로 존재하며, 식물 종류에 따라 입자의 크기·모양·결정형 및 물리적·화학적 성질이 달라진다. 이러한 차이는 식품의 가공성과 조리 특성에 직접적인 영향을 미치므로, 용도에 적합한 전분을 선택하는 것이 중요하다.

(1) 전분의 종류

전분 입자는 구형, 타원형, 다면체 등 다양한 형태를 띠며, 식물의 종류에 따라 크기와 특성이 달라진다. 감자전분은 입자가 가장 크고, 가열 시 팽윤력과 점도가 매우 커 점성이 높은 제품에 적합하다.

반면, 멥쌀전분과 찹쌀전분은 입자가 작고 점도 형성이 낮아, 부드럽고 섬세한 식감을 요구하는 제품에 주로 사용된다.

(2) 전분의 구조

전분은 아밀로오스(amylose)와 아밀로펙틴(amylopectin)으로 구성되어 있다(그림 4-1). 아밀로오스는 포도당이 α-1,4-글리코사이드 결합으로 연결된 직선사슬구조이며, 약 6~8개의 포도당마다 회전하여 나선형 구조를 이룬다. 아밀로펙틴은 α-1,4-글리코사이드 결합을 기본으로 약 20~25개의 포도당마다 α-1,6 결합을 하는 분지형 구조를 가진다.

두 성분의 비율은 식물 종류에 따라 다르며, 예를 들어 쌀의 경우 아밀로오스:아밀로펙틴 비율이 약 2:8이다. 그러나 찹쌀, 찰옥수수, 차조 등 찰기가 있는 곡류의 전분은 아밀로오스 함량이 매우 적거나 거의 없어 조리 시 점성과 응집성이 크게 나타난다.

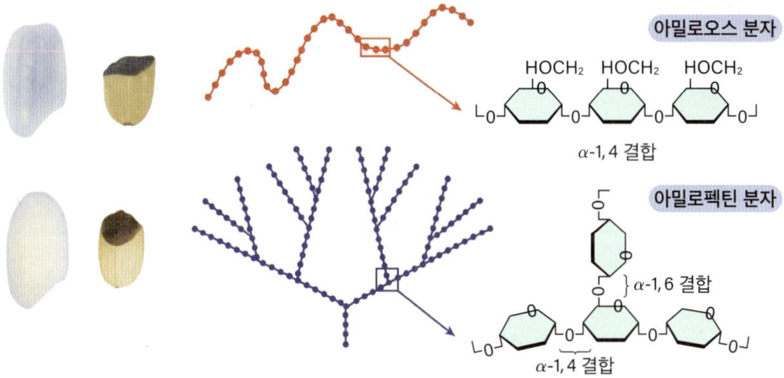

그림 4-1 아밀로오스와 아밀로펙틴의 구조

(3) 전분의 가수분해

전분을 분해하는 효소에는 α-아밀레이스, β-아밀레이스, 글루코아밀레이스가 있다.

① α-아밀레이스

α-아밀레이스는 전분의 α-1,4-글리코사이드 결합을 무작위로 절단해 점도를 감소시키며, 이러한 작용을 액화(liquefaction)라고 한다. 그러나 아밀로펙틴의 α-1,6 결합 부위는 분해하지 못하므로 남는 부분을 α-아밀레이스 한계 덱스트린(limit dextrin)이라고 한다.

② β-아밀레이스

β-아밀레이스는 전분 사슬의 비환원 말단에서 α-1,4 결합을 절단하여 맥아당 단위로 분해하는데, 이를 당화반응이라고 한다. 아밀로펙틴의 분지 부위에는 작용하지 못해 남은 부분을 β-아밀레이스 한계 덱스트린이라고 한다. 엿기름에는 β-아밀레이스가 풍부하여 식혜나 고추장 제조에 활용된다.

③ 글루코아밀레이스

글루코아밀레이스(glucoamylase)는 α-1,4 결합뿐만 아니라 α-1,6 결합까지 분해할 수 있어 아밀로오스를 완전히 분해하고, 아밀로펙틴도 약 80~90%까지 분해할 수 있다. 이 효소는 고순도 결정형 포도당 생산에 널리 이용된다.

2) 전분의 조리원리

전분의 대표적인 조리 특성에는 호화, 노화, 겔화, 호정화, 당화 등이 있다. 전분은 찬물에서 비결정 부분을 중심으로 수분을 흡수해 가역적으로 팽윤하며, 이 상태에서 가열하면 전분 입자의 구조가 파괴되고 수분 흡수가 증가하여 점도와 투명도가 높아지는 비가역적 변화인 호화가 일어난다.

호화된 전분은 냉각 과정에서 수소 결합이 재배열되고 수분이 이탈하면서 겔화 및 노화가 진행된다. 이러한 변화는 식품의 맛·질감·저장성에 직접적인 영향을 주며, 전분의 결정 구조 변화는 식품 품질을 결정하는 중요 요인이다.

(1) 전분의 호화

생전분(β - 전분)은 물을 가하면 비결정 부분에서 수분을 흡수하여 가역적으로 팽윤한다. 이 단계에서는 수분을 제거하면 원래 구조로 되돌아갈 수 있다. 그러나 물을 충분히 공급하고 가열을 지속하면 결정 구조 내부까지 수분이 침투하여 수소 결합이 파괴되고 결정성이 사라지며 비결정 상태로 변하는데, 이러한 비가역적 변화를 호화(α화, gelatinization)라고 한다(그림 4 - 2).

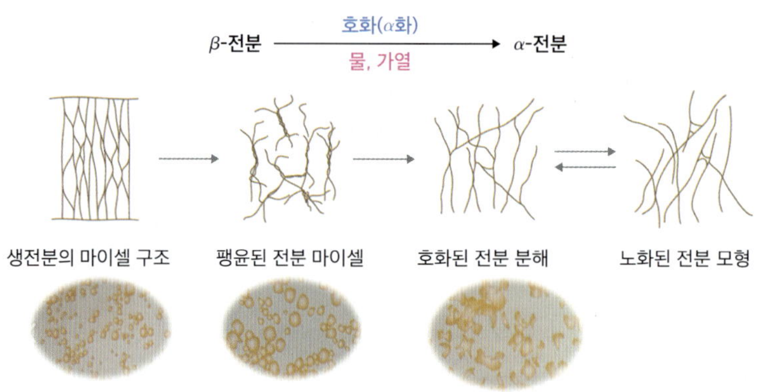

그림 4 - 2 전분의 호화 과정

출처: 변진원 외(2021). 조리원리. 파워북;
이주희 외(2019). 과학으로 풀어 쓴 식품과 조리원리. 교문사.

호화된 전분은 투명성이 증가하고, 아밀로오스가 전분 입자로부터 용출되어 점도가 상승하며, 구조가 느슨해져 소화성이 향상된다. 밥, 떡, 빵, 삶은 감자나 고구마가 따뜻할 때 부드럽고 소화가 잘되는 이유가 여기에 있다. 호화는 전분의 종류, 수분 함량, 가열 온도·시간, 설탕·산 등의 첨가물 영향을 크게 받는다.

① 전분 호화의 종류

전분의 호화는 곡류, 두류, 서류 등 종류에 따라 달라지며, 이는 전분 입자의 크기·형태, 아밀로오스와 아밀로펙틴의 비율·결정 구조 등에 영향을 받는다. 일반적으로 입자가 큰 전분일수록 낮은 온도에서 호화가 시작되며, 감자전분은 입자가 커 저온에서 호화가 시작되어 약 90℃에서 투명한 졸(sol)을 형성한다. 반면, 멥쌀전분은 입자가 작아 더 높은 온도에서 호화가 시작된다.

아밀로펙틴 함량이 많은 찹쌀전분은 호화 속도는 느리지만 호화가 진행되면 구조 안정성이 커 오래 유지된다. 반대로, 아밀로오스 함량이 높은 전분은 호화 온도가 높고 가열 후 노화가 빠르게 일어난다.

② 수분 함량

전분의 호화에는 충분한 수분이 필수적이다. 수분이 많을수록 전분 입자가 쉽게 팽윤하여 호화가 빠르게 진행되며, 수분이 부족하면 입자 내부까지 침투하지 못해 호화가 지연되거나 불완전하게 일어난다.

③ 온도

호화는 전분 입자가 일정 온도 이상에서 수분을 흡수해 팽윤하면서 시작된다. 일반적인 호화 온도는 56~70℃이며, 전분의 종류와 입자 크기, 결정성, 아밀로오스와 아밀로펙틴의 구성 비율에 따라 달라진다.

④ 산

pH가 낮은 상태인 산성 조건에서 가열하면 호화는 가능하지만, 전분 분자의 절단(가수분해)이 일어나 점도가 낮아지고 젤 형성력이 감소한다. 따라서 과즙, 레몬즙 등의 산도가 높은 재료를 사용할 때는 전분을 먼저 호화시킨 뒤, 산을 첨가하는 것이 적합하다.

⑤ 설탕

설탕은 수분을 경쟁적으로 흡수해 전분의 팽윤을 지연하며, 호화 온도를 상승시킨다. 설탕 농도가 50% 이상일 경우 호화가 크게 지연되고, 점도·투명도도 감소한다. 이는 디저트, 소스 등에서 설탕 농도가 조직감과 품질에 중요한 요인이 되는 이유이다.

⑥ 전분 호화에 영향을 미치는 기타 요인

지방과 단백질은 전분 입자를 코팅하여 수분 침투를 방해하므로 전분의 팽윤과 호화를 지연시킨다. 무기염류는 대체로 전분의 팽윤을 촉진하지만, 염의 종류에 따라 영향이 다르다.

예를 들어, 황산염(SO_4^{2-} 계열)은 호화를 억제하며, 그 밖의 염류도 농도와 조리 조건에 따라 젤 강도 및 호화 특성에 변화를 일으킬 수 있다.

조리 Tip	맛있는 탕수육 소스 조리법
탕수육 소스에서 신맛과 단맛을 구현하고 적절한 점도를 유지하려면, 설탕과 산이 전분의 호화를 방해하므로 전분을 먼저 호화시킨 뒤 설탕과 식초를 넣는 것이 좋다.	

(2) 전분의 노화

전분의 노화는 호화된 전분이 냉각되거나 저온에 방치되었을 때 전분 분자들이 재배열되며 수소 결합을 형성하면서 부분적으로 결정화되는 현상이다. 이 과정에서 형성된 결정화된 전분을 β-전분이라고 하며, 이러한 과정을 노화(retrogradation)라고 한다.

그림 4-3 전분의 노화(식은 밥)

노화가 진행되면 전분 사슬 간 결합력이 커져 수분이 외부로 빠져나오는 이액현상이 발생하고, 식품의 조직은 단단하고 건조해지는 변화를 보인다. 대표적인 예로는 식은 밥, 굳은 떡, 마른 빵 등이 있다(그림 4-3).

노화 속도와 정도는 전분의 종류(아밀로오스 함량이 많을수록 빠름), 수분 함량, 보관 온도(특히, 냉장 온도에서 촉진) 및 설탕이나 지방 등의 첨가물 유무에 따라 영향을 받는다. 따라서 식품 제조 시에는 노화를 지연하거나 억제하는 조리 방법과 첨가물 선택이 중요하다.

① 전분 노화의 종류

전분의 노화 속도와 강도는 입자 크기, 아밀로오스와 아밀로펙틴 함량에 영향을 받는다. 일반적으로 입자가 작은 쌀이나 옥수수전분은 노화가 빠르고, 입자가 큰 감자전분이나 고구마 전분은 노화가 느리거나 잘 일어나지 않는다. 이는 전분의 결정성 구조와 수분 보유 특성의 차이 때문이다.

또한 아밀로오스 함량이 많은 전분은 직선사슬구조가 재배열되기 쉬워 노화가 잘 일어나며, 아밀로펙틴 함량이 높은 전분은 가지구조로 인해 재배열이 방해되어 노화가 억제된다. 따라서 찹쌀떡처럼 아밀로펙틴이 많은 전분은 시간이 지나도 부드러움을 유지하지만, 멥쌀밥처럼 아밀로오스가 많은 전분은 빠르게 굳고 단단해진다.

② 수분 함량

전분의 노화는 수분 함량이 약 30~60%일 때 가장 활발히 일어나며, 이 범위에서 전분 분자들이 수소 결합을 형성하기에 적절한 유동성과 재배열 자유도를 가진다. 수분 함량이 60% 이상이거나 15% 이하일 경우에는 노화가 잘 일어나지 않으며, 수분이 매우 적은 뻥튀기 제품이나 수분이 많은 죽류가 대표적인 예이다.

③ 온도

전분의 노화는 저온(0~5℃)에서 가장 빠르게 진행된다. 이 온도에서는 수소 결합이 안정적으로 형성되어 전분 사슬 간 재배열과 결정화가 빠르게 일어난다. 따라서 냉장 보관 시 굳음이나 이액현상이 잘 발생한다.

노화를 지연하기 위해서는 0℃ 이하로 냉동 보관하거나 60℃ 이상의 온장 보관이 효과적이다. 예를 들어, 떡은 냉동 보관하면 부드러움이 오래 유지되며, 밥도 온장고에 보관하면 노화를 늦춰 부드러운 식감을 유지할 수 있다.

④ 전분 노화에 영향을 미치는 기타 요인

전분의 노화는 조리 시 첨가되는 성분에 의해 촉진되거나 억제된다. 일반적으로 알칼리를 첨가하면 전분 사슬의 이온화를 촉진해 수소 결합 형성을 방해하므로 노화가 억제된다. 반면, 산은 전분 사슬을 가수분해하여 수소 결합이 용이해지므로 노화를 촉진한다.

무기염류는 대부분 수분 보유력과 전하 균형을 조절해 노화를 억제하지만, 황산염

(SO_4^{2-})은 예외적으로 노화를 촉진한다. 지방, 유리지방산, 유화제는 아밀로오스와 복합체를 형성하여 사슬 간 결합을 방해하므로 노화를 지연하는 효과가 있다.

(3) 전분의 젤화

전분가루에 물을 넣어 가열하면 전분이 호화되고, 이를 젓지 않고 냉각하면 호화 시 용출되었던 아밀로오스 분자들이 수소 결합을 통해 입체적 망상구조를 형성하며 물을 가둔다(그림 4-4). 이러한 현상을 젤화(gelation)라고 하며, 젤화된 전분은 탄성과 형태를 가진다. 대표 식품으로는 도토리묵, 청포묵, 메밀묵 등이 있다(그림 4-5).

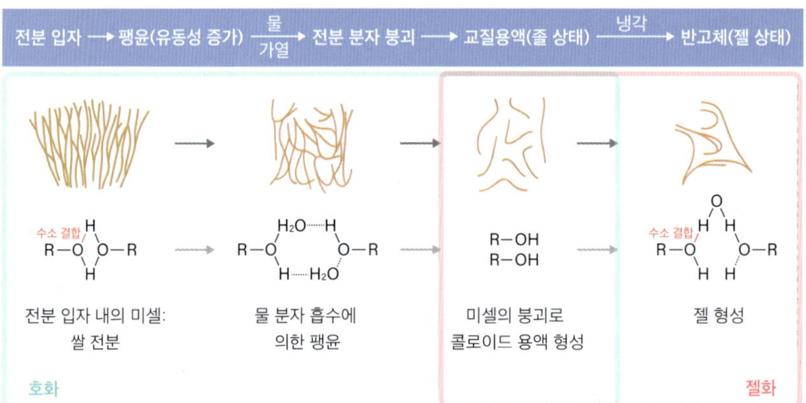

그림 4-4 전분의 젤화 과정

젤화 특성은 전분 종류와 조성에 따라 달라진다. 일반적으로 아밀로오스 함량이 높고 사슬길이가 긴 전분(예: 도토리, 녹두, 동부, 메밀, 옥수수전분)은 단단하고 탄성 있는 젤을 형성하는 반면, 아밀로펙틴 비율이 높은 전분(예: 감자, 고구마)은 젤화가 약하거나 어려운 편이다. 또한 산, 당, 지방 등의 첨가물 종류와 농도에 따라 젤의 강도, 투명도, 조직감이 달라진다.

그림 4-5 전분의 젤화(도토리묵)

① 전분의 아밀로오스 함량

젤화는 주로 아밀로오스의 직선 사슬들이 형성하는 수소 결합에 의해 이루어진다. 따라서 아밀로펙틴으로만 구성된 찹쌀전분은 강한 젤을 만들기 어렵다. 반대로, 아밀로오스 함량이 높은 전분(예: 옥수수전분)은 더 단단하고 탄력 있는 젤을 만들며, 이는 묵류, 젤, 디저트, 가공소스 등 젤 구조가 필요한 제품의 조리·제형 설계에서 중요한 기준이 된다.

② 아밀로오스 사슬길이

아밀로오스 사슬의 길이가 길수록(중합도가 높을수록) 사슬 간 수소 결합을 통해 안정적이고 단단한 젤을 형성한다. 예를 들어, 강낭콩전분도 아밀로오스 함량이 높지만, 사슬길이가 더 긴 녹두전분이 오히려 탄력 있고 강한 젤을 형성한다.

③ 전분 젤화에 영향을 미치는 기타 요인

젤화 과정에서 첨가되는 성분들은 젤구조의 형성에 영향을 줄 수 있다.

- **산**: 아밀로오스 사슬을 가수분해하여 짧아지므로 수소 결합 형성이 어려워지고 젤 강도가 감소한다.
- **설탕**: 친수성이 높아 전분보다 먼저 수분을 흡수하므로 전분의 젤화에 필요한 수분이 부족해져 젤이 약해진다.
- **지방**: 가열 중 전분 입자 표면에 결합해 아밀로오스 간 상호작용을 방해하므로 입체적 망상구조 형성을 저해한다.

(4) 전분의 호정화

호정화(dextrinization)는 전분에 물을 첨가하지 않고 160~170℃의 건열로 가열할 때 일어나는 현상으로, 이때 전분 입자 내 포도당들의 글리코사이드 결합이 분해되어 가용성 저분자 덱스트린(dextrin)으로 전환된다. 이 과정에서 전분은 갈색으로 변하고 결정구조가 파괴되어 점성이 낮아진다.

그림 4-6 전분의 호정화(토스트)

호정화된 전분은 물에 쉽게 용해되지만 점도와 젤 형성 능력은 거의 없으며, 대신 고소한 향과 풍미를 부여한다. 대표적인 예로는 토스트의 갈색 표면, 뻥튀기, 미숫가루, 누룽지, 볶은 보리차, 루(roux) 등이 있으며 모두 호정화된 전분을 활용한 식품이다(그림 4-6).

(5) 전분의 당화

당화(saccharification)는 전분이 산이나 효소에 의해 가수분해되어 포도당, 맥아당, 올리고당 등의 단당류나 이당류로 분해되면서 단맛이 증가하는 현상을 말한다. 생전분(β-전분)은 결정구조가 안정되어 있어 잘 분해되지 않지만, 호화된 전분은 구조가 풀려 효소나 산에 의해 쉽게 분해되므로 당화가 잘 일어난다.

전분을 당화시키는 대표적인 효소는 α-아밀레이스와 β-아밀레이스이며, 이러한 반응은 여러 전통 발효식품과 가공식품 제조에 활용된다.

- **식혜**: 쌀전분을 엿기름 속 아밀레이스가 분해하여 당화
- **고추장**: 찹쌀·밀가루 전분을 엿기름 효소로 당화 후 발효
- **물엿·조청·콘시럽**: 전분을 산 또는 효소로 가수분해하여 제조

(6) 전분의 기타 이용

전분은 그 특성에 따라 다양한 조리·가공 과정에서 식품의 질감, 조직, 안정성을 조절하는 데 활용된다. 표 4-1에는 전분을 첨가물로 사용할 때의 주요 기능과 특징 그리고 적용 식품의 예가 정리되어 있다.

표 4-1 첨가물질로 사용되는 전분의 역할

기능	특징	식품의 예시
증점제	수분을 흡수하여 점도를 증가시켜 농후한 질감 부여	소스, 수프, 그레이비(gravy)
젤 형성제	망상구조를 형성하여 젤 상태를 만듦	젤리, 푸딩, 묵류
결착제	재료 간의 결합을 도와 조직감 유지	어묵, 소시지, 게맛살
안정제	식품성분의 분리를 방지하여 균일한 상태 유지	드레싱, 아이스크림, 유화소스
습윤제	수분을 유지시켜 제품의 촉촉함 유지	쿠키, 케이크, 에너지바
식용피막제	식품 표면에 보호막을 형성하여 산화 및 수분 손실 방지	캡슐, 필름
지방대체제	지방을 대신하여 유사한 질감 제공	저지방 마요네즈, 다이어트용 드레싱

3) 변성전분

변성전분은 천연전분의 물리적·화학적·효소적 성질을 인위적으로 변화시켜 식품 가공에 적합하도록 기능을 향상시킨 전분이다. 천연전분은 조리 과정에서 점도가 쉽게 변하거나 노화가 빠르게 일어나는 한계가 있으므로 이를 보완하기 위해 변성전분이 널리 사용된다. 제조 방식에 따른 변성전분의 종류는 다음과 같다.

- **화학적 변성**: 산·알칼리 처리, 에스터화, 에테르화 등의 반응을 통해 전분 분자 구조를 변화시키는 방법으로, 점도 유지력·내산성·내열성을 향상시킨다.
- **물리적 변성**: 가열, 압출, 냉동·해동 등 물리적 처리로 입자구조나 성질을 변화시키는 방법이며, 냉동·해동 시에도 점도가 유지되어 냉동식품에 적합하다.
- **효소적 변성**: 아밀레이스 등 전분분해효소로 전분을 가수분해해 기능성을 부여하는 방법으로, 식혜, 물엿, 고추장 등 전통식품 제조에 활용된다.

변성전분의 주요 기능에는 점도 유지력 향상, 노화 억제, 냉동·해동 안정성 증가, 유화력 향상, 식감 개선, 투명도 향상 등이 있으며, 즉석수프, 냉동식품, 소스, 드레싱, 베이커리 제품 등 다양한 가공식품에 활용된다.

더 알아보기 | 저항전분

저항전분은 소장에서 소화되지 않고 대장까지 도달해 식이섬유처럼 작용하는 전분이다. 일반전분은 소장에서 효소에 의해 포도당으로 분해·흡수되지만, 저항전분은 효소의 영향을 거의 받지 않아 대장에서 발효되며 단쇄지방산(SCFA), 특히 부티르산을 생성한다. 이러한 작용을 통해 장 건강 개선, 혈당 조절, 체중 관리, 대장암 예방 등에 도움이 되는 기능성이 보고되고 있다.

2. 당류

단당류, 이당류, 올리고당은 탄수화물의 기본 구성단위로, 구조에 따라 서로 다른 특성과 기능을 가진다. 이들은 인체의 주요 에너지원으로 활용되며, 식품 내에서는 단맛을 부여할 뿐만 아니라 갈변, 보존성, 점도, 결정화 등 다양한 품질 특성에 영향을 미친다.

따라서 이 절에서는 당류의 구조적 특징과 조리 중 일어나는 화학적 변화를 이해하고, 이러한 변화가 식품의 품질과 풍미에 미치는 영향을 살펴보고자 한다.

1) 당의 종류

당류는 화학적 구조에 따라 단당류, 이당류, 올리고당류, 다당류로 구분되며(표 4-2), 그에 따라 감미도와 이화학적 특성이 달라진다. 감미료로 사용되는 당류는 천연 감미료와 대체 감미료로 나뉜다.

천연 감미료에는 설탕(서당), 포도당, 과당, 전화당, 꿀, 물엿, 조청 등이 있으며, 대체 감미료는 당 섭취 제한이나 열량 감소를 목적으로 사용하는 당알코올류(자일리톨, 에리스리톨 등), 인공 감미료(아스파탐, 아세설팜칼륨, 사카린 등), 천연 유래 감미료(스테비오사이드, 알룰로오스 등)로 분류된다. 각 감미료는 감미도, 열 안정성 등의 특성에 따라 식품 제조 과정에서 적절히 선택된다.

표 4-2 당의 종류

종류	특징
단당류	• 포도당, 과당, 갈락토오스 등
이당류	• 맥아당=포도당+포도당 • 서당(설탕)=포도당+과당 • 유당=포도당+갈락토오스
올리고당류	• 단당류가 3~10개 정도 결합 • 라피노오스, 스타키오스 등

(1) 천연 감미료

① 설탕(서당)

설탕(서당)은 식품에 단맛을 부여하는 대표적인 감미료로, 사탕수수나 사탕무에서 추출한 원당을 정제한 것이다. 정제 정도에 따라 흑설탕, 황설탕, 백설탕 등으로 구분된다. 조리에서는 단맛을 내기 위한 기본 감미료일 뿐만 아니라, 당 절임으로 저장성 향상, 점성과 결정화를 이용한 젤리, 캔디 제조 등 다양한 기능을 수행한다.

② 포도당

포도당은 과일에 풍부하게 함유된 단당류로, 이당류와 다당류의 구성성분이다. 환원당이므로 마이야르 반응이나 캐러멜화 등 갈변반응에 관여할 수 있다. 전분의 분해로 생성되는 포도당 시럽은 다양한 식품에 활용되는데, 포도당 당량(DE, Dextrose Equivalent)이 높을수록 단맛은 강하고, 점도는 낮아져 결정화 억제와 보습력이 향상된다. 이러한 특성으로 인해 젤리, 음료, 베이커리 제품에 많이 사용된다.

더 알아보기	포도당 당량(DE, Dextrose Equivalent)

전분을 가수분해하여 생성된 당화물에 포도당이 얼마나 포함되어 있는지 백분율로 나타낸 값으로, 완전히 포도당으로만 이루어졌다면 DE값은 100이다.

③ 과당

과당은 단맛을 가진 과일이나 꿀에 풍부하게 함유되어 있으며, 단당류 중 단맛이 가장 강하다. 과당은 일반적으로 전분을 당화시켜 얻은 포도당을 이성화(isomerization)하거나, 설탕을 가수분해하여 얻은 과당 함유 당액을 가공한다. 흡습성이 높아 주로 액체 상태로 존재하며, 결정화가 어렵다.

④ 전화당

전화당은 설탕을 효소 또는 산으로 가수분해하여 얻은 포도당과 과당의 혼합물이다. 이 혼합물은 설탕과는 다른 광학적 성질을 가지는데, 이는 광학회전 방향이 설탕과 반대로 바뀌기 때문에 '전화(轉化)된 당'이라는 의미에서 전화당(invert sugar)이라고 불린다.

전화당은 과당의 높은 흡습성과 낮은 결정화로 설탕보다 결정화되기 어렵고 보습성이 높아 제품의 수분 유지나 부드러운 질감 유지에 유리하다. 또한 단맛은 포도당과 과당의 혼합 비율에 따라 달라지며, 과당 함량이 많을수록 더 강한 단맛을 느낄 수 있다.

⑤ 벌꿀

벌꿀은 꿀벌이 꽃의 수액이나 꿀샘 분비물을 채집해 체내 효소로 가공·숙성시킨 천연 감미료이다. 생산 방식에 따라 벌꿀, 벌집꿀, 사양벌꿀, 사양벌집꿀로 구분되며, 꽃의 종류에 따라 아카시아꿀, 유채꿀, 밤꿀, 메밀꿀 등으로 나뉜다. 메이플시럽은 단풍나무 수액을 채취해

열로 농축한 천연 액체 감미료로, 특유의 향과 풍미가 있다.

- **벌꿀**: 벌집에서 꿀만 채취한 것
- **벌집꿀**: 벌집을 그대로 채취한 것
- **사양벌꿀**: 벌에게 설탕물이나 당액을 공급하여 얻은 것
- **사양벌집꿀**: 사양벌이 만든 꿀을 벌집째로 채취한 것

⑥ 물엿

물엿은 전분당의 대표적인 제품으로, 정제시럽(refined syrup)이라고도 한다. 전분 또는 전분질 원료(옥수수, 고구마, 감자, 밀 등)를 산 또는 효소로 가수분해한 후 여과·농축하여 제조한 액상 감미료이다.

일반적으로 덱스트로스 당량(DE, Dextrose Equivalent)이 20% 이상인 경우를 물엿으로 규정하는데, DE값은 가수분해 정도를 나타내는 지표로 값이 높을수록 단맛은 강하고 점도는 낮아지며, 보습력과 갈변 촉진 효과도 증가한다.

⑦ 조청

조청은 쌀이나 고구마와 같은 전분질 원료를 호화시킨 후, 여기에 맥아에 함유된 β-아밀레이스로 가수분해하여 얻는 당액을 가열·농축하여 만든 것이다. 이 과정에서 생성되는 주요 당류는 맥아당으로 설탕이나 물엿보다 감미도가 낮고, 풍미가 독특하며 깊은 맛을 낸다.

조청은 점성이 높고 윤기 부여 효과가 뛰어나며, 볶음이나 조림류 조리 시 음식에 광택과 부드러운 질감을 부여하는 역할을 한다.

(2) 대체 감미료

대체 감미료는 설탕에 비해 단맛이 매우 강하면서도 열량이 없거나 낮은 감미료로, 주로 다이어트용 식품이나 당뇨병 환자용 식품, 가공음료 등에서 설탕의 대체제로 널리 사용되고 있다. 종류에 따라 합성 감미료(아스파탐, 사카린 등)와 천연 감미료(스테비오사이드, 알룰로오스 등)로 구분된다(표 4-3).

표 4-3 대체 감미료의 종류

구분	내용
당알코올	• 감미도: 설탕의 약 0.4~1.0배 • 종류: 소르비톨(sorbitol), 자일리톨(xylitol), 만니톨(mannitol), 에리스톨(Erythritol) 등 • 열량이 낮아 다이어트 식품이나 무가당 제품에 사용되나, 과량 섭취 시 설사, 복통 등 발생 가능
아스파탐 (aspartame)	• 감미도: 설탕의 약 180~200배 • 열과 산에 취약해 냉장제품(음료, 디저트 등)에 주로 사용 • 1981년 미국 FDA에서 안전물질(GRAS, Generally Recognized As Safe)로 승인됨
사카린 (saccharin)	• 감미도: 설탕의 약 300배 • 세계 최초의 인공 감미료 • 미국 FDA에서 안전한 감미료로 재평가되어 사용 허가
아세설팜칼륨 (acesulfame potassium)	• 감미도: 설탕의 약 200배 • 열과 냉각에 안정적이나, 쓴맛이 있음 • 분말음료, 무설탕음료, 껌, 유제품, 베이커리 등에 사용됨
스테비오사이드 (stevioside)	• 감미도: 설탕의 약 200~300배 • 남아메리카의 스테비아(stevia rebaudiana)의 잎에서 추출한 천연성분 • 다이어트 식품, 당뇨환자용 식품, 무설탕 음료, 소주 등에 사용됨
알룰로오스 (allulose)	• 감미도: 설탕의 약 70% • 건포도, 무화과, 사탕수수에 함유된 천연 유래 감미료 • 부드럽고 깔끔한 맛, 열에 안정적 • 베이커리, 음료, 요거트 등에 사용됨

더 알아보기 | **아스파탐의 안전성 논란과 부작용**

- 아스파탐은 1981년 미국 FDA 승인을 받은 이후 널리 사용되어 왔으나, 일부 연구자와 소비자 단체는 아스파탐 섭취가 두통, 어지럼증, 집중력 저하, 기분 변화, 암 발생과 연관될 수 있다고 지적해 왔다. 그러나 대부분의 연구에서 이러한 주장과의 명확한 인과관계는 확인되지 않았으며, 일반적인 인체 부작용으로 보기에는 과학적 근거가 충분하지 않다.
- 세계보건기구(WHO)는 아스파탐의 1일 섭취허용량(ADI)을 체중 1kg당 40mg으로 설정하고 있으며, 체중 70kg 성인의 경우 하루 약 2,800mg(다이어트 탄산음료 약 9~14캔)에 해당하는 양까지는 안전하다고 평가한다.
- 2023년 WHO 산하 국제암연구소(IARC)는 아스파탐을 '인체에 발암 가능성이 있는 물질'로 분류했으나, 일반적인 섭취 수준에서는 안전하다는 기존 평가를 유지하고 있다.

2) 당류의 특성

(1) 감미도

당류는 구성된 단당류의 종류와 결합 형태에 따라 단맛의 강도와 특유의 맛이 달라진다. 감미료의 단맛은 온도에 영향을 적게 받고 일정한 단맛을 유지하는 서당(설탕)이 기준이 된다. 천연 감미료 중에서는 과당이 가장 강한 단맛을 가지며, 그다음으로 서당, 포도당, 맥아당, 갈락토오스, 유당 순으로 감미도가 낮아진다(표 4-4).

일반적으로 감미도는 차가울 때 더 뚜렷하게 느껴지며, 당의 종류에 따라 뒷맛이나 지속시간 등 감각 특성이 달라진다. 또한 농도가 높아질수록 단맛도 증가하지만, 일정 농도 이상에서는 감각의 민감도가 포화하여 단맛의 차이는 크게 느껴지지 않게 된다.

표 4-4 주요 감미료의 상대적 감미도

종류	감미도	종류	감미도
유당	0.2~0.4	설탕	1.0(감미도 기준)
맥아당	0.5	전화당	1.3
소르비톨	0.5~0.6	과당	1.2~1.7
갈락토오스	0.6	아스파탐	100~200
만니톨	0.4~0.7	아세설팜칼륨	130~200
자일로스	0.7	사카린	200~300
포도당	0.7~0.8	스테비오사이드	300
자일리톨	0.8~1.0	수크랄로스	600

(2) 용해도

당류는 수산기(−OH)를 포함하고 있어 친수성을 나타내며, 온도가 높아질수록 물에 잘 녹는다. 이에 따라 불포화용액, 포화용액, 과포화용액으로 구분되며, 가열과 냉각 조건에 따라 결정화가 달라진다. 설탕은 감미도와 용해도가 모두 높지만, 유당은 낮아 결정화되기 쉽다.

특히, 유당이 많은 아이스크림은 냉동 중 유당 결정이 생겨 거친 식감을 유발할 수 있다. 이러한 결정화는 제품 품질에 직접 영향을 주므로 조리·제조 시 주의가 필요하다.

(3) 결정화

결정화는 온도에 따라 용액의 용해도가 변하면서 고체 결정이 형성되는 현상으로, 당류 조리에서 중요한 물리적 변화이다. 당용액은 용매에 용해되는 당의 양에 따라 불포화용액, 포화용액, 과포화용액으로 구분된다.

과포화용액은 용매에 녹을 수 있는 양보다 용질의 양이 많아, 저어 주거나 충격을 가하면 결정을 형성하기 쉽다. 과포화된 설탕용액을 100℃ 이상으로 가열한 후 냉각시키면 용해도가 낮아져 과포화된 부분이 핵을 형성하기 시작하고, 그 후 핵을 중심으로 결정이 형성되는 것을 결정화(crystallization)라고 한다. 이때 빠른 속도로 핵을 형성하기 위해 미리 고운 결정을 넣는 것을 씨뿌리기(seeding)라고 한다.

결정성은 캔디 제조에 중요한 과정이며, 결정의 형성이나 억제는 캔디 품질 결정의 중요한 요인이 된다. 결정화는 표 4-5와 같이 당의 종류, 용액의 농도와 온도, 냉각·교반 속도 등에 영향을 받는다.

표 4-5 결정화에 영향을 주는 요인

구분	내용
용질 종류	• 포도당은 결정을 서서히 형성하고, 설탕은 결정을 빠르게 형성
용액 농도	• 용액의 농도가 높을수록 핵이 많이 생성되어 결정의 크기가 작아지고 결정의 수가 많아짐
용액 온도	• 용액을 서서히 가열하여 녹인 뒤 빠르게 가열할수록 결정화가 쉬워짐 • 가열 온도가 높으면 과포화 상태가 되어 결정화가 잘 일어남 • 과포화용액을 식힌 후 빠르게 저어 주어야 하나, 높은 온도에서 저어 주기 시작하면 결정 크기가 커져 표면이 거칠어지는 현상이 나타남
젓기	• 미세한 결정을 얻기 위해서는 온도가 충분히 내려간 후 빠른 속도로 저어 주는 방법이 필요함 • 시럽 제조 시 저으면 핵이 형성되어 결정화가 일어나는 문제가 있으므로 젓지 않도록 주의가 필요함 • 폰당과 같은 결정형 캔디를 제조할 때는 계속 저어 미세한 결정을 형성하는 공정이 요구됨
결정 형성 방해물질	• 난백, 젤라틴, 시럽, 꿀, 우유, 크림, 초콜릿, 한천, 유기산, 전화당 등 설탕 이외의 물질은 핵 주위를 둘러싸 결정 형성을 방해함

더 알아보기 | **설탕용액의 가열 온도에 의한 상태 변화와 온도**

설탕농후용액은 가열 온도에 따라 물성이 변하므로 용도에 맞게 온도를 조절해야 한다.

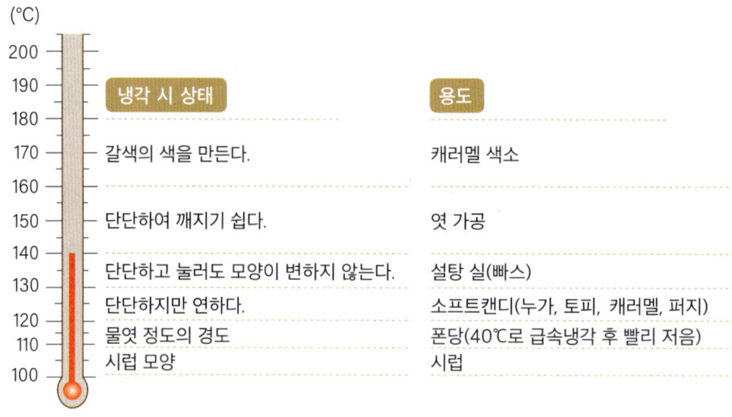

출처: 송태희 외(2020). 이해하기 쉬운 조리과학. 교문사.

(4) 갈변반응

당의 갈변반응은 효소적 갈변과 비효소적 갈변으로 구분되며, 식품 조리에서 주로 나타나는 것은 비효소적 갈변이다. 대표적인 비효소적 갈변에는 캐러멜화(caramelization)와 마이야르 반응(Maillard reaction)이 있다.

캐러멜화는 170℃ 이상에서 당이 분해되어 흑갈색 색소와 향미성분을 형성하는 반응으로, 단맛은 줄지만 색과 풍미가 강화되어 달고나, 설탕캔디, 캐러멜소스 등에 이용된다. 반면, 마이야르 반응은 당의 카보닐기와 아미노산의 아미노기가 반응해 갈색 색소(멜라노이딘)와 향을 생성하는 반응으로, 빵 껍질, 간장, 구운 고기, 볶은 커피 등에서 나타나 식품의 색과 향을 풍부하게 한다(그림 4-7).

캐러멜화　　　　　마이야르 반응

그림 4-7　당의 갈변반응 예시

(5) 가수분해

이당류는 산·효소 또는 가열에 의해 가수분해되어 2개의 단당류로 분해된다. 예를 들어, 설탕은 전화효소(invertase)나 산의 작용으로 가수분해되면 포도당과 과당이 1:1로 섞인 전화당이 생성된다. 설탕은 비환원당이지만, 가수분해되어 생성된 전화당은 환원당에 속한다. 또한 꿀 역시 전화당의 일종으로, 벌의 효소작용에 의해 설탕이 분해되어 생성된 포도당과 과당을 주성분으로 한다.

(6) 흡습성

흡습성은 공기 중 수분을 흡수하는 성질로, 당류의 용해도와 밀접하게 관련되어 식품의 텍스처와 저장성에 영향을 미친다. 특히, 과당은 설탕이나 포도당보다 흡습성이 커 상온에서 액체로 존재하며, 과당 함량이 높은 꿀·전화당·고과당시럽 등은 습기를 쉽게 흡수한다.

이러한 특성은 제품에 따라 상이하게 작용하는데, 케이크에서는 촉촉한 식감을 유지하는 데 유리한 반면, 쿠키에서는 눅눅함을 유발하여 바삭함을 저하시킬 수 있다. 또한 장마철에 설탕이 굳거나 덩어리지는 현상 역시 흡습성으로 인한 물리적 변화이다.

(7) 당류의 기타 특성

설탕을 비롯한 당류는 감미 외에도 식품 내에서 다양한 기능을 수행한다. 설탕은 펙틴 젤 형성을 돕고, 한천 젤의 강도와 투명도를 높인다. 또한 수분 활성을 낮춰 미생물 생육을 억제함으로써 저장성을 향상시킨다.

전분과 함께 사용할 경우 호화 상태를 안정화하고 노화를 지연시켜 제품의 품질을 유지하며, 열처리 시 단백질 응고를 늦춰 식품이 지나치게 단단해지는 것을 방지한다. 발효식품에서는 이스트 활성을 촉진해 발효를 원활하게 하고, 난백 거품의 안정성을 높여 머랭 등의 품질 유지에도 기여한다.

3) 당류의 조리

(1) 캔디

캔디는 설탕과 물엿을 주원료로 농축·응고시켜 만든 것으로, 설탕 결정의 유무에 따라 결정형 캔디와 비결정형 캔디로 구분된다. 또한 농축 온도에 따라 제품의 특성이 달라진다.

① 결정형 캔디

결정형 캔디는 과포화 설탕용액이 결정화되는 성질을 이용해 만든 것으로, 쉽게 부서지는 부드러운 식감이 특징이다. 대표적인 제품으로는 그림 4-8과 같이 퐁당(fondant), 퍼지(fudge), 디비니티(divinity, 누가) 등이 있다.

과포화용액을 100℃ 이상으로 가열한 뒤 냉각시키면 설탕의 용해도가 낮아져 과포화된 부분에서 핵이 형성되기 시작한다. 일단 핵이 생성되면 결정 형성 속도가 빨라지므로, 용액을 40~50℃까지 식힌 후 작은 결정체를 넣어주는 씨뿌리기(seeding)를 실시한다. 이후 계속 저어주면 다량의 작은 결정이 생성되어 부드러운 결정형 캔디를 만들 수 있다. 설탕이 완전히 용해된 뒤 퐁당은 114~117℃, 퍼지는 112~120℃, 디비니티는 122~127℃까지 가열·농축한다.

퐁당

퍼지

디비니티

그림 4-8 결정형 캔디의 종류

② 비결정형 캔디

비결정형 캔디는 과포화 설탕용액에 결정 형성을 방해하는 물질을 넣거나, 고온으로 가열하여 결정 생성을 억제해 만든 끈적한 형태의 캔디이다. 대표 제품으로는 표 4-6과 같이 캐러멜(caramel), 브리틀(brittle), 태피(taffy), 토피(toffee), 마시멜로(marshmallow) 등이 있다.

표 4-6 비결정형 캔디의 종류

종류		내용
캐러멜 (caramel)		• 설탕과 동일한 양의 시럽, 우유, 버터 등을 넣고 서서히 저어가며 가열하여 약 118℃까지 농축한 뒤 냉각시켜 성형
브리틀 (brittle)		• 설탕용액에 다량의 시럽을 넣고 약 150℃ 내외에서 농축한 후 견과류와 베이킹소다를 첨가해 가스를 발생시키고, 틀에 부어 빠르게 냉각시켜 단단하고 바삭한 조직 형성
태피 (taffy)		• 설탕에 시럽과 산을 첨가해 높은 온도에서 농축한 뒤 식히고, 이를 손으로 반복적으로 늘려 쫀득한 조직 형성
토피 (toffee)		• 설탕을 캐러멜화한 뒤 당밀, 버터, 밀가루 등을 섞어 끓여 굳힌 것. 견과류·건포도 등을 넣어 풍미와 조직감 향상
마시멜로 (marshmallow)		• 설탕과 시럽을 가열해 젤라틴과 혼합한 뒤 고속으로 휘핑하여 공기를 포함시키고 냉각해 젤화시켜, 폭신하고 가벼운 질감 형성 • 원래는 마시멜로 뿌리의 점액질을 사용했으나, 현재는 젤라틴을 주된 젤화제로 사용해 대량 생산

(2) 설탕 시럽

설탕과 물을 1:1 비율로 넣고 약한 불에서 젓지 않고 가열하면 설탕이 서서히 녹아 묽은 당용액이 된다. 이 상태에서 가열을 계속하면 수분이 증발해 용액의 점도가 증가하며, 가열 온도와 시간에 따라 시럽의 농도가 결정된다.

(3) 당류의 기타 조리

① 젤리

젤리(jelly)는 과즙에 설탕을 넣고 산도를 조절한 후 가열하여, 펙틴과 설탕이 반응하면서 젤을 형성하는 식품이다. 설탕은 단맛을 제공할 뿐만 아니라 젤 형성을 돕고, 저장성을 향상시키며, 광택과 점도를 조절하는 역할도 한다.

② 잼

잼(jam)은 과육과 펙틴이 포함된 혼합물에 설탕을 첨가해 가열·농축시킨 반고형 식품이다. 젤리와 마찬가지로 산도와 당 농도가 젤 형성의 핵심 요인이다.

③ 캐러멜화의 활용

설탕을 160℃ 이상 가열하면 캐러멜화 반응이 일어나 갈색 색소와 향미가 생성된다. 이 반응은 달고나, 캐러멜소스, 크렘브륄레(crème brûlée)의 표면 처리 등에 활용된다(그림 4-9). 또한 115~120℃ 정도로 가열해 색을 낸 뒤 과일이나 견과류를 코팅할 때도 사용된다.

그림 4-9 크렘브륄레 표면 캐러멜화 처리

self summary

1. 전분의 구조

2. 전분의 조리원리 특징

- 호화, 노화, 젤화, 호정화, 당화

3. 천연 감미료와 대체 감미료의 종류와 특징

4. 당의 조리원리 특징

- 감미도, 용해도, 결정화, 갈변반응, 가수분해, 흡습성 등

학습 마무리 문제

1 전분의 호화에 영향을 주는 요인에 대한 설명으로 옳은 것은?

① 온도가 낮을수록 호화가 잘 일어난다.

② 전분의 입자가 작을수록 호화가 빠르다.

③ 수분 함량이 많을수록 호화가 잘 일어난다.

④ 아밀로펙틴의 함량이 많을수록 호화가 느리다.

⑤ 산성보다는 알칼리성의 pH에서 호화가 느리다.

정답 ③

해설 전분의 호화는 수분이 많을수록, 전분 입자가 클수록, 아밀로펙틴 함량이 많을수록 잘 일어난다. 호화는 일반적으로 약 60~70℃에서 가장 잘 일어난다.

2 전분의 노화에 관한 설명으로 옳은 것은?

① 건빵은 노화가 잘 일어나지 않는다.

② 찐 감자는 밥에 비해 노화가 빠르다.

③ 찹쌀은 멥쌀에 비해 노화가 용이하다.

④ 빵에 유화제를 첨가하면 노화가 빠르다.

⑤ 밥을 40℃로 보관하면 노화가 억제된다.

정답 ①

해설 노화는 아밀로오스가 다시 배열되며 일어나는 현상으로, 아밀로펙틴이 많은 찹쌀은 노화가 지연된다. 수분이 매우 적은 식품(예: 건빵)이나, 수분이 60% 이상인 식품은 노화가 잘 일어나지 않는다. 노화는 0~5℃의 저온에서 가장 빠르게 진행되며, 40℃에서는 억제된다.

3 전분의 젤화를 이용하여 만든 식품은?

① 루(roux) ② 떡 ③ 도토리묵

④ 누룽지 ⑤ 미숫가루

정답 ③

해설 젤화는 호화된 전분 중 아밀로오스가 수소 결합으로 망상구조를 형성하며 식으면 굳는 현상이다. 도토리묵은 대표적인 젤화 식품이다.

4 전분의 변화와 그 예로 옳은 것은?

① 노화 - 묵

② 젤화 - 식혜

③ 호화 - 고추장

④ 당화 - 미숫가루

⑤ 호정화 - 뻥튀기

정답 ⑤

해설 호정화는 전분을 고온의 건열로 가열해 덱스트린으로 변하는 현상이며, 뻥튀기가 그 예이다.

5 당류의 결정화에 대한 설명으로 옳은 것은?

① 전화당은 결정 형성을 방해한다.

② 젓는 속도가 빠를수록 큰 결정이 형성된다.

③ 결정 형성 온도가 높을수록 작은 결정이 형성된다.

④ 설탕 시럽을 빨리 식힐수록 작은 결정이 형성된다.

⑤ 설탕 시럽의 과포화도가 높을수록 큰 결정이 형성된다.

정답 ①

해설 결정 형성 온도가 높을수록 결정 성장 속도가 빨라져 상대적으로 큰 결정이 형성되며, 젓는 속도가 빠를수록 핵 생성이 증가하여 작은 결정이 형성된다. 또한 설탕 시럽을 급속히 냉각하면 결정이 형성되지 못하고 유리질의 비결정 상태로 굳는다. 설탕 시럽의 과포화도가 높을수록 핵 생성이 촉진되어 작은 결정이 형성된다.

학습목표

- 밀가루의 성분과 조리 특성을 이해할 수 있다.
- 밀가루의 종류에 따른 특성을 이해하고 이를 조리에 적용할 수 있다.

CHAPTER

5

밀가루

밀은 재배 역사가 가장 오래된 농작물로, 나일강·유프라테스강·티그리스강의 범람으로 생긴 고대 문명의 요람인 초승달 지대(Fertile Crescent)에서 기원전 9,600년부터 처음 재배되기 시작한 것으로 알려져 있다. 주로 온대 지방에서 재배되며, 전 세계에서 재배 면적이 가장 넓다.

밀은 밀가루로 제분되어 제빵, 제과, 제면의 원료 또는 동물 사료, 밀배아, 밀배아 기름(소맥배아유)을 만드는 데 사용된다.

1. 밀의 분류

밀(wheat, *Triticum spp.*)은 화본과의 한해살이 식물로, 약 3만여 종의 품종이 재배된다. 빵, 면, 과자용으로 쓰이는 보통밀(*T. aestivum*)과 파스타용인 듀럼밀(*T. durum*)로 구분할 수 있다. 종피의 색에 따라 백소맥과 적소맥으로, 파종 시기에 따라 가을에 파종하여 이듬해 봄이나 여름에 수확하는 겨울밀과, 봄에 파종하여 여름 또는 초가을에 수확하는 봄밀로 나뉘며, 겨울밀의 생산량이 가장 많다.

- 경질밀(hard wheat)과 연질밀(soft wheat): 밀의 글루텐 함량에 따라 낟알이 단단하고 단백질 함량이 높은 경질밀과, 단백질 함량이 낮고 전분 함량이 많은 연질밀로 나뉜다. 경질밀은 주로 강력분을 생산하여 제빵용으로 이용되고, 연질밀은 박력분 원료로 파이류, 과자류, 케이크 등을 만드는 데 사용된다.
- 듀럼밀(durum wheat): 원산지는 이탈리아이며, 초경질밀로 배유의 색깔이 호박색을 띤다. 스파게티와 같은 파스타와 인도의 빵인 난을 만드는 데 쓰인다.

2. 밀의 구조

밀 알곡은 겉질, 배아, 내배유로 구성되며, 그림 5-1은 이들의 구조를 단면으로 나타낸 것이다.

- **껍질(과피, 밀기울)**: 밀 전체 무게의 약 14%를 차지한다.
- **배아(씨눈)**: 전체 무게의 약 2~3%이며, 지방이 약 10% 포함되어 있어 저장성이 떨어지므로 제분 과정에서 분리한다.
- **내배유(배유)**: 전체 무게의 약 83%를 이루며 밀가루가 되는 부분이다. 전체 단백질의 70~75%가 이 부위에 포함된다.

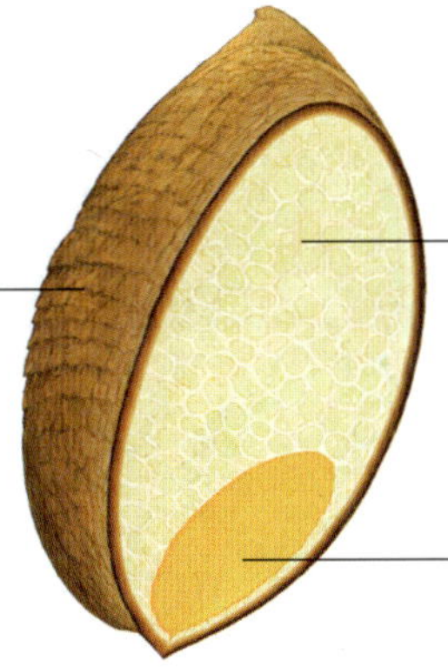

그림 5-1 밀의 구조

3. 밀의 제분

제분(milling)은 어떤 물질을 가루로 만드는 공정을 의미하며, 밀가루의 제분은 밀가루와 밀기울을 분리하는 공정이다. 밀은 외피가 단단해 외피를 제거하려고 하면 배유가 먼저 부스러지고, 중앙에 홈이 파여 있어 낟알 형태 그대로 외피를 제거하기 어렵다. 이러한 이유로 밀가루로 제분하여 사용하게 된다.

4. 밀가루의 구성성분

밀과 밀가루의 종류별 주요 영양성분은 표 5-1과 같다.

표 5-1 밀의 영양성분 (가식부 100g당)

종류	에너지 (kcal)	수분 (g)	단백질 (g)	지방 (g)	회분 (g)	탄수화물 (g)	총 식이섬유 (g)
밀, 도정, 생것	333	10.6	10.6	1.0	2.0	75.8	16
밀, 통밀, 생것	342	9.2	13.2	1.5	1.5	74.6	16.0
밀, 강력밀가루	334	12.0	13.59	1.11	0.41	72.89	2.5
밀, 박력밀가루	374	11.8	9.15	0.94	0.38	77.73	2.1
밀, 중력밀가루	375	11.6	10.34	1.01	0.41	76.64	2.7
밀, 통밀가루	365	14.1	11.9	1.6	0.9	71.5	3.7

종류	무기질				비타민			
	칼슘 (mg)	철 (mg)	인 (mg)	칼륨 (mg)	A (μg)	티아민 (mg)	리보플라빈 (mg)	C (mg)
밀, 도정, 생것	52	4.7	254	538	0	0.43	0.12	0
밀, 통밀, 생것	24	5.2	290	780	5	0.52	0.23	0
밀, 강력밀가루	17	0.64	104	95	0	0.053	0.071	0.15
밀, 박력밀가루	18	0.51	83	116	0	0.087	0.033	0.18
밀, 중력밀가루	17	0.73	86	115	0	0.161	0.024	0.17
밀, 통밀가루	33	5.12	355	299	1	1.70	0.06	–

'–' 표기는 측정되지 않은 결측치를 의미함
출처: 농촌진흥청(2025). 국가표준식품성분 DB 10.3.

1) 탄수화물

밀의 탄수화물 중 전분 함량은 75~80%이며, 이 외에도 셀룰로오스, 헤미셀룰로오스, 펜토산 및 당류 등이 포함된다.

2) 단백질

밀가루 단백질은 저장 단백질인 프롤라민(prolamin)과 글루텔린(glutelin)으로 존재하며, 대부분 배유에 분포한다. 밀의 글루텔린은 글루테닌(glutenin), 프롤라민은 글리아딘(gliadin)이라고 한다. 이 두 단백질은 반죽 시 점탄성을 가진 글루텐 단백질로 결합된다. 필수아미노산인 라이신, 트립토판, 메티오닌이 부족하여 '불완전 단백질'에 속한다.

3) 지질

밀은 약 1.8%의 지질을 함유하며, 배아에 가장 많이 들어 있다.

4) 비타민과 무기질

비타민과 무기질은 주로 밀기울과 배아에 존재하며, 제분 과정에서 대부분 제거되어 시판 밀가루에는 비타민 B군과 무기질이 상당 부분 손실된다. 배아와 밀기울에는 비타민 E가 많고, 배유에는 총 토코페롤의 약 15%가 함유된다. 밀가루는 회분 함량이 많을수록 품질이 떨어진다.

5. 밀가루의 품질과 종류

밀가루는 단백질 함량에 따라 강력분, 중력분, 박력분으로 구분된다. 밀가루의 종류에 따라 용도와 사용성이 달라질 수 있으며(표 5-2), 밀 단백질 함량은 7~15% 정도로 품종과 재배 조건에 따라 변동된다.

표 5-2 단백질 함량별 밀가루 종류와 주용도

구분	단백질량(%)	회분 함량(%)	입자 형태	주용도
강력분	11~15	0.4% 이상	초자질(굵은 입자)	빵용(식빵, 베이글), 피자 도우
중력분	9~11	0.4%	반초자질	만두피, 면류(라면, 우동면)
박력분	7~9	0.4% 이하	분상질(고운 입자)	제과(케이크, 쿠키, 머핀)

6. 밀가루 반죽

밀가루는 반죽 과정을 통해 재료들이 균일하게 분산되고, 액체 재료(물)가 밀가루에 고루 수화된다. 또한 글루텐을 숙성(발전)시켜 반죽의 탄력성과 점성을 최적의 상태로 만들며, 공기를 혼입시켜 효모를 활성화시킬 수 있다.

1) 글루텐 형성

밀가루에 물이 더해지고 반죽이 진행되면 글루텐이 서서히 형성되는데, 그 과정은 그림 5-2와 같다.

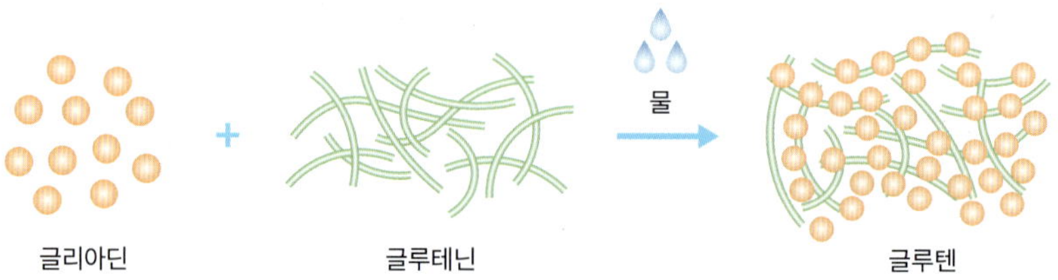

그림 5-2 글루텐 형성 과정

더 알아보기	반죽의 물리적 성질

- 탄력성: 외부 힘에 의해 변형된 후, 다시 원래의 형태로 돌아가려는 성질
- 신장성: 고무줄처럼 잘 늘어나는 성질
- 점탄성: 점성과 탄성의 특성을 동시에 지니는 성질
- 가소성: 높은 온도에서는 잘 녹지 않고, 낮은 온도에서는 단단해지지 않는 성질

2) 글루텐 형성에 영향을 미치는 요인

글루텐 형성에 영향을 미치는 다양한 요인들은 반죽의 조직과 품질을 결정하는 핵심 요소이다. 이러한 요인들이 반죽에 미치는 구체적인 작용효과를 표 5-3에 정리하였다.

또한 글루텐 형성 과정에서 고체 지방이 수행하는 기능은 그림 5-3과 같다. 유지는 제품에 향미와 색깔을 부여하고 크리밍에 의한 부피를 증가시키며 구조와 바삭함(flakiness) 형성에 기여한다.

표 5-3 글루텐 형성에 영향을 미치는 요인

요인	효과
밀가루 종류	• 박력분보다 단백질 함량이 높은 강력분 사용 시 더 단단한 반죽 형성
물 첨가 방법	• 물을 한꺼번에 가하는 것보다 소량씩 나누어 가할 때 글루텐 형성이 더 많아짐
온도	• 온도가 낮을 때 글루텐 생성이 억제됨 • 온도가 높을수록 단백질의 수화 정도가 증가하여 글루텐 생성 속도가 빨라짐
달걀	• 달걀의 수분은 가열 전 반죽을 질게 하고, 단백질은 반죽을 부드럽고 매끈하게 함
설탕	• 설탕을 많이 넣을 경우 수분을 흡착해 글루텐 형성을 억제하고 반죽이 묽어짐 • 가열 시 표면이 갈라지기 쉬움 • 설탕이 적을 경우 반죽이 질겨질 수 있음
소금	• 소금 첨가 시 글루텐 망상구조가 치밀해져 반죽이 질기고 단단해짐
유지	• 반죽 과정에서 글루텐 망을 둘러싸 서로 붙는 것을 방지하여 부드러운 제품 형성

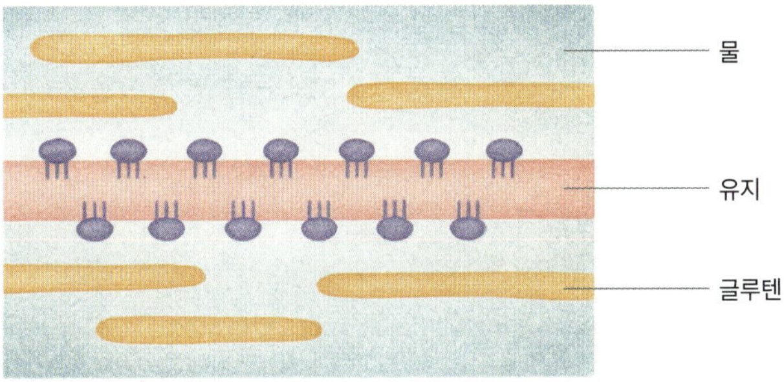

그림 5-3 글루텐 형성 시 고체 지방의 역할

출처: 이주희 외(2019). 과학으로 풀어 쓴 식품과 조리원리. 교문사.

더 알아보기 셀리악병과 글루텐 프리 제품

• 셀리악병(celiac disease): 선천적인 자가면역 질환으로, 밀·호밀·보리·귀리 등에 함유된 글루텐에 감수성이 생겨 발생한다. 글루텐은 위장관에서 면역 반응을 일으켜 점막세포에 염증과 융모 손상을 유발하며, 이로 인해 영양 흡수가 저하되어 영양실조나 성장 지연이 나타난다.

• 글루텐 프리(gluten free) 제품: 글루텐에 민감한 경우 콩·옥수수·메밀·쌀·퀴노아 등 글루텐이 없는 곡류 및 그 가공품을 섭취한다.

7. 팽창제

1) 생물학적 팽창제

(1) 효모(yeast) 발효

효모는 생물학적 팽창제로, 밀가루 반죽 내에 존재하는 포도당, 자당, 과당, 맥아당을 발효시켜 이산화탄소와 에탄올을 생성한다. 빵의 발효에는 주로 *Saccharomyces cerevisiae*가 관여하며, 최적 pH 4.5~5.5, 20~27℃에서 잘 증식한다.

$$C_6H_{12}O_6 \rightarrow 2C_2H_5OH(\text{에탄올}) + 2CO_2(\text{이산화탄소})$$

제빵용 효모의 종류로는 압착효모, 활성건조효모, 즉석활성건조효모가 있으며, 제빵업자들이 가장 많이 사용하는 형태는 압착효모이다. 압착효모는 수분 함량이 높아 냉장 유통하며, 약 1개월간 유통이 가능하다. 활성건조효모는 수분 함량을 8% 이하로 낮춰 가루 형태로 유통하는 효모이며, 상온에서 6개월간 보관할 수 있다.

(2) 세균(bacteria) 발효

사워도우 중 특히 호밀빵을 만들 때 젖산균과 초산균에 의해 젖산과 초산이 만들어지면서 시큼한 향과 독특한 풍미를 가지게 된다. 이렇게 생성된 신맛이 사워도우의 특징이며, 반죽의 일부를 남겨 두었다가 다음 반죽의 스타터로 사용하게 된다.

2) 화학적 팽창제

(1) 베이킹소다(중조, 식소다)

베이킹소다(baking soda)는 탄산수소나트륨($NaHCO_3$)이라는 화학물질의 일반적인 명칭이다. 이를 넣은 반죽을 가열하면 이산화탄소와 탄산나트륨을 생성하여 알칼리성의 독특한 비누와 같은 냄새를 내고, 빵의 색을 노랗

그림 5-4 사워도우의 세균 발효

게 황변시켜 품질을 저하시킨다.

이를 보완하기 위해 레몬즙, 식초, 버터밀크, 요구르트, 막걸리 등의 산성 재료를 첨가하고, 이 과정에서 물과 이산화탄소를 발생시킨다. 적정 사용량은 밀가루 1컵당 1/4작은술의 베이킹소다가 필요하며, 주로 옛날 찐빵을 만드는 데 사용한다.

$$2NaHCO_3 \rightarrow Na_2CO_3 + H_2O + CO_2$$

(2) 베이킹파우더

베이킹파우더(baking powder)는 탄산수소나트륨(베이킹소다)과 산염을 섞어 사용하는 것으로, 탄산수소나트륨의 단점을 보완할 수 있다. 이때 성분들 사이의 반응을 억제하고 수분을 흡수하는 희석제로는 흔히 전분을 사용한다.

베이킹파우더는 중탄산나트륨, 산염, 전분의 양을 조절하여 약 12% 정도의 이산화탄소가 발생하도록 제조된다. 사용되는 산염의 종류에 따라 이산화탄소의 발생 속도가 달라지며, 케이크, 비스킷, 머핀, 쿠키 등 다양한 제과제품을 만드는 데 사용된다.

$$HX(\text{산염}) + NaHCO_3 \rightarrow CO_2\uparrow + H_2O + NaX$$

① 단일반응 베이킹파우더

산염으로 주석산염(cream of tartar)이나 인산염(monocalcium phosphate monohydrate)을 사용하며, 반죽 초기에 빠르게 이산화탄소를 생성한다.

이산화탄소가 너무 빠르게 생성되면 제품을 굽는 동안 기체가 지나치게 빠져나가 가운데가 움푹 들어가거나 크기가 작아지게 된다. 밀가루 1컵당 1/4 작은술의 사용이 적당하다.

② 이중반응 베이킹파우더

반죽 초기뿐만 아니라 제품을 굽는 동안에도 계속 이산화탄소가 생성되도록 산염을 첨가하여 제조한 베이킹파우더를 말하며, 적절한 부피와 형태, 질감을 가질 수 있도록 한다.

인산염과 황산염(SAS, Sodium Aluminum Sulfate)의 복합적인 형태이며, 식소다와 함께 섞어 사용한다.

3) 물리적 팽창제

(1) 공기

밀가루를 체에 치거나 여러 재료를 혼합할 때, 설탕과 버터를 크리밍(creaming)하는 과정에서 공기가 빵 반죽에 혼입될 수 있다. 이렇게 혼입된 공기가 가열되면서 팽창하여 기공을 형성하게 된다.

난황이나 난백을 거품 내어 반죽에 첨가할 때도 공기가 함유되며, 이는 스펀지케이크, 엔젤푸드 케이크, 파운드케이크 등을 부풀리는 데 작용한다.

(2) 수증기

반죽 시 첨가하는 액체 재료(우유, 달걀 등)에 의해 가열 시 수증기가 발생하여 반죽을 부풀리게 되며, 최대 1,600배까지 부피가 증가할 수 있다.

수분의 높은 끓는점을 이용하여 수증기로 빠르게 구워야 하는 크래커, 파이 껍질, 페이스트리, 팝오버, 플랫 브레드 등에서 주된 팽창제 역할을 한다.

그림 5-5 팝오버

8. 밀가루의 조리 특성

1) 이스트빵

효모를 이용하여 발효시킨 빵으로 식빵, 하드롤, 소프트롤, 베이글, 바게트 등이 있다. 반죽 방법으로는 직접 반죽법(스트레이트법), 스펀지법 등이 있다.

- **직접 반죽법**: 재료를 한꺼번에 넣어 발효시키는 것으로 단시간에 제품을 만들 수 있으며, 주로 소규모인 경우 사용한다.
- **스펀지법**: 직접 반죽법에 비해 시간이 오래 걸리며, 설탕·효모와 일부 밀가루, 액체 재료를 섞어 발효하여 스펀지를 만든 후 나머지 밀가루, 소금, 녹인 버터 등을 넣고 반죽한다. 밀가루의 수화와 가스 보유력이 좋아 촉감이 부드러운 빵을 만들 수 있다.

식빵　　　　베이글

그림 5-6 이스트빵의 종류

제빵 과정은 반죽, 발효, 굽기의 세 단계로 구분된다.

(1) 반죽

반죽(mixing)은 제빵 원료를 물리적인 힘으로 혼합함과 동시에, 가열 후 27℃로 식힌 물 또는 우유를 첨가하여 효모를 수화시킨다. 치대기(kneading) 과정을 통해 글루텐이 적당량 형성되어 점성, 탄성, 가소성을 가지며, 끈적거리지 않는 탄력 있는 반죽을 형성하게 된다.

글루텐이 적절하게 형성되어야 효모가 생산하는 탄산가스를 수용할 수 있는 반죽이 완성되므로 단백질의 구조 변화 과정이 매우 중요하다.

(2) 발효

발효(fermentation) 과정에서 1차 발효는 27~38℃에서 반죽의 부피가 약 2배로 부풀 때까지 진행된다. 1차 발효 후에는 가스 빼기(punching)를 수행하는데, 이는 다량의 탄산가스를 배출하고 기포를 반죽 전체에 고르게 분포시키기 위함이다. 또한 이 과정에서 반죽 내 효모와 효모의 영양원이 되는 당분도 고르게 분산된다.

가스 빼기 후에는 반죽을 나누고 둥글리기를 거쳐 원하는 형태로 성형한 뒤 패닝(panning)을 한다. 이때 둥글리기는 반죽 표면을 부드럽게 하기 위해 시행된다. 패닝 후 진행되는 2차 발효는 41~43℃, 상대습도 75~80%에서 55~65분간 이루어지는 것이 적합하다. 이 과정에서는 반죽을 베이킹 팬에서 구워졌을 때의 빵 크기와 같아질 때까지 부풀린다.

(3) 굽기

굽기 과정에서는 반죽의 부피 증가, 껍질(crust) 생성, 단백질 변성, 갈변반응, 전분의 호화 등이 일어난다. 조리 시에는 약 205℃에서 처음 10~15분, 177℃에서 30분간 굽는다.

2) 퀵브레드

(1) 퀵브레드의 개념과 종류

퀵브레드(quick bread)는 효모의 발효 과정 없이, 물리적·화학적 팽창제를 이용하여 즉시 팽창시키는 제과류에 속하는 빵을 말한다. 케이크류와 페이스트리류, 비스킷, 머핀, 와플, 팬케이크, 팝오버 등이 포함된다.

팬케이크

머핀

와플

그림 5-7 퀵브레드의 종류

(2) 퀵브레드의 기본 반죽법과 제품별 특징

퀵브레드의 기본 반죽 방법으로는 머핀법이 있다. 마른 재료(dry ingredients)는 함께 체에 치고, 액체 재료는 액체 재료대로 혼합한 후, 글루텐이 너무 많이 형성되지 않도록 마른 재료와 액체 재료를 가볍게 혼합한다.

- **케이크류**: 고체 지방을 첨가하여 반죽한 버터케이크나 파운드케이크, 지방을 넣지 않는 엔젤푸드 케이크, 스펀지케이크 그리고 중간 형태인 시폰 케이크로 나눌 수 있다. 난백의 기포성을 이용하여 머랭을 올려 만드는 제품이며, 글루텐 함량이 낮은 박력분을 사용한다. 공기에 의해 부풀게 되며, 팽창제를 쓰지 않는 것이 특징이다.

- **파이·페이스트리류**: 고체 지방을 다량 첨가하여 지방의 쇼트닝작용으로 글루텐 형성을 방해한다. 고체 지방층으로 인해 바삭바삭한 켜를 이루게 되고, 고온 가열 시 첨가한 냉수가 수증기를 형성하여 도우를 여러 겹의 층으로 부풀게 하며, 고체 지방이 녹으면서 특유의 식감을 형성한다.
- **쿠키·크래커·비스킷**: 제과에서 반죽을 '도우(dough)'라고 하며, 상대적으로 수분 함량이 낮은 식품이다. 반죽 시 생겨나는 글루텐의 형성을 최소화하며, 주로 화학적 팽창제인 베이킹파우더를 사용한다.

3) 면류

(1) 면류의 정의

『식품공전』에서 면류란 '곡분 또는 전분을 주원료로 하고 필요에 따라 식품첨가물 등을 혼합한 후 면발을 성형한 것이나, 이를 열처리, 유탕 처리, 건조 등의 방법으로 가공한 것 또는 이에 수프를 첨가한 것'이라고 정의한다. 국수류는 물과 밀가루 또는 전분, 메밀가루, 쌀가루 등의 재료를 넣어 반죽하고 잘라서 만들거나, 반죽을 압출하여 만든 제품이다.

(2) 면류의 종류

- **생면**: 곡류 또는 전분을 주원료로 하여 성형한 후 바로 포장한 것이나 표면만 건조시킨 것
- **숙면**: 곡분 또는 전분을 주원료로 하여 성형한 후 익힌 것이나 면발 성형 과정 중 익힌 것
- **건면**: 생면 또는 숙면을 건조시킨 것으로, 수분이 15% 이하인 것
- **유탕면**: 생면·숙면·건면을 유탕 처리한 것
- **당면**: 고구마전분과 옥수수전분을 주로 이용하는 전분국수로, 기계 당면은 옥수수전분 또는 고구마전분을 혼합하여 이용하며, 손 당면은 고구마전분을 이용한다.
- **파스타**: 스파게티나 마카로니와 같은 제품을 총칭한다. 듀럼밀을 사용하여 생산되는 세몰리나를 이용한 압출면의 일종이다. 세계적으로 이탈리아, 독일, 프랑스 등지에서 파스타를 많이 소비하며, 미국의 경우 세몰리나, 파리나, 일반 밀가루 또는 이들의 두 가지 이상을 사용하여 물과 첨가물을 넣고 반죽한 뒤 성형·건조한 제품을 파스타로 정의한다.

4) 루

루(roux)는 밀가루와 버터를 1:1의 비율로 볶아 사용하는 것으로, 볶는 정도에 따라 화이트 루, 블론드 루, 브라운 루로 구분된다. 화이트 루는 색깔이 나지 않아 크림수프나 베샤멜 소스(bechamel sauce)를 만드는 데 사용한다.

브라운 루는 마이야르 반응에 의해 갈색이 날 때까지 볶은 것으로, 향이 강해 육류 계통 요리에 사용된다. 루를 만들 때는 강력분보다는 박력분을 사용하면 전분의 양이 많아져 점도가 커지므로, 소스의 농도를 조절하는 데 효과적이다.

5) 튀김

튀김(deep fry)은 일반적으로 기름을 사용하여 뜨겁게 재료를 익히는 조리법을 말하며, 밀가루·녹말 등으로 만든 묽은 반죽인 튀김옷이 고온의 기름과 만나 식감이 바삭해지고 고소해진다. 튀김옷을 만들 때는 글루텐이 형성되어 바삭한 맛이 줄어들기 때문에 오래 반죽하지 않는 것이 좋다.

self summary

1. 밀가루의 품질 요소와 종류

2. 밀가루의 종류별 특징과 사용

3. 밀가루를 이용한 조리

학습 마무리 문제

1 밀가루 반죽 시 글루텐 형성에 관여하는 단백질로만 묶인 것은?

① 알부민, 글로불린

② 알부민, 글리아딘

③ 글로불린, 글루테닌

④ 글로불린, 글리아딘

⑤ 글리아딘, 글루테닌

정답 ⑤

해설 밀가루 단백질의 대부분은 불용성의 글리아딘과 글루테닌이며, 두 단백질은 밀가루에 물을 넣고 반죽하면 글루텐을 형성한다. 글리아딘은 프롤라민에, 글루테닌은 글루텔린에 속하는 단백질이다.

2 제빵 과정에서 밀가루 반죽의 첨가물과 기능의 연결이 옳지 않은 것은?

① 소금 - 발효 팽창을 촉진한다.

② 달걀 - 빵 껍질이 반들반들해진다.

③ 버터 - 빵을 질기지 않고 부드럽게 한다.

④ 효모 - 빵의 부피를 늘리고 가벼움을 준다.

⑤ 설탕 - 발효를 촉진하며 빵 껍질의 색에 관련된다.

정답 ①

해설 소금은 글루텐의 망상구조를 조밀하게 하여 반죽의 점탄성을 높인다. 달걀은 베이킹 과정 후반에 응고되며 팽창된 상태를 고정해 제품의 형태가 유지되도록 돕는다. 버터(지방)는 글루텐 형성을 억제해 제품을 부드럽게 만든다. 효모(이스트)는 이산화탄소를 생성해 팽창제로 작용한다. 설탕은 단맛을 부여하고 캐러멜 반응을 통해 갈색을 띠게 한다.

3 밀가루의 품질 특성을 구분하는 데 가장 중요한 요인은?

① 당질 ② 단백질 ③ 비타민

④ 무기질 ⑤ 수분

정답 ②

해설 밀가루는 단백질 함량에 따라 종류와 용도가 달라지므로, 단백질이 품질 판정의 핵심 요인이다.

4 팽창제에 대한 설명으로 옳은 것은?

① 팽창제는 많이 사용할수록 효과적이다.

② 화학적 팽창제에는 *Saccharomyces cerevisiae*가 있다.

③ 생물학적 팽창제에는 베이킹소다, 베이킹파우더 등이 있다.

④ 수증기가 주된 팽창제인 경우에는 밀가루에 대한 물의 비율이 낮아야 한다.

⑤ 공기는 크리밍, 폴딩(folding), 난백 거품 내기 등의 과정을 통해 밀가루 반죽에 혼합된다.

정답 ⑤

해설 공기는 크리밍·폴딩·거품 내기 등으로 반죽에 혼입된다. 효모는 생물학적 팽창제이며, 베이킹소다·베이킹파우더는 화학적 팽창제이다.

5 밀가루를 체로 쳐서 사용하는 이유와 가장 거리가 먼 것은?

① 불순물 제거

② 공기의 혼입

③ 재료의 분산

④ 표피 색 개선

⑤ 품질의 향상

정답 ④

해설 밀가루를 체로 치는 과정에서 반죽에 공기가 혼입되며, 재료를 고르게 분산시키고 불순물을 제거할 수 있다.

학습목표

- 육류의 성분과 조리 특성을 이해할 수 있다.
- 육류의 특성을 조리와 식품 가공에 적용할 수 있다.

CHAPTER

6

육류

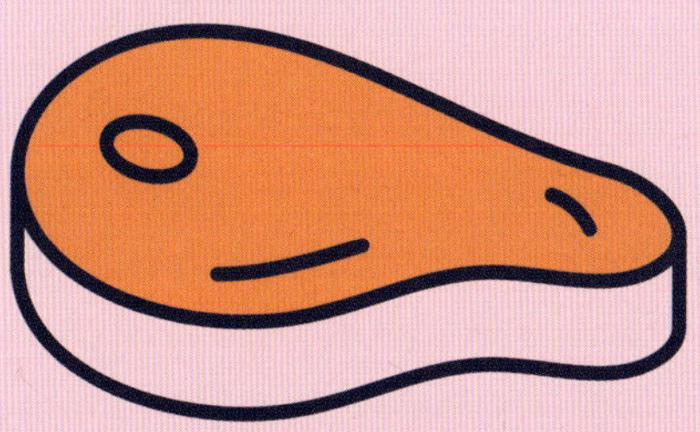

육류는 쇠고기(beef), 돼지고기(pork), 양고기(lamb, mutton) 등의 수육류와 닭고기(chicken), 오리고기(duck), 꿩고기(pheasant), 칠면조고기(turkey) 등 가금류를 주로 소비하며, 이들은 모두 양질의 단백질 급원식품이다.

육류의 선호도는 나라와 종교에 따라 차이가 있다. 우리나라는 쇠고기를 고급 육류로 선호하며, 소비량은 돼지고기, 닭고기, 쇠고기 순이다. 중국은 돼지고기 소비가 가장 많고, 힌두교도가 많은 인도에서는 쇠고기를 먹지 않으며 염소고기를 선호한다.

이슬람 국가에서는 양고기를 선호하고, 반드시 이슬람 율법에 따라 도축한 '할랄 인증' 고기를 먹는다. 반면, 유대인들은 유대교 율법에 따라 도축·가공된 '코셔 인증'을 받은 소·양고기만 먹으며, 돼지고기는 금한다.

1. 육류의 구조

육류는 근육조직, 결합조직, 지방조직과 골격으로 이루어져 있으며, 우리가 먹는 부분의 대부분은 근육이다. 이 밖에 내장과 각종 부산물도 식용으로 활용된다.

1) 근육조직

근육은 형태와 기능에 따라 횡문근(가로무늬근), 평활근(민무늬근), 심근(심장근)으로 분류된다. 우리가 주로 먹는 부분은 뼈에 붙어 있는 골격근으로 대부분 가로무늬이며, 신체 움직임을 담당한다. 그림 6-1은 근육 구조를 나타낸 것이다.

근육조직 안에서는 미오신과 액틴 단백질이 모여 근원섬유(myofibril)를 이루고, 이 근원섬유들이 모여 길고 원통형의 근섬유(muscle fiber)를 형성한다. 근섬유들이 다시 모여 근육을 이루며, 근육은 힘줄을 통해 뼈에 부착된다.

근육이 수축할 때 미오신과 액틴이 결합해 액토미오신(actomyosin)을 형성하고, 이 결합이 풀리면 근육이 이완된다. 이러한 반복 작용이 씹을 때 느껴지는 육류 특유의 탄력을 만들어낸다.

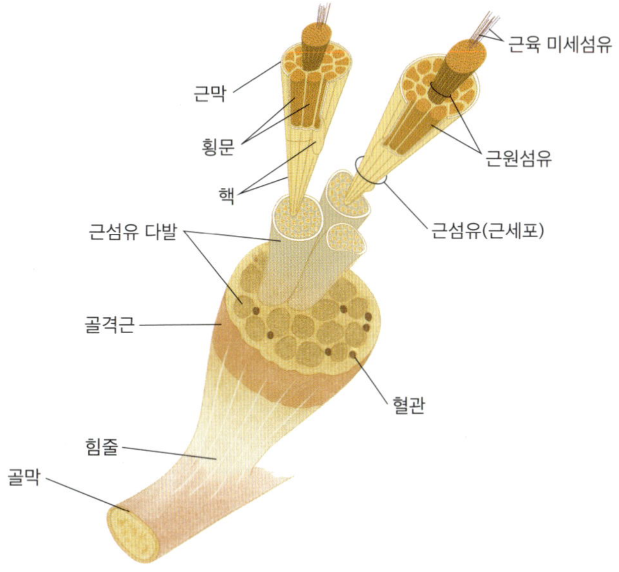

그림 6-1 근육조직의 구조

출처: 송태희 외(2020). 이해하기 쉬운 조리과학. 교문사.

2) 결합조직

결합조직은 근육과 지방조직을 감싸는 얇은 막이며, 근육이나 내장기관을 제자리에 고정하고 조직을 연결하는 힘줄 등을 포함한다. 결합조직에는 콜라겐(collagen), 엘라스틴(elastin), 레티큘린(reticulin)이 있다. 결합조직은 운동량이 많을수록, 나이가 많을수록 많아지고, 암컷보다 수컷에서, 돼지고기·닭고기보다 쇠고기에서 더 많다. 결합조직이 많으면 고기가 질긴 특징이 있다.

결합조직의 주성분인 콜라겐은 물과 함께 65℃ 부근에서 용해되기 시작해 더 높은 온도에서는 젤라틴으로 변하고, 식으면 젤 상태가 된다. 엘라스틴은 황색의 탄성 섬유로, 가열해도 변하지 않아 보통 먹지 않는다.

3) 지방조직

지방조직은 복부와 장기 주변에 많이 분포한다. 근육 속에 흰 점처럼 지방이 퍼져 있는 모습을 마블링(marbling) 또는 근내지방이라고 하며, 안심과 등심에서 잘 나타난다. 마블링은 근섬유를 짧게 하고 풍미와 질감을 높여 고기를 부드럽고 맛있게 하므로, 육질 등급 평가의 중요한 요소가 된다.

4) 골격

어린 동물의 뼈는 연하고 분홍색을 띠며, 성숙한 동물은 단단하고 하얀 뼈로, 맛성분이 많아 국물 요리에 사용된다. 조리 시에는 찬물에 담가 핏물을 뺀 뒤 데쳐 물을 버리고, 다시 찬물에서 끓이면 뽀얀 국물이 나온다. 주로 먹는 뼈 부위에는 사골(다리뼈), 도가니(무릎뼈), 등뼈, 꼬리뼈, 반골, 우골, 우족 등이 있다.

5) 내장 및 부산물

쇠고기 내장인 양·천엽 등 위 부위와, 간·대장·소장·허파·우설(혀)·콩팥·염통 그리고 선지 등 부산물도 식용으로 이용한다. 특유의 냄새가 있으므로 조리 전 소금이나 밀가루로 문질러 잡내를 제거한다.

2. 육류의 영양성분

육류는 약 75%의 수분과 단백질, 지방, 탄수화물, 무기질 등을 함유하며, 동물의 종류·품종·성별·나이·사양 조건·영양 및 건강 상태·부위에 따라 성분이 달라진다(표 6-1).

- 단백질: 약 16~22%로, 육단백질은 미오신·액틴 같은 근원섬유 단백질과, 콜라겐·엘라스틴·레티큘린 등 결합조직 단백질로 구성된다.
- 지방: 1.5~13% 정도이며, 살코기에는 약 3% 정도 포함된다. 육류 지방의 90%는 중성지방이고, 나머지는 인지질, 콜레스테롤이다. 어린 동물일수록 지방이 적고, 암컷보다 수컷이 적으며, 지방 함량은 부위나 껍질 포함 여부, 사육 조건에 따라 차이가 있으나, 일반적으로 돼지고기 > 쇠고기 > 닭고기 순이다. 돼지고기는 부위별로 지방 함량이 다른데,

삼겹살은 높은 반면 뒷다릿살이나 안심은 낮은 편이다.

- **탄수화물**: 간과 근육에 글리코겐 형태로 존재하며, 동물은 도살 후 해당작용에 의해 글리코겐이 젖산으로 분해되면 pH를 낮춰 사후경직과 숙성에 영향을 준다.
- **무기질**: 무기질 중에서는 철의 생체 이용률이 높고, 티아민은 돼지고기에 많으며, 특히 안심과 뒷다리살에 풍부하다.

표 6-1 육류의 영양성분 (가식부 100g당)

육류		에너지 (kcal)	수분 (g)	단백질 (g)	지방 (g)	회분 (g)	탄수화물 (g)
소고기[1)]	안심	205	66.6	19.17	13.14	0.98	0
	등심	309	56.3	18.6	24.45	0.75	0
	양지[2)]	193	67.5	22.27	10.57	0.97	0
	우둔[3)]	146	71.4	22.66	5.38	1.04	0
	사태[4)]	237	62.3	21.47	15.55	0.71	0
돼지고기	삼겹살	392	50.3	13.27	35.7	0.69	0
	안심	123	74.4	22.21	3.15	1.17	0
	뒷다리	135	72.6	20.88	4.97	1.06	0
닭고기	다리[5)]	190	69.6	18.59	11.83	0.86	0
	가슴	106	76.2	22.97	0.97	1.13	0
오리고기	살코기	117	76.8	21	3.07	1.05	0
	껍질 포함	249	64.6	16.63	18.99	0.72	0

육류		무기질					비타민				콜레스테롤 (mg)
		칼슘 (mg)	철 (mg)	칼륨 (mg)	나트륨 (mg)	셀레늄 (μg)	A (μg)	티아민 (mg)	리보플라빈 (mg)	C (mg)	
소고기[1)]	안심	5	2.78	337	45	20.38	5	0.07	0.215	0.38	57.81
	등심	5	2.22	253	47	21.84	9	0.06	0.136	0.65	68.62
	양지[2)]	5	1.87	334	65	22.05	3	0.041	0.133	0.82	61.08
	우둔[3)]	5	2.21	367	46	21.56	2	0.091	0.18	0.54	51.94
	사태[4)]	6	2.23	226	66	20.89	4	0.067	0.179	0.22	72.79

(계속)

육류		무기질					비타민				콜레스테롤 (mg)
		칼슘 (mg)	철 (mg)	칼륨 (mg)	나트륨 (mg)	셀레늄 (μg)	A (μg)	티아민 (mg)	리보플라빈 (mg)	C (mg)	
돼지고기	삼겹살	6	0.42	231	55	14.06	19	0.489	0.163	0.44	68.55
	안심	3	0.78	373	46	20.62	3	0.868	0.298	0.26	67.85
	뒷다리	5	0.68	339	48	19.83	2	0.666	0.067	1.1	63.18
닭고기	다리[5]	9	0.54	251	62	10.61	41	0.156	0.12	0	80.32
	가슴	4	0.28	371	45	10.1	10	0.203	0.054	0	56.11
오리고기	살코기	11	2.61	305	83	28.61	11	0.203	0.103	0.45	97.86
	껍질 포함	16	1.56	215	70	27.79	35	0.124	0.207	0.23	91.45

1) 한우, 1등급, 생것
2) 양지(치마양지)
3) 우둔(홍두깨살)
4) 사태(아롱사태)
5) 다리(넓적다리)
출처: 농촌진흥청(2025). 국가표준식품성분 DB 10.3.

더 알아보기 | **육류 구입 시 주의점**

- 요리에 맞는 부위와 용도
  - 조리 방법(구이, 조림, 튀김, 찜)에 따라 적합한 부위가 다르므로, 요리 목적에 맞는 부위를 선택한다.
  - 지방 분포(마블링), 조직의 질김 정도 등도 함께 고려하면 식감이 좋아진다.
- 기호에 맞는 고기의 등급 및 100g당 가격
  - 등급이 높을수록 마블링이 풍부해 부드럽지만 가격이 높으므로, 예산과 기호에 맞게 등급과 g당 가격을 비교해 선택한다.
  - 냉장·냉동 여부도 가격 차이에 영향을 주므로 확인한다.
- 원산지(국내산, 수입육)와 품종
  - 원산지에 따른 풍미·질감 차이가 있으므로, 요리에 어울리는 맛을 고려해 국내산·수입산을 선택한다.
  - 한우, 홀스타인, 듀록 등 품종에 따라 육향·지방 비율이 달라지므로 취향에 맞는 품종을 고른다.

3. 육류의 색

육류의 색은 대부분 육색소인 미오글로빈(myoglobin, Fe^{2+})에 의해 결정된다(그림 6-2). 이 색소 단백질은 근육 내에서 산소와 결합하거나 산화되는 과정에서 다양한 색을 나타내며, 고기의 신선도, 조리 상태, 가공 방식 등에 따라 변한다. 따라서 신선한 고기는 어두운 붉은색(암적색)을 띤다.

고기를 자르거나 공기에 노출하면 미오글로빈이 산소와 결합해 옥시미오글로빈(oxy-myoglobin, Fe^{2+})으로 변하면서 선홍색이 되는데, 이를 산소화라고 한다. 우리가 정육점에서 보는 신선한 고기의 선홍색이 여기에 해당한다.

하지만 고기가 장시간 공기에 노출되거나 표면에 미생물이 증식하면 산소 공급이 줄어들고, 미오글로빈이 산화되어 메트미오글로빈(metmyoglobin, Fe^{3+})으로 바뀐다. 이 경우 고기는 갈색을 띤다.

고기를 가열하면 미오글로빈이 열에 의해 변성되어 회갈색의 메트미오크로모겐(met-myochromogen)이 형성되며, 일부는 헤마틴(hematin)으로 전환된다. 이 때문에 익힌 고기는 붉은색이 아닌 갈색으로 보인다.

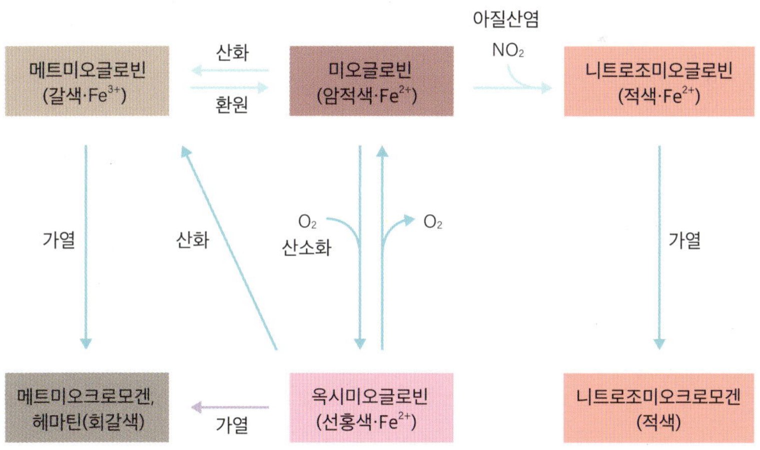

그림 6-2 식육의 색

출처: 송태희 외(2020). 이해하기 쉬운 조리과학. 교문사.

햄, 소시지, 베이컨과 같은 가공육에는 아질산염 또는 질산염을 사용한다. 이 성분들은 고기 속 미오글로빈과 반응해 니트로조미오글로빈(nitrosomyoglobin)을 생성하는데, 이 물질은 조리해도 색이 잘 변하지 않아 고기가 선홍색을 오래 유지할 수 있다.

4. 육류의 사후경직과 숙성

1) 사후경직

동물이 도살되어 산소 공급이 끊기면, 근육 속의 글리코겐이 산소 없이 분해(혐기적 해당작용)되어 젖산을 생성한다(그림 6-3). 원래 근육의 pH는 7.0~7.2이지만, 젖산이 쌓이면 pH가 6.5 이하로 떨어진다.

이때 ATP를 분해하는 효소(ATPase)가 활성화되어 ATP가 분해된다. 이 과정에서 ATP와 결합해 있던 미오신이 액틴과 만나 액토미오신을 만들고, 근육이 단단하게 굳는다. 이 상태를 사후경직(rigor mortis)이라고 하며, 고기가 질겨지고 씹기 어려워진다.

사후경직이 진행되는 동안에는 수분을 머금는 힘(보수성)이 약해진다. 사후경직이 나타나는 시간은 동물에 따라 다르나, 일반적으로 몸집이 큰 동물일수록 사후경직 시간이 길다.

2) 숙성

고기의 사후경직이 끝나면 젖산이 더 이상 만들어지지 않으면서 숙성(aging)이 시작된다. 숙성 중에는 근육 속의 단백질 분해효소가 작용해 근원섬유단백질을 분해하는 자가소화가 이루어진다.

이 과정에서 고기는 부드러워지고, 수분을 잘 머금게 되며, 유리아미노산이 생겨 맛과 향이 좋아진다. 또한 ATP는 사후경직 중에 ADP와 AMP로 분해된 후 숙성되는 동안 IMP, 이노신산으로 되어 감칠맛이 더해진다. 숙성기간 동안에는 산소가 고기 속으로 스며들어 미오글로빈이 옥시미오글로빈으로 변하면서 고기의 색은 선명한 선홍색으로 바뀐다.

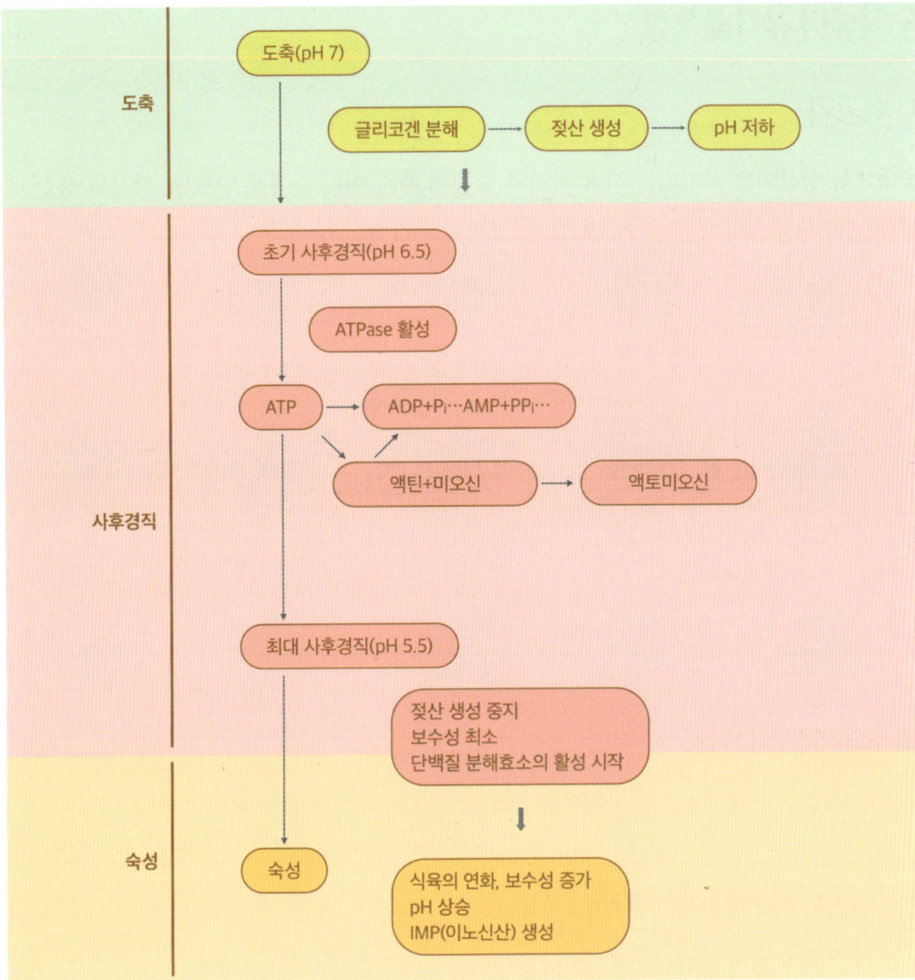

그림 6-3 식육의 사후경직과 숙성

출처: 송태희 외(2024). 식품학. 교문사.

표 6-2 육류의 사후경직과 숙성소요시간(4℃)

육류	경직 시작 시간	최대 경직 시간	숙성 완료 시간
쇠고기	12시간	24시간	14일
돼지고기	12시간	24시간	3일
닭고기	6시간	12시간	24시간

※ 부위 및 공정에 따라 변동될 수 있음

5. 육류의 규격과 특성

1) 쇠고기

국내에서 생산되는 쇠고기는 사육 목적과 품종에 따라 여러 종류로 나뉘며, 각각의 생산 배경과 고기 특성도 차이가 있다. 국내산 쇠고기의 주요 분류와 그 특징은 표 6-3과 같다.

표 6-3 국내산 쇠고기의 분류

분류	정의	특징
한우고기	토종 한우 품종에서 생산된 고기	고급육
젖소고기	송아지를 낳은 경험이 있는 젖소 암소에서 생산된 고기	육질이 단단하고 기름기가 적음
육우고기	다음 중 하나에서 생산된 고기 ① 육용종 또는 교잡종 ② 젖소 수소 ③ 송아지를 낳은 적이 없는 젖소 암소 ④ 6개월 이상 국내에서 사육된 수입 생우	한우·젖소를 제외한 모든 쇠고기를 말하며, 고기 생산을 목적으로 사육됨

(1) 쇠고기의 등급 구분

국내산 쇠고기의 등급은 표 6-4와 같이 육질 등급과 육량 등급에 따라 구분한다.

표 6-4 쇠고기의 육질 등급과 육량 등급

구분		육질 등급					
		1^{++}등급	1^{+}등급	1등급	2등급	3등급	등외(D)
육량 등급	A등급	1^{++}A	1^{+}A	1A	2A	3A	
	B등급	1^{++}B	1^{+}B	1B	2B	3B	
	C등급	1^{++}C	1^{+}C	1C	2C	3C	
	D등급						

출처: 농림축산식품부 축산물이력제.

① 육질 등급

근내지방도(marbling), 육색, 지방색, 조직감, 성숙도에 따라 고기 품질을 1^{++}, 1^{+}, 1, 2, 3등급 및 등외(D) 등급으로 구분한다.

② 육량 등급

도체 지방, 등 지방 두께, 등심 단면적을 종합적으로 고려하여 고기양의 많고 적음을 표시하는 기준으로, A, B, C 등급 및 등외 등급으로 구분한다.

수입 쇠고기 등급 체계는 나라마다 차이가 있는데, 미국(USDA) 쇠고기의 경우 품질 등급(quality grades)과 수율 등급(yield grades)으로 구분된다. 품질 등급의 경우 프라임(Prime), 초이스(Choice), 셀렉트(Select), 스탠다드(Standard), 커머셜(Commercial), 유틸리티(Utility), 커터(Cutter), 캐너(Canner)의 8등급으로 나눈다. 이 중 프라임, 초이스, 셀렉트만 일반 소매점에서 주로 유통되며, 나머지 등급은 가공육이나 분쇄육 등에 사용된다. 수율등급(yield grades)은 1~5등급으로 분류하며, 1등급은 높은 수율을, 5등급은 낮은 수율을 나타낸다.

(2) 쇠고기 품질 판별 기준

① 근내지방도

쇠고기는 근내지방이 섬세하고 고르게 분포된 것이 부드럽고 맛이 좋다. 근내지방이 많을수록 고기가 연하고 즙이 많으며 향이 좋아 고급육이라고 한다. 쇠고기의 등심과 안심에 많이 분포한다.

품질이 우수한 근내지방 / 품질이 낮은 근내지방

그림 6-4 쇠고기 등급에 따른 근내지방

출처: 농림축산식품부 축산물이력제.

② 고기색

쇠고기의 색은 선홍색이며, 윤기가 있는 것이 좋다. 도축 직후에는 암적색의 미오글로빈 상태지만, 공기에 약 30분 정도 노출되면 산소와 결합해 선홍색의 옥시미오글로빈이 된다. 시간이 오래 지나면 다시 갈색의 메트미오글로빈으로 변해 색이 어두워진다. 또한 나이가 많거나 운동량이 많은 부위일수록 고기색이 더 짙어진다.

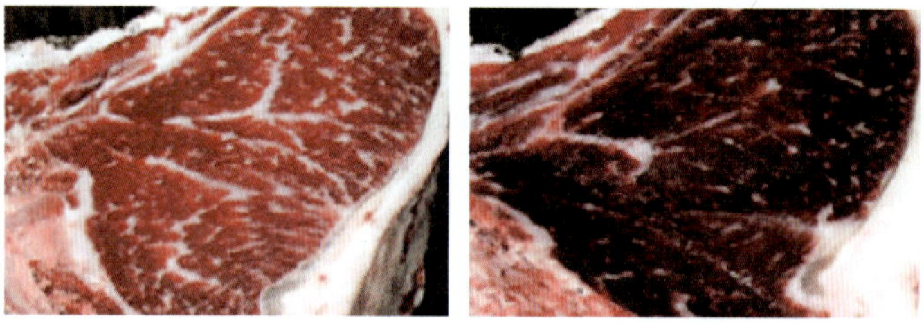

정상 육색 DFD 육색

그림 6-5 쇠고기의 정상 육색과 DFD 육색

출처: 농림축산식품부 축산물이력제.

더 알아보기	DFD(Dark, Firm, Dry)육이란?
고기의 색이 지나치게 검고(Dark), 고기가 단단하며(Firm), 건조(Dry)한 고기로 육질이 떨어지는 고기를 말한다. 도축 전에 스트레스를 받아 글리코겐이 고갈되면 젖산 생성이 줄어들어 발생하며, 부패 위험이 크다.	

③ 지방색

쇠고기의 지방색은 우윳빛이면서 윤기가 나는 것이 좋다. 사료, 나이, 영양 상태 등에 따라 지방이 진한 노란색을 띠거나 푸석해질 수 있으므로 지나치게 노란색을 띠는 고기는 선호도가 낮다.

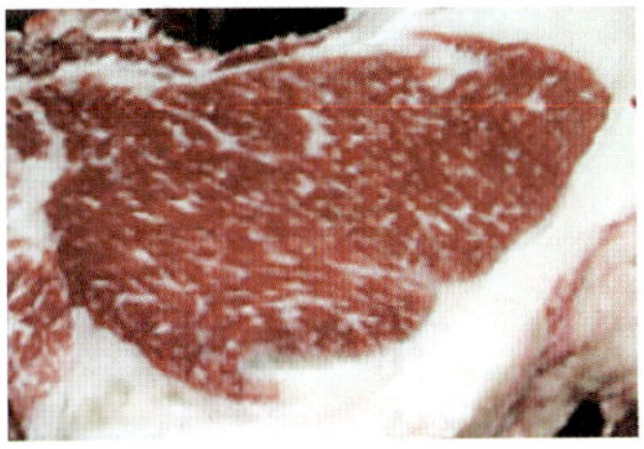
정상 지방

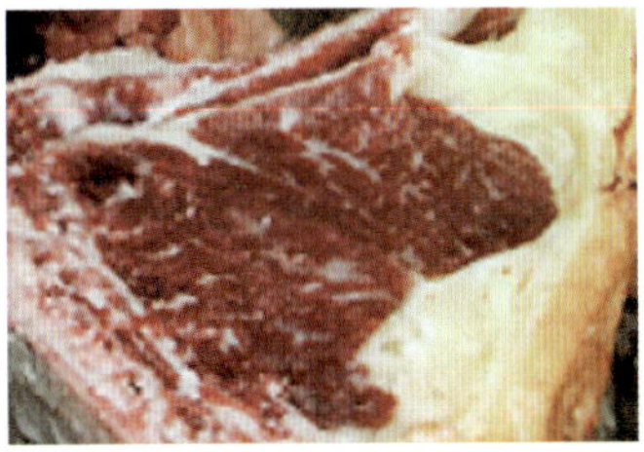
황색 지방

그림 6-6 쇠고기의 정상 지방과 황색 지방

출처: 농림축산식품부 축산물이력제.

2) 돼지고기

(1) 돼지고기의 등급 구분

① 육질 등급

삼겹살의 상태, 고기의 색깔, 지방의 침착 정도에 따라 1^+, 1, 2, 등외의 4등급으로 구분한다.

② 육량 등급

도체 중량, 등 지방 두께, 등심 단면적을 종합적으로 고려하여 고기량의 많고 적음을 표시하는 기준으로, A, B, C 등급 및 등외로 구분한다.

(2) 돼지고기 품질 판별 기준

① 고기색

돼지고기의 색은 옅은 선홍색이며, 윤기가 나는 것이 좋다. 돼지고기는 쇠고기보다 색이 옅다. 스트레스를 많이 받은 돼지고기(PSE육: 물돼지고기)는 육색이 창백하고 탄력성이 적으며, 육즙이 많이 흘러나와 주의해야 한다.

② 지방색

살이 잘 찐 돼지고기는 지방이 하얗고 단단하며, 육질이 연하고 향미가 좋다. 반면, 지방이 지나치게 무르거나 노란색을 띠는 것은 품질이 떨어진다.

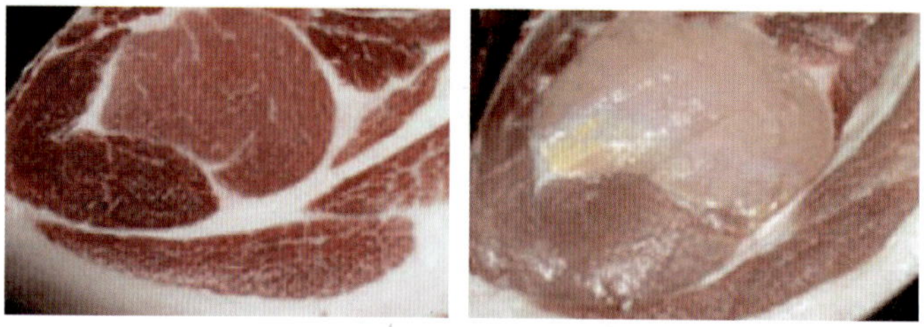

정상 육색 비정상 육색

그림 6-7 돼지고기의 정상 육색과 비정상 육색

출처: 농림축산식품부 축산물이력제.

더 알아보기 | PSE(Pale, Soft, Exudative)육이란?

창백하고(Pale), 연하며(Soft), 드립이 많은(Exudative) 고기를 뜻한다. 도축 전후 스트레스를 많이 받은 돼지의 경우, 도축 직후 젖산 생성이 빠르게 진행되어 pH가 급격히 낮아진다. 이때 근육의 온도가 높은 상태라면 근원섬유단백질이 변성되어 수분이 밖으로 흘러나오게 되며, 그 결과 고기가 물러지고 색이 창백해진다.

3) 닭·오리고기

(1) 닭·오리고기의 등급 구분

닭·오리고기의 품질 등급은 표 6-5와 같이 1^{+}, 1, 2등급으로 구분되며, 중량 규격은 도체 중량을 기준으로 5~30호로 나뉜다. 호수별 중량에 따라 원하는 크기를 선택할 수 있다.

표 6-5 닭·오리고기의 품질 등급 및 중량 규격

품질 등급	1+등급 1등급 2등급						
중량 규격	5호	6호	7호	8호	9호	10호	11호
	451~550g	551~650g	651~750g	751~850g	851~950g	951~1,050g	1,051~1,150g

(계속)

중량 규격	12호	13호	14호	15호	16호	17호	18호
중량 규격	1,151~1,250g	1,251~1,350g	1,351~1,450g	1,451~1,550g	1,551~1,650g	1,651~1,750g	1,751~1,850g
중량 규격	19호	20호	21호	22호	23호	24호	25호
중량 규격	1,851~1,950g	1,951~2,050g	2,051~2,150g	2,151~2,250g	2,251~2,350g	2,351~2,450g	2,451~2,550g
중량 규격	26호	27호	28호	29호	30호		
중량 규격	2,551~2,650g	2,651~2,750g	2,751~2,850g	2,851~2,950g	2,951g 이상		

출처: 농림축산식품부 축산물이력제.

(2) 닭·오리고기의 등급 표시

그림 6-8은 닭·오리고기에 적용되는 등급 표시의 예이다.

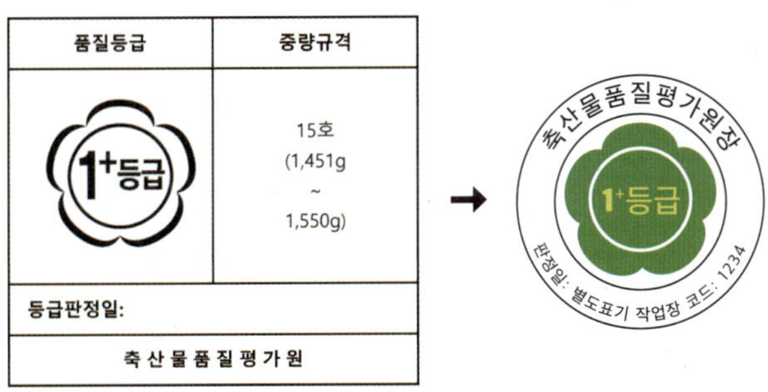

그림 6-8 닭·오리고기의 등급 표시

출처: 농림축산식품부 축산물이력제.

6. 육류의 조리 특성

1) 융점

지방의 융점(녹는점)은 지방산 구성에 따라 달라진다. 포화지방산이 많을수록 융점이 높고, 불포화지방산이 많을수록 낮다.

쇠고기와 양고기는 포화지방산이 많아 융점이 높다. 식으면 지방이 굳어 식감이 떨어지므로, 뜨거울 때 먹는 것이 좋다. 반대로, 돼지고기와 닭고기는 불포화지방산이 많아 융점이 낮아 식어도 부드러운 식감이 유지되어 차게 먹는 요리에도 적합하다.

더 알아보기 | 포화지방산 vs 불포화지방산

- 포화지방산: 탄소 사슬에 이중결합이 없는 지방산으로, 융점이 높아 상온에서 고체 상태이다. 주로 동물성 지방에 많이 존재한다.
- 불포화지방산: 탄소 사슬에 이중결합이 하나 이상 있는 지방산으로, 상온에서 액체 상태이다. 식물성 기름, 어유, 견과류 등에 풍부하다.

2) 가열

고기를 50℃ 이상으로 가열하면 근섬유 단백질이 변성되면서 근육이 수축한다. 이로 인해 조리시간이 길어질수록 고기는 점차 질겨진다. 반면, 콜라겐과 같은 결합조직은 가열 전에는 질기지만, 65℃ 이상에서 삼중나선구조가 풀리기 시작하며, 약 80℃에서는 충분히 가열하면 젤라틴으로 변해 부드러워진다.

사태·양지와 같이 결합조직이 많은 부위는 낮은 온도에서 오래 조리하는 것이 좋고, 안심·등심처럼 근섬유가 많은 부위는 오래 가열하면 질겨지므로 고온에서 단시간 조리하는 것이 바람직하다.

조리 Tip | 고기 부위별 조직 특성에 따른 적정 조리법

- 근섬유가 많은 살코기는 고온에 익으면 질겨지므로, 스테이크나 불고기처럼 근섬유 중심의 고기는 고온에서 단시간 조리하는 것이 부드럽다.
- 결합조직이 많은 사태, 양지, 갈비는 찜, 수육, 탕처럼 저온에서 오래 끓여야 부드러워진다.

돼지고기는 근섬유가 비교적 가늘어 부드러운 편이나, 가열 온도와 시간에 따라 질감 변화가 뚜렷하다. 과거에는 선모충증 예방을 위해 중심 온도를 77°C까지 높이는 보수적 권고가 제시되기도 하였다. 그러나 현재 국내 식품위생지침에서는 식중독 예방을 위해 육류와 가금류 조리 시 중심 온도 75°C에서 1분 이상 가열할 것을 권장하고 있다.

조리 Tip	다진 고기 및 돼지고기의 중심부 완전 가열의 중요성

다진 고기는 분쇄 과정에서 표면의 미생물이 고기 전체에 퍼지므로, 겉만 익힌 상태로는 식중독균이 사멸되지 않는다. 돼지고기 역시 내부 오염 가능성이 있어 중심부까지 충분한 가열(예: 75℃ 이상)이 필요하다. 익힘 정도는 육즙의 색만으로 판단하기 어렵기 때문에, 필요시 식품 온도계로 중심 온도를 확인하는 것이 안전 조리에 도움이 된다.

3) 연화 방법

고기는 근육이 두껍거나 결합조직이 많거나 나이가 많을수록 질기다. 반대로, 마블링이 많거나 어린 동물의 고기일수록 부드럽다. 고기의 부드러움을 나타내는 연도는 맛과 식감에 큰 영향을 미치므로, 연화 방법을 적절히 활용하면 더욱 맛있고 부드러운 요리를 만들 수 있다.

(1) 기계적 방법

고기를 잘게 썰거나 다지거나, 육류용 망치(tenderizer)로 두드리거나, 기계로 얇게 써는 등의 방법을 사용하면 근육 섬유가 끊어져 고기가 부드러워진다. 또한 고기를 자를 때 근육 섬유의 방향과 직각으로 썰거나 칼집을 내면 근섬유가 짧아져 더 부드럽고 씹기 쉬워진다.

(2) 효소에 의한 방법

육류에 단백질 분해효소를 사용해 고기를 연하게 만드는 방법이다. 우리나라에서는 오래전부터 배나 무를 이용해 고기를 재워 왔으며, 이는 단백질 분해효소(프로테이스)가 고기를 연하게 만들기 때문이다.

열대과일에도 연화작용이 있는데, 파파야의 파파인(papain), 파인애플의 브로멜라인(bromelain), 무화과의 피신(ficin), 키위의 액티니딘(actinidin) 등 천연 효소가 고기 속 단백질을 분해해 고기를 연하게 한다. 다만, 통조림 과일은 가열 과정에서 효소가 파괴되므로 연육효과가 없으며, 연화를 위해서는 반드시 생과일이나 생과일즙을 적당량 뿌리거나 재워 사용하는 것이 좋다.

(3) 화학적 방법

고기를 조리할 때 소금이나 간장을 사용하면, 염도가 1.3~1.5% 정도일 때 근원섬유단백질의 염용성 성질로 인해 고기가 연해진다. 그러나 염도가 5% 이상으로 너무 높아지면 수분이 빠져나가 고기가 질기고 맛이 없어진다.

또한 고기 단백질은 등전점인 pH 5.5 근처에서 가장 단단해지므로, 이보다 산성이나 알칼리성으로 벗어나면 고기가 부드러워진다. 따라서 와인, 식초, 레몬즙, 토마토 같은 약산성 재료를 소량 넣으면 연화되지만, 너무 많이 넣으면 오히려 단단해질 수 있다. 여기에 설탕, 배즙, 양파즙처럼 당이 많은 재료를 넣으면 당이 수분을 잡아 주어 고기가 더욱 촉촉하고 부드럽다.

(4) 숙성 및 조리에 의한 연화

자가소화작용으로 숙성된 고기는 단백질이 분해되어 부드러워지므로, 숙성기간 중에 조리하면 더욱 연하게 먹을 수 있다.

또한 양지나 사태처럼 결합조직이 많은 부위는 낮은 온도에서 오랫동안 조리하는 찜, 탕, 수육 등 습열 조리를 하면 콜라겐이 젤라틴으로 변해 고기가 부드럽게 된다.

7. 육류의 부위와 용도

1) 쇠고기의 부위와 용도

육류 중 특히 소비가 많은 쇠고기는 부위에 따라 조직감, 풍미, 조리 적합성이 크게 달라진다. 다음은 쇠고기 주요 부위의 명칭과 특징 및 조리 용도를 정리한 것이다(그림 6-9, 표 6-6).

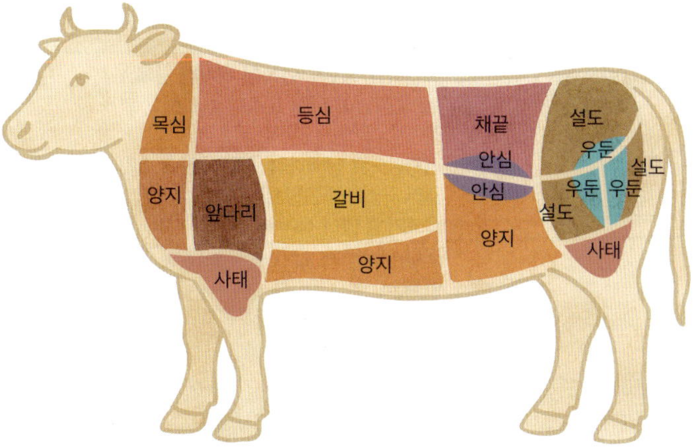

그림 6-9 쇠고기 부위별 명칭

출처: 농림축산식품부 축산물이력제.

표 6-6 쇠고기의 부위별 특징 및 용도

대분류		소분할 명칭	특징	조리 용도
목심		목심살	• 어깨 위쪽에 붙은 근육으로, 여러 근육이 모여 있고 두꺼운 힘줄이 많아 약간 질김	• 1등급 이상은 스테이크·구이, 2등급 이하는 불고기·장조림으로 사용
등심		윗등심살, 꽃등심살, 아랫등심살, 살치살	• 등쪽 척추 좌우로 원통 모양으로 위치. 비육이 잘된 소의 경우 마블링이 발달되어 있어 고급 부위로 알려짐 • 육질이 곱고 연하며, 지방이 적당히 섞여 있어 맛이 좋음 • 결합조직이 그물망 형태를 이루어 풍미 기 좋음	• 2등급 이상 고급육은 주로 구이나 스테이크, 3등급 등 저급육은 전골이나 불고기로 사용
채끝		채끝살	• 허리 부분(등심 뒷부분 연결)의 등심과 맞닿은 운동성이 없는 부분으로, 등심과 비슷한 모양 • 육질이 연하고 지방이 적당히 섞여 있음 • 등심보다 지방은 적고 살코기는 많음	• 고급육은 로스구이·샤브샤브용으로 활용도 높음, 저급육은 불고기·국거리로 사용

(계속)

대분류		소분할 명칭	특징	조리 용도
안심		안심살	• 유일하게 척추뼈 안쪽에 위치한 근육으로, 움직임이 없어 조직이 부드럽고 연함 • 저지방으로 담백하며, 육즙이 많고 고깃결이 가늘고 비단결처럼 고움 • 쇠고기 중 양이 적어 귀한 부위 • 조리 시 과도한 굽기 주의 필요 및 변색이 빠름	• 고급 스테이크 및 구이용으로 사용
설도	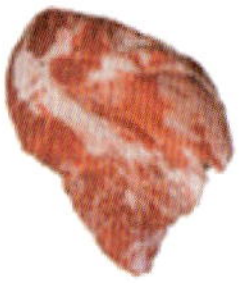	보섭살, 설깃살, 설깃머리살, 도가니살, 삼각살	• 엉덩이살 아래쪽 넓적다리살로, 바깥쪽 엉덩이 부분 • 다소 결이 거칠고 질긴 편이며, 우둔과 비슷하고 부위별 육질 차가 큼	• 설깃살은 운동량이 가장 많은 부위로 산적·편육·불고기로 사용 • 도가니살은 근육결이 가장 가늘고 부드러워 육회·불고기로 사용 • 삼각살과 설깃머리살은 구이·불고기·전골에 사용 • 보섭살은 막이 적고 맛이 좋아 스테이크로 사용
우둔		우둔살, 홍두깨살	• 지방이 적고 살코기가 많음	• 우둔살은 고깃결이 약간 굵으나 근육막이 적어 연하며, 주물럭·산적·육포·불고기용으로 사용 • 홍두깨살은 결이 거칠고 단단하여 육회·장조림에 많이 사용
양지		양지머리, 차돌박이, 업진살, 업진안살, 치마양지, 치마살, 앞치마살	• 앞가슴에서 복부 아래쪽에 걸친 부위로, 결합조직이 많아 육질이 질김 • 장시간 끓이는 조리에 적합하며, 맛이 매우 좋아짐 • 국물 맛이 좋고 육질이 치밀함 • 업진살·치마살은 양지 뒤쪽 부분으로, 지방과 살코기가 교차해 풍미가 좋음	• 양지 대부분은 근육이 단단해 국거리·장조림으로 사용 • 차돌박이는 양지 하단의 하얀 조직으로 독특한 맛이 있으며, 얇게 썰어 구이로 사용 • 업진안살·치마양지·치마살은 구이용으로 사용

(계속)

대분류		소분할 명칭	특징	조리 용도
갈비		본갈비, 꽃갈비, 참갈비, 갈빗살, 마구리, 토시살, 안창살, 제비추리	• 육즙과 골즙이 어우러져 농후한 맛을 냄 • 갈빗살은 막이 많고 근육이 거칠고 단단하지만, 근내지방이 많아 맛이 있음	• 마구리살은 통갈비 상·하단 부위로 갈비탕용으로 사용 • 갈비살·토시살·안창살·제비추리는 구이용, 그 외는 찜갈비·불갈비·양념갈비 등에 사용
앞다리		꾸리살, 갈비덧살, 부채살, 앞다리살, 부채덮개살	• 갈비 바깥쪽에 위치 • 내부 지방층과 근막이 많아 연한 부위와 질긴 부위가 섞여 있음. 운동량이 많아 육색이 짙음 • 설도·사태와 비슷함	• 꾸리살은 카레·육회·칭기즈칸 요리에 사용 • 부채살·갈비덧살은 구이용, 그 외는 불고기·장조림용으로 사용
사태		앞사태, 뒷사태, 뭉치사태, 아롱사태, 상박살	• 앞·뒷다리 사골을 감싼 부위로, 운동량이 많아 색상이 진하고 근육 다발이 모여 있어 쫄깃한 맛이 남 • 장시간 가열 시 연해짐 • 기름기가 없어 담백하고 깊은 맛이 남	• 장조림·찜·육회·탕에 적합

출처: 농림축산식품부 축산물이력제.

2) 돼지고기의 부위와 용도

돼지고기는 부위에 따라 결의 방향, 지방 분포, 식감 등이 달라 다양한 조리법에 활용되는데, 주요 부위별 명칭과 특징 및 조리 용도는 다음과 같다(그림 6-10, 표 6-7).

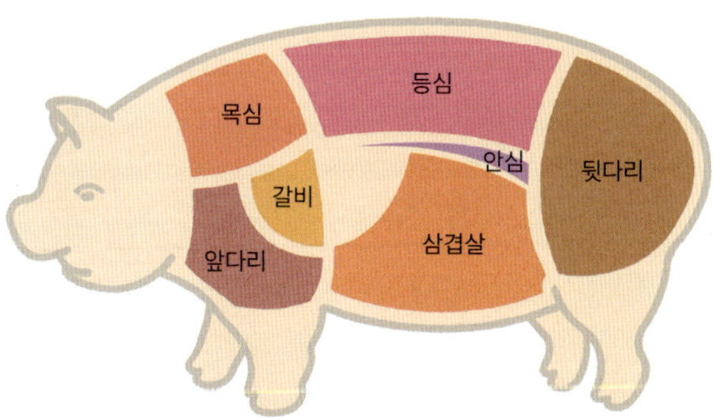

그림 6-10 돼지고기 부위별 명칭

출처: 농림축산식품부 축산물이력제.

표 6-7 돼지고기의 부위별 특징 및 용도

대분류		특징	조리 용도
목심		• 등심에서 목쪽으로 이어지는 부위로, 여러 개의 근육이 모여 있음 • 근막 사이에 지방이 적당히 박혀 있어 풍미가 좋음	구이
등심		• 표피 쪽에 두꺼운 지방층이 덮인 긴 단일 근육으로, 고깃결이 고움	포크찹, 돈가스, 스테이크
안심		• 허리 부분의 안쪽에 위치하는 부위로, 안심 주변은 약간의 지방과 밑변의 근막이 형성되어 있으며 육질이 부드럽고 연함	탕수육, 구이, 로스, 스테이크
갈비		• 볼기 부위의 고기로, 살집이 두텁고 지방이 적음	튀김, 불고기, 장조림
삼겹살		• 갈비를 떼어낸 부분에서 복부까지 이어지는 넓고 납작한 모양의 부위 • 근육과 지방이 삼겹의 막을 형성하여 풍미가 좋음	바비큐, 불갈비, 갈비찜
앞다리		• 어깨 부위의 고기로, 안쪽에 어깨뼈를 떼어낸 넓은 피막이 나타남	불고기, 찌개, 수육(보쌈)
뒷다리		• 볼기 부위의 고기로서 살집이 두껍고 지방이 적음	튀김, 불고기, 장조림

출처: 농림축산식품부 축산물이력제.

3) 닭고기의 부위와 용도

닭고기는 근육섬유가 미세하고 부위에 따라 육색이 다른 것이 특징이며, 각 부위별로 식감과 풍미가 상이하므로 조리 목적에 맞는 적절한 선택이 중요하다. 다음은 주요 부위의 명칭과 특징 및 조리 용도를 정리한 것이다(그림 6-11, 표 6-8).

그림 6-11 닭고기 부위별 명칭

출처: 농림축산식품부 축산물이력제.

표 6-8 닭고기의 부위별 특징 및 용도

대분류		특징	조리 용도
윗날개살		• 날개 위쪽 어깨 부위로, 단백질 함량이 높고 지방 함량이 적음 • 담백한 맛으로 튀김·조림용으로 사용됨	튀김, 조림
아랫날개살(윙)	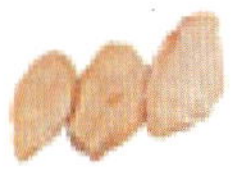	• 피부 노화 방지 및 피부 윤택에 도움을 주는 콜라겐 성분 다량 함유 • 고소한 맛으로 조림·튀김 요리 활용 빈도가 높음	튀김, 볶음, 조림, 구이
안심·가슴살		• 지방 함량이 매우 낮고 근육섬유로만 구성됨 • 회복기 환자 및 어린이용 영양간식으로 적합하며, 칼로리 섭취를 줄이면서 영양균형을 유지할 수 있음 • 장시간 가열 시 퍽퍽해지기 쉬움	튀김, 볶음, 찜, 샐러드, 냉채
윗다리살(넓적다리)	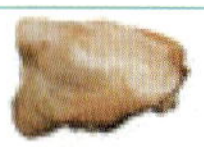	• 엉덩이 관절에서 분리한 넓적다리 부위로, 근육량이 많고 적당한 지방으로 인한 감칠맛과 부드러움	튀김, 구이, 바비큐
아랫다리살(부채살)		• 넓적다리 아래 위치한 부위로, 탄력이 있고 육질이 단단하며 육색이 짙음 • 지방과 단백질의 조화로 쫄깃한 씹는 맛이 있음	튀김

출처: 농림축산식품부 축산물이력제.

8. 육류의 조리 방법

1) 건열 조리법

건열 조리는 물 대신 공기나 기름의 열로 익히는 방법이다. 주로 등심, 안심, 채끝, 우둔처럼 결합조직이 적어 부드럽고 마블링이 좋은 부위를 사용한다.

건열 조리법에는 구이(grilling, broiling), 지지기(sauteing, pan-frying), 볶기(stir-frying), 튀기기(deep-fat frying), 로스팅(roasting), 브로일링(broiling), 팬브로일링(pan-broiling) 등이 있다.

(1) 구이

구이는 숯불구이, 오븐구이, 팬구이가 대표적이다. 팬구이는 팬을 충분히 달군 뒤 고기를 올려야 육즙이 빠지지 않는다.

- **불고기, 너비아니**: 고기를 설탕·간장·참기름 양념에 재워 굽는다. 너무 오래 재우면 질겨진다. 배·키위·파인애플을 넣으면 효소작용에 의해 연해진다.
- **삼겹살 구이**: 잘 달궈진 팬에 삼겹살을 구워 겉이 노릇해질 때까지 완전히 익힌다.
- **제육구이**: 얇게 썬 돼지고기를 고추장 양념에 재운 후 구워 매운맛을 낸다.
- **통닭구이**: 닭을 상단 직화구이로 통째로 돌려가며 속까지 완전히 익힌다.

조리 Tip | 고기 손질과 굽는 방법

- 너비아니용 고기는 근섬유의 직각 방향으로 썰어 식감을 부드럽게 한다. 굽기 전 칼등이나 고기망치로 가볍게 두드려 섬유를 끊고 두께를 균일하게 하면, 가열 시 발생하는 수축을 줄이는 데 도움이 된다.
- 돼지고기 조리 시 지방이 많은 부위는 가열 중 지방이 충분히 용출되므로 기름의 양을 최소화한다. 또한 지방이 타지 않도록 센 불에서 오래 굽지 않게 화력을 적절히 조절한다.

(2) 지지기

지지기는 기름을 적게 두르고 굽는 조리법이다.

- **전**: 다진 고기를 모양 내어 밀가루와 달걀옷을 입혀 굽는 것으로 육원전, 완자전 등이 있다.
- **적**: 양념한 고기를 꼬치에 꿰어 굽거나 기름에 지진 음식으로 섭산적, 화양적 등이 있다.

조리 Tip | 전·적의 기본 조리

- 섭산적은 도마에 랩을 깔고 반대기를 만들면 모양을 잡기 쉽고 작업이 간편하다. 다만, 생고기를 다룬 도마와 도구는 사용 직후 세척 및 소독하여 교차오염을 예방해야 한다.
- 화양적용 쇠고기는 가열 시 근섬유가 수축하여 길이가 줄어드는 특성이 있다. 따라서 완성 희망 길이보다 1cm 이상 길게 썰어 준비하는 것이 바람직하다.

(3) 볶기

팬을 뜨겁게 달군 뒤 우둔과 설도 등의 고기를 놓고 센 불에서 짧은 시간에 볶아야 한다. 약한 불로 볶으면 육즙이 빠져 질겨지고 색도 나빠진다.

(4) 튀기기

고기를 약 180℃의 기름에서 튀기며, 처음엔 중불로 천천히 익히고 마지막에 센 불로 잠깐 튀겨야 바삭해진다.

- **포크커틀릿**: 돼지고기의 등심이나 안심을 얇게 썰어 소금·후추로 간하고, 밀가루→달걀→빵가루 순으로 입혀 기름에 튀긴다.
- **닭튀김**: 닭다리나 날개를 양념에 재운 뒤 녹말을 묻혀 160~170℃에서 튀긴다.

(5) 로스팅

로스팅(roasting)은 오븐의 간접적인 건열을 이용해 식재료를 익히는 조리법으로, 주로 대단위 육류 조리에 적용한다. 스테이크는 일반적으로 그릴링, 브로일링 또는 팬 시어링으로 조리하는데, 두꺼운 고기는 표면을 강한 열로 시어링하여 마이야르 반응을 통해 향미를 극대화한 뒤, 오븐에서 내부 온도를 완만하게 올려 속까지 균일하게 익히는 방식을 사용하기도 한다.

이때 육류 내부의 익힘 정도는 조리 시 적용되는 온도에 따라 결정되는데, 가열 온도에 따른 스테이크의 단계별 특성은 표 6-9와 같다.

표 6-9 가열온도에 따른 스테이크의 특성

익힘 정도	내부온도(℃)	특 징
블루 레어(blue rare)	43 - 49	완전히 붉은색이며, 매우 부드러움
레어(rare)	49 - 54	중심부가 붉은색이며, 육즙이 풍부함
미디엄 레어(medium rare)	54~60	짙은 분홍색이며, 탄력이 있고 부드러움
미디엄(medium)	60~66	옅은 분홍색이며, 약간의 탄력이 있음
미디엄 웰던(medium well)	66~71	중심부가 옅은 분홍색이며, 육즙이 적고 단단한 편임
웰던(well - done)	71 이상	내부가 갈색이며, 육즙이 없고 질감이 단단함

(6) 브로일링·팬브로일링

- 브로일링: 고기를 직접 불 위에서 굽는 방식이며, 오븐의 윗불을 사용한다.

- **팬브로일링**: 두꺼운 팬에 살짝 기름을 두르고, 강불로 표면을 익힌 뒤 약불로 속까지 익힌다.

2) 습열 조리법

습열 조리는 물이나 증기 같은 액체의 열을 이용해 고기를 익히는 방법이다. 주로 사태, 양지, 꼬리, 사골, 우족처럼 질기고 결합조직이 많은 부위를 사용한다. 습열 조리법에는 탕(boiling, simmering), 조림, 찜(steaming), 편육, 전골 등이 있다.

(1) 탕

탕이나 육수를 끓일 때는 양지, 사태, 꼬리, 사골, 우족처럼 질기지만 콜라겐이 많은 부위를 사용한다. 탕은 찬물에서 끓이기 시작해, 끓으면 약불로 줄여 오래 끓여야 콜라겐이 젤라틴으로 변해 국물이 진하고 맛있다.

- **고깃국**: 양지나 사태를 찬물에 넣고 끓이다가 끓기 시작하면 불을 줄여 계속 끓인다.
- **사골국**: 사골을 물에 넣고 뚜껑을 덮어 오래 끓인다. 끓는 도중에 기름과 불순물을 걷어내야 맑고 진한 국물이 된다.
- **삼계탕**: 어린 닭의 뱃속에 찹쌀, 인삼, 대추, 마늘, 밤 등을 넣고 푹 끓여 국물이 뽀얗게 될 때까지 익힌다.

조리 Tip | 고기의 핏물 제거

쇠고깃국 조리 시, 고기를 한 번 헹군 뒤 찬물에 20~30분 정도 담가(중간에 물을 1~2회 교체) 표면의 미오글로빈과 수용성 불순물을 제거하면 국물이 맑고 깔끔해진다. 필요에 따라 고기를 살짝 데쳐 첫물을 버리고 다시 헹구어 사용하면, 불순물을 더욱 효과적으로 제거할 수 있다.

(2) 장조림

장조림은 주로 홍두깨살, 우둔, 사태 등 결합조직이 많은 질긴 부위를 사용한다. 끓는 물에 고기를 넣어 단백질을 군힌 뒤, 간장을 넣고 약불에서 조리면 부드럽게 익는다.

(3) 찜

찜은 사태, 꼬리, 갈비처럼 질긴 부위를 사용한다. 소갈비찜, 돼지갈비찜, 닭찜, 꼬리찜 등이 있다. 고기에 물을 조금 넣고 익힌 뒤 채소와 양념을 넣어 중불에서 천천히 익힌다.

조리 Tip	식감을 살리는 손질 요령

- 장조림용 고기는 삶은 후 한 김 식혀 따뜻한 상태에서 결대로 찢으면 근섬유가 잘 풀려 손질하기 쉽다. 고기를 찢어 표면적을 넓히면 양념이 고르게 배고 식감이 부드러워진다.
- 찜용 닭을 토막 낼 때는 관절 사이를 잘라야 살이 찢어지거나 껍질이 벗겨지는 것을 방지할 수 있다.

(4) 편육

편육은 먼저 찬물에 담가 핏물을 제거한다. 이후 고기를 덩어리째 끓는 물에 삶은 뒤 식혀 눌러 모양을 잡고, 이를 얇게 썰어낸다. 주로 삼겹살이나 목심을 사용한다.

조리 Tip	편육 조리 시 유의사항

- 생강을 잡내 제거용으로 사용할 때는 고기가 어느 정도 익어 단백질이 응고된 후에 넣는 것이 효과적이다.
- 삶은 편육은 보자기에 싸서 눌러 모양을 잡아 식힌 뒤, 근섬유의 직각 방향(결 반대 방향)으로 썰어야 식감이 부드러워진다.

3) 복합 조리법

복합 조리는 건열 조리와 습열 조리를 함께 사용하는 방법으로, 완자탕, 브레이징, 스튜잉 등이 해당한다.

(1) 완자탕

완자탕은 다진 고기나 생선을 동그랗게 빚은 완자를 먼저 살짝 익혀 형태를 잡은 뒤, 국물에 넣어 부드럽게 익히는 복합 조리법이다.

(2) 브레이징

브레이징(braising)은 큰 고깃덩어리를 먼저 강불에서 건열로 겉만 익혀 육즙이 빠지지 않게 한 다음, 채소나 소스와 함께 오랫동안 약불에서 익히는 방법이다.

(3) 스튜잉

스튜잉(stewing)은 크기가 작은 재료를 먼저 갈색이 나도록 익힌 뒤, 충분한 양의 액체를 넣어 낮은 온도에서 장시간 끓이는 조리법이다.

조리 중 대부분의 재료가 액체에 잠기며, 고기 조직이 부드러워지고 맛 성분이 우러나 풍부한 소스가 형성된다. 브레이징과 유사하나, 재료 크기가 더 작고 사용하는 액체의 양이 더 많다.

9. 육류 가공품

대표적인 육류 가공품으로는 햄, 베이컨, 소시지 등이 있다.

- 햄(ham): 돼지고기의 뒷다리살을 가염(salting), 훈연(smoking), 건조(drying) 등으로 보존 처리(curing)한 것이다.
- 소시지(sausage): 돼지고기를 곱게 갈아 조미한 후 염지·훈연하여 케이싱(casing)에 충진 포장한 것이다. 수분 함량이 많은 도메스틱 소시지와, 수분 함량이 적은 드라이 소시지가 있다.
- 베이컨(bacon): 돼지고기의 삼겹살이나 기타 부위를 염지한 후 훈연하거나 열처리하여 만든 것이다. 등심으로 만든 것은 로인 베이컨, 어깨 부위로 만든 것은 숄더 베이컨이라고 한다.

self summary

1. 사후경직과 숙성

2. 육류의 색

3. 육류의 연화 방법

4. 쇠고기, 돼지고기, 닭고기의 부위별 특성 및 주용도

5. 육류의 건열 조리법과 습열 조리법

학습 마무리 문제

1 숙성된 고기에서 감칠맛의 주된 성분은?

① ATP ② AMP ③ IMP
④ XMP ⑤ ADP

정답 ③
해설 숙성 중 ATP가 분해되어 생성된 AMP에서 IMP(이노신산)가 생성되고, 이 성분이 고기의 감칠맛을 향상시킨다.

2 신선한 고기가 공기에 오래 노출되었을 때 생기는 갈색 색소는?

① 미오글로빈
② 헤모글로빈
③ 메트미오글로빈
④ 옥시미오글로빈
⑤ 니트로조미오글로빈

정답 ③
해설 미오글로빈(Fe^{2+})이 산화되어 Fe^{3+}가 되면 메트미오글로빈으로 변해 고기가 갈색이 된다.

3 고기가 도축 후 사후경직 상태일 때 나타나는 변화는?

① pH 증가
② 보수성 증가
③ 글리코겐 증가
④ 이노신산 증가
⑤ 액토미오신 증가

정답 ⑤
해설 ATP가 고갈되면 미오신과 액틴이 분리되지 못해 액토미오신이 형성되고, 이로 인해 고기가 단단해진다.

4 다음 중 습열 조리법에 해당하는 것은?

① 육전 ② 갈비찜 ③ 스테이크
④ 너비아니 ⑤ 돈가스

정답 ②
해설 찜·탕·수육처럼 물을 사용해 오래 익히는 조리법을 습열 조리법이라고 하며, 갈비찜이 대표적이다.

5 소고기 장조림에 가장 적합한 부위는?

① 안심 ② 등심 ③ 양지
④ 설도 ⑤ 홍두깨살

정답 ⑤
해설 홍두깨살은 결이 곱고 근막이 적어 장조림용으로 쉽게 찢을 수 있다.

학습목표

- 어패류의 분류 체계를 이해하고 주요 종류를 설명할 수 있다.
- 신선한 어패류의 선별 기준을 이해하고 적용할 수 있다.
- 어패류의 특성을 조리 과정에 적용할 수 있다.

CHAPTER 7

어패류

어패류(漁貝類)는 식용으로 사용되는 수산물의 총칭이다. 어패류는 중요한 단백질 공급원이며, 오메가-3 지방산, 비타민, 무기질 등 다양한 영양소를 함유하고 있어 인체 건강에 긍정적인 영향을 미친다. 그러나 어패류는 품질이 저하되기 쉬워, 안전한 어패류 섭취를 위해서는 신선도 판별 및 조리원리에 대한 이해가 필요하다.

1. 어패류의 분류

어패류는 표 7-1과 같이 어류와 패류로 구분할 수 있다. 어류는 대부분 아가미로 호흡하는 척추동물인 물고기가 해당하며, 패류는 척추가 없는 연체동물로 조개류, 두족류(오징어류), 갑각류, 기타로 분류할 수 있다.

표 7-1 어패류의 분류 및 종류

분류		구분	종류
어류 (척추동물)	해수어	바다에 서식하는 물고기	• 흰살생선: 돔, 광어, 우럭, 갈치, 명태 등 • 붉은살생선: 고등어, 참치, 방어, 전갱이, 삼치 등
	담수어	민물에 서식하는 물고기	• 흰살생선: 잉어, 메기, 붕어, 은어, 미꾸라지 등 • 붉은살생선: 송어
패류 (연체동물)	조개류	대부분 껍데기가 2개로 이루어져 있으나, 하나만 가진 고둥류도 포함됨	• 바지락, 홍합, 굴, 가리비, 전복, 소라, 우렁이 등
	두족류 (오징어류)	발에 해당하는 기관이 머리 주변의 팔과 촉수로 존재함	• 오징어, 문어, 낙지 등
	갑각류	단단한 껍질을 지님	• 새우: 대하, 보리새우, 흰다리새우 등 • 게: 꽃게, 킹크랩, 가재 등
	기타	극피동물(해양 무척추동물)	• 해삼, 멍게, 성게, 해파리 등

1) 어류

어류는 바다에서 서식하는 해수어와, 민물에서 서식하는 담수어로 구분할 수 있다. 육질의 색에 따라 흰살생선, 살이 붉거나 분홍색을 띠는 붉은살생선이 있다.

대부분의 흰살생선은 지방 함량이 적고 수분이 많아 부드러운 식감과 담백한 맛을 지니며, 붉은살생선은 지방이 많아 감칠맛과 깊은 풍미가 있다. 산란기 전 어류는 산란을 위해 몸속에 필요한 영양분을 비축하므로 이때 가장 맛이 좋다.

그림 7-1 어류의 종류

출처: AI 생성 이미지(OpenAI ChatGPT).

더 알아보기 | 생태의 여러 가지 이름

생태는 어획 시기와 가공 방식에 따라 다양한 명칭으로 구분된다. 다음은 생태의 가공 상태별 주요 명칭과 특징을 정리한 것이다.

이름	설명
북어	생태를 완전히 건조하여 수분을 제거한 것
코다리	생태를 반 정도만 건조한 것
동태	겨울철에 잡은 생태를 바로 냉동한 것
명태	산란기 중 잡은 것
황태	생태를 얼렸다 녹이는 과정을 여러 차례 반복해 건조·가공한 것
노가리	명태 새끼

2) 조개류

조개류는 고단백·저지방 식품이며, 철분·칼슘·아연 등 미네랄 함량이 높다. 또한 타우린이 풍부해 심혈관 건강에 도움을 준다. 조개류는 모래를 품고 있어 약 3% 소금물에 해감하여 사용하고, 저온 상태로 보관해야 한다.

고둥류는 흐르는 물에 깨끗이 씻어 외부의 이물질을 제거하고, 부드러운 솔로 껍데기 표면을 문질러 씻는다. 전복은 고둥류 중 가장 많이 섭취되는 것으로, 껍데기와 살을 숟가락 등으로 분리한 뒤 내장을 제거한다. 특히, 전복의 입 부분에는 작은 이빨이 있으므로 반드시 제거한다. 조개류의 종류는 표 7-2와 같다.

표 7-2 조개류의 분류 및 종류

분류	특징	종류
바지락류	국물 요리에 적합, 감칠맛이 강함	바지락, 모시조개
홍합류	찜·국물 요리 활용, 철분 함량이 높음	홍합
굴류	생식 가능, 고단백·고미네랄 식품	굴
가리비류	부드러운 육질, 구이·찜 요리에 적합	가리비
대합류	대형 조개, 조림·국물 요리에 활용	대합, 백합
고둥류	삶거나 쪄서 조리	전복, 소라

그림 7-2 조개류의 종류

출처: AI 생성 이미지(OpenAI ChatGPT, Gemini AI).

3) 두족류(오징어류)

두족류는 일반적으로 오징어류라고 하며, 무척추동물로 오징어, 문어, 낙지 등이 포함된다. 단백질과 비타민 B_{12}, 셀레늄, 인 등이 풍부하며, 타우린을 함유하고 있어 심혈관 건강에 도움이 된다.

두족류는 굵은소금으로 문지르거나 밀가루로 주물러 빨판의 뻘과 표면의 점액질을 제거한 후 흐르는 물에 깨끗이 씻는다. 문어와 낙지는 머리 부분을 뒤집어 내장을 제거하고, 오징어는 몸통을 반으로 가르거나 다리 부분을 잡아당겨 내장과 뼈를 제거한다.

그림 7-3 두족류(오징어류)의 종류
출처: AI 생성 이미지(OpenAI ChatGPT, Gemini AI).

4) 갑각류

갑각류는 단단한 껍데기로 보호되어 있으며, 새우, 게, 랍스터, 가재 등이 있다. 단백질이 풍부하고 비타민 B_{12}, 아연, 철, 셀레늄 등이 풍부하여 신진대사와 면역력 강화에 도움이 된다.

갑각류는 흐르는 물에 깨끗이 씻어 이물질과 모래를 제거한 후 사용한다. 새우 껍데기를 벗겨 조리할 때는 등쪽을 칼로 갈라 내장을 제거하고, 껍데기째 조리할 때는 두 번째 마디에 이쑤시개를 넣어 내장을 제거한다.

그림 7-4 갑각류의 종류

출처: AI 생성 이미지(OpenAI ChatGPT).

5) 기타 어패류(극피동물)

해삼, 멍게, 성게, 해파리 등은 단백질, 칼슘, 마그네슘, 아연 등이 풍부하다. 특히, 해삼은 콜라겐 함량이 높아 피부 미용에 도움이 된다.

해삼은 양 끝을 잘라낸 뒤, 배 부분에 길게 칼집을 넣어 내장을 제거한다. 멍게는 입 부분을 잘라낸 후 몸체를 반으로 가르거나 손으로 껍질과 살을 분리해 내장을 뗀다. 성게는 윗부분을 잘라 조심스럽게 알을 꺼낸다.

그림 7-5 극피동물의 종류

출처: AI 생성 이미지(OpenAI ChatGPT).

2. 어패류의 구조와 성분

1) 어패류의 구조

(1) 어류의 구조

어류는 그림 7-6과 같이 머리, 몸통, 꼬리로 이루어져 있으며, 지느러미는 등·가슴·배·꼬리 등에 위치한다. 피부는 상피층과 진피층으로 구성되며 대부분 비늘로 덮여 있지만, 비늘이 없는 어종은 대신 두꺼운 점액층이 피부를 보호한다. 상피층에는 점액세포가 존재해 특유의 비린내를 유발하기도 한다.

어류의 껍질은 주로 콜라겐으로 이루어져 있어 물을 넣고 가열하면 콜라겐이 변성되며 젤라틴이 생성되고, 이 과정에서 맛과 질감이 더욱 농후해진다. 근육조직은 근섬유와 결합조직으로 구성되는데, 근섬유는 액틴·미오신과 같은 단백질로 이루어지며 그 사이사이에 결합조직이 자리한다. 어류는 육류에 비해 근섬유 길이가 짧고 결합조직 함량이 적어 근육이 더 연하다. 근섬유로 이루어진 근절은 근격막으로 서로 연결되어 있는데, 근격막은 가열 시 결합조직 단백질이 응고하면서 쉽게 분리되어 살이 잘 부서지는 특징이 나타난다.

붉은살생선은 옆선을 중심으로 등과 배 사이에 '혈합육'이 존재하며, 이 부위의 빛깔이 선명할수록 신선도가 높다. 다만, 혈합육은 붉은살생선 특유의 비린내를 유발하는 주요 원인이 되기도 한다.

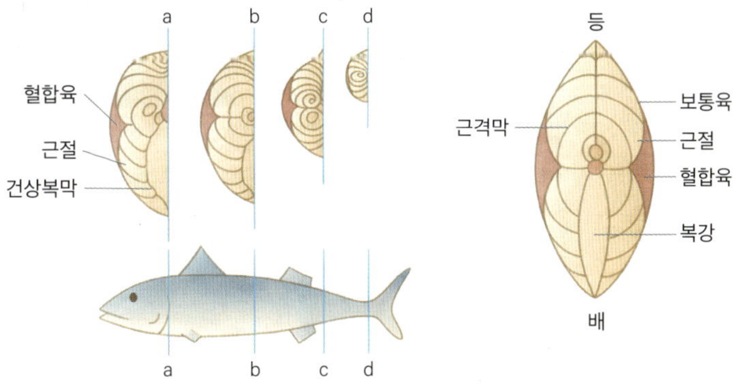

그림 7-6 어류의 부위별 단면

출처: 주나미 외(2020). 이해하기 쉬운 조리원리 및 실험. 파워북.

(2) 조개류의 구조

조개류는 주로 탄산칼슘으로 구성된 단단한 껍데기를 가지고 있으며, 껍데기 안쪽에는 '외투막'이라는 얇은 조직이 있다. 조개류는 영양물질을 섭취하는 입수관과 노폐물을 배설하는 출수관이 있으며, 발을 이용해 이동한다.

(3) 두족류(오징어류)의 구조

두족류는 그림 7-7과 같이 몸통, 머리, 다리로 이루어져 있으며, 다리 끝의 촉완(촉수)은 먹이를 잡는 데 사용된다. 오징어의 껍질은 총 4개 층으로, 바깥쪽부터 표피, 색소층, 다핵층, 진피로 구성된다. 색소층에 존재하는 색소포인 오모크롬(ommochrome)은 신선할 때는 진한 갈색을 띠지만, 시간이 지나면 점차 옅어진다. 즉, 오징어는 신선할수록 색이 더 진하다.

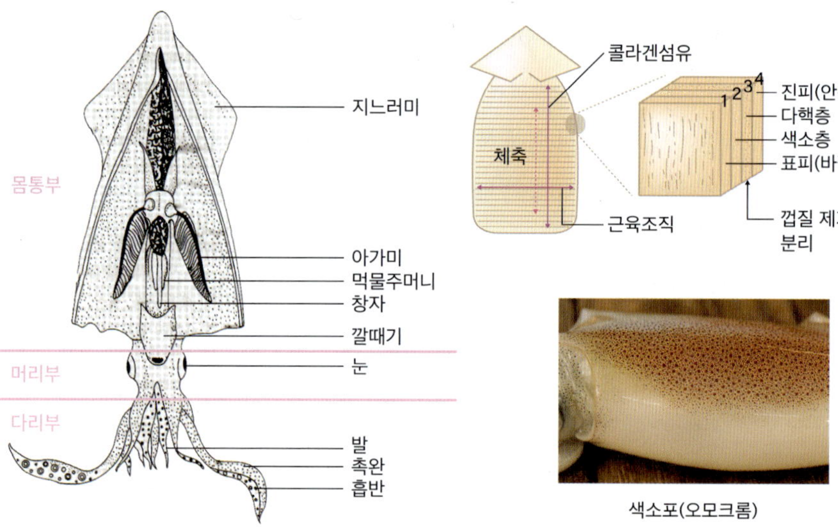

그림 7-7 오징어의 구조

출처: 생물나라; AI 생성 이미지(OpenAI ChatGPT);
주나미 외(2020). 이해하기 쉬운 조리원리 및 실험. 파워북.

오징어의 껍질을 벗기면 표피와 색소층이 제거되며, 이를 가열하면 살색이 백색으로 변한다. 또한 오징어의 근육조직은 몸의 체축과 직각 방향으로 배열되어 있어 말린 오징어를 찢을 때 가로 방향으로 잘 찢어진다. 체축은 콜라겐 섬유로 이루어져 근육을 지지·고정하는 역할을 한다. 오징어가 가열 시 몸길이 방향으로 오그라드는 이유는 체축과 평행하게 배열된 콜라겐 섬유가 근육섬유보다 더 강하게 수축하기 때문이다.

(4) 갑각류의 구조

갑각류는 키틴질, 탄산칼슘, 색소로 이루어진 외골격을 가지며, 주기적으로 탈피를 한다.

2) 어패류의 영양성분

어패류는 대부분 단백질이 풍부하고 지방 함량이 상대적으로 낮다. 인·칼슘·철 등의 미네랄과 비타민 A, 티아민, 리보플라빈, B_{12} 등이 함유되어 있다(표 7-3).

(1) 수분

어패류는 약 70~80%의 수분을 함유하며, 이로 인해 신선하고 부드러운 식감을 갖는다.

(2) 단백질

어패류의 단백질 함량은 15~20%이며 필수아미노산이 풍부하고, 특히 라이신 함량이 높다. 육류에 비해 콜라겐·엘라스틴 등의 결합조직이 적고, 구조가 단순하며 근섬유 다발이 짧다. 따라서 조리 시 열이 빠르게 전달되고 쉽게 분해되어 조직이 부드럽고 소화가 잘된다.

(3) 지방

지방 함량은 종류, 연령, 산란기, 부위 등에 따라 달라지지만, 일반적으로 1~6%이다. 불포화지방산 함량이 높아 상온에서 액체 상태이므로 신선도를 유지하지 않으면 쉽게 산패된다.

고등어, 청어, 참치 등 등푸른생선에는 오메가-3 지방산인 EPA, DHA가 풍부해 심혈관 건강과 뇌 기능 개선에 도움이 된다.

(4) 탄수화물

어류는 탄수화물이 거의 없지만, 패류는 글리코겐 형태로 약 3~5% 함유한다. 글리코겐은 효소에 의해 포도당으로 분해되면 단맛이 난다.

(5) 비타민

비타민 A와 D는 어류의 간에 풍부하며, 근육조직에는 티아민, 리보플라빈, 니아신, B_{12} 등이 있다. 해산물에는 특히 비타민 B_{12}가 풍부하다.

(6) 무기질

어패류는 철, 아연, 요오드, 셀레늄, 칼슘 등이 풍부하다. 조개류는 철분이 많고, 굴은 아연의 좋은 공급원이다. 멸치, 정어리 등 뼈째 먹는 생선은 칼슘 함량이 높다. 해수어는 담수어보다 요오드, 나트륨, 마그네슘, 칼슘 함량이 높다.

표 7-3 어패류의 영양성분 (가식부 100g당)

종류	에너지(kcal)	수분(%)	단백질(g)	지방(g)	탄수화물(g)
돔, 참돔	82	79.3	18.4	0.1	0.8
넙치(광어)	125	74.5	22.36	3.28	0
볼락, 우럭볼락	88	79.2	18.3	1.1	0.1
갈치	149	72.7	18.5	7.5	0.1
명태	80	80.3	17.5	0.7	0
고등어	183	68.1	20.2	10.4	0
방어	101	75.6	21.7	0.8	0.4
삼치	112	76	20.08	2.93	0
메기	114	78.4	15.1	5.3	0.1
미꾸리	96	78.6	16.2	2.8	0.2
바지락	74	80.4	12.27	0.93	3.2
담치, 참담치(홍합)	82	79.7	13.8	1.2	3.1
굴, 참굴	83	80.3	9.66	2.19	5.27
가리비	80	81.6	15.18	1.73	0
전복, 둥근전복	85	78.4	14.3	0.7	4.5
소라	107	72.5	20.7	0.3	4
오징어	94	78.3	18.84	1.44	0.16

(계속)

종류	에너지(kcal)	수분(%)	단백질(g)	지방(g)	탄수화물(g)
문어	70	81.1	16.4	0.7	0.1
낙지	73	80.7	16.3	0.43	0
대하	82	80	18.1	0.6	0.1
보리새우	71	82.8	15.1	0.7	0.1
흰다리새우	98	75.9	21.17	0.89	0
꽃게	77	80.6	16.19	0.7	0.43
바닷가재	77	82.24	15.97	0.95	0
해삼	24	91.8	3.7	0.4	1.3
멍게 (우렁쉥이)	27	88.8	5	0.8	0.8
성게	148	71.5	15.8	8.5	2

종류	무기질						비타민						폐기율 (%)
	칼슘 (mg)	철 (mg)	마그네슘 (mg)	인 (mg)	칼륨 (mg)	나트륨 (mg)	A (μg)	티아민 (mg)	리보플라빈 (mg)	니아신 (mg)	B_{12} (μg)	D (μg)	
돔, 참돔	33	0.5	–	270	–	–	9	0.26	0.15	4.8	–	–	55
넙치(광어)	61	0.45	30	274	465	49	–	0.09	0.12	–	1.06	4.32	46
볼락, 우럭볼락	28	0.9	–	213	–	–	11	0.09	0.15	4.1	–	–	47
갈치	46	1	–	191	260	100	20	0.13	0.11	2.3	–	–	33
명태	109	1.5	–	202	293	132	17	0.04	0.13	2.3	–	–	61
고등어	26	1.6	–	232	310	75	23	0.18	0.46	8.2	–	–	41
방어	16	0.7	–	289	380	32	14	0.15	0.16	7.8	–	–	41
삼치	5	0.1	30	211	387	39	–	0.08	0.06	–	3.25	0	56
메기	26	0.8	–	190	320	46	48	0.2	0.07	2.3	–	–	54
미꾸리	736	8	–	437	290	85	189	0.1	0.65	7.9	–	–	0
바지락	70	2.68	55	129	121	383	–	0.04	0.3	–	74.01	0	68
담치, 참담치 (홍합)	43	6.1	–	249	–	–	–	–	–	–	–	–	76
굴, 참굴	428	8.72	53	159	322	480	–	0.22	0.124	–	28.41	0	84
가리비	65	2.95	79	110	221	735	–	0.13	0.1	–	22.9	0	0

(계속)

종류	무기질						비타민						폐기율 (%)
	칼슘 (mg)	철 (mg)	마그네슘 (mg)	인 (mg)	칼륨 (mg)	나트륨 (mg)	A (μg)	티아민 (mg)	리보플라빈 (mg)	니아신 (mg)	B_{12} (μg)	D (μg)	
전복, 둥근 전복	52	2	—	118	—	—	0	0.25	0.21	3.4	—	—	51
소라	92	8.2	—	185	—	—	0	0.04	0.23	1.7	—	—	87
오징어	11	0.18	47	270	351	199	—	0.05	0.02	—	4.37	2.34	31
문어	16	0.6	55	160	290	280	5	0.03	0.09	2.2	1.3	0	15
낙지	26	1.48	67	166	237	479	—	0.03	0	—	0.75	0	23
대하	74	1.4	—	210	340	120	0	0.02	0.06	1.9	—	—	46
보리새우	87	1.1	—	240	450	140	0	0.07	0.08	2.3	—	—	45
흰다리새우	49	0.89	39	241	330	122	—	0.02	0.03	—	1.04	0	61
꽃게	127	0.74	46	137	216	418	—	0.04	0.12	—	4.3	0	76
바닷가재	27	0.84	27	256	302	58	16	0.07	0.032	2.208	2	0	0
해삼	119	2.1	—	27	70	1300	0	0.01	0.03	1.2	—	—	21
멍게 (우렁쉥이)	32	5.7	41	55	570	1300	—	0.01	0.13	0.5	3.8	0	80
성게	20	4	—	196	490	190	—	0.03	0.4	2.5	—	—	0

'—' 표기는 측정되지 않은 결측치를 의미함
출처: 농촌진흥청(2025). 국가표준식품성분 DB 10.3.

3) 어패류의 특수성분

(1) 맛성분

어패류의 감칠맛 성분은 아미노산 중 글루탐산과 핵산 유래 물질인 이노신산(IMP, inosine monophosphate)이다. 또한 글리신과 알라닌은 단맛을 내 맛을 풍부하게 한다.

어류는 사후경직 과정에서 근육 내 ATP가 분해되며, 그 과정에서 생성되는 이노신산과 이노신이 감칠맛을 형성한다. 반면, 하이포잔틴이 과도하게 축적되면 비린내가 발생할 수 있다(그림 7-8).

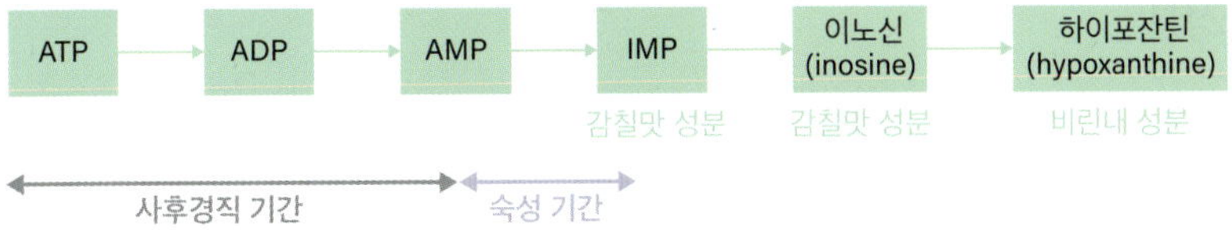

그림 7-8 어류 근육 내 ATP 분해 과정

오징어·문어·새우에는 글루탐산(glutamic acid)이 감칠맛을 내며, 글리신(glycine)은 단맛을, 타우린(taurine)과 베타인(betaine)은 풍미를 좋게 한다. 조개류는 글루탐산, 이노신산(inosinic acid), 호박산(succinic acid)에 의해 감칠맛이 난다.

(2) 냄새성분

어패류의 냄새는 주로 휘발성 화합물과 지방산에 의해 발생한다. 해수어의 표피 점액에는 약간의 단맛을 내는 트리메틸아민옥시드(TMAO, trimethylamine oxide)가 존재한다. 이 물질은 해수어가 사후에 미생물이나 효소의 작용에 의해 트리메틸아민(TMA, trimethylamine)으로 환원되며, 이 과정에서 휘발성이 강한 비린내가 발생한다(그림 7-9). 트리메틸아민은 신선도가 떨어질수록 더 많이 생성된다. 담수어에서도 트리메틸아민, 피페리딘 등의 물질로 인해 비린내가 발생한다.

그림 7-9 어류의 비린내 발생 과정

상어·홍어는 표피 점액의 우레이스(urease) 효소가 요소(urea)를 암모니아로 분해하면서 톡 쏘는 냄새가 난다. 특히, 홍어는 요소 농도가 높아 사후 암모니아 생성이 많아지며, 냄새가 더욱 강해진다. 또한 트리메틸아민옥시드(TMAO)가 트리메틸아민(TMA)으로 변화되면서 톡 쏘는 냄새를 돕는 역할을 한다.

(3) 색소성분

어패류의 색소성분은 피부, 근육, 껍질 등에 존재하며, 색을 다양하게 만든다. 피부에 주로 분포하는 멜라닌 색소는 갈색에서 검은색을 띤다. 갈치와 병어 껍질이 은색을 나타내는 것은 구아닌(guanine)과 요산에 의해 형성된 침전물이 빛을 반사하기 때문이다.

어류 근육에 존재하는 헤모글로빈(hemoglobin)과 미오글로빈(myoglobin)은 붉은색을 띠는 색소이다. 또한 연어, 새우, 게 등에 보이는 붉은색과 분홍색은 카로티노이드 색소에 의한 것으로, 이 색소는 열에 안정적이며 가열 시 더 선명한 붉은색으로 나타난다.

특히, 새우, 게, 가재와 같은 갑각류에 존재하는 카로티노이드인 아스타잔틴(astaxanthin)은 생물 상태에서는 단백질과 결합해 청록색이나 회색 등으로 보인다. 그러나 가열하면 단백질이 변성되면서 아스타신(astacin) 형태로 바뀌어 붉은색으로 변한다(그림 7-10).

그림 7-10 갑각류의 가열에 의한 색 변화

출처: AI 생성 이미지(OpenAI ChatGPT).

(4) 어패류의 기타 성분

복어에 있는 테트로도톡신(tetrodotoxin)은 강력한 신경 독소로 간, 난소, 피부 등에 많이 함유되어 있다. 이 독소는 신경계 마비를 일으키며, 심한 경우 사망할 수 있고 가열해도 없어지지 않는다.

홍합, 대합, 백합, 굴 등에 있는 삭시톡신(saxitoxin)은 입 주위 마비, 호흡곤란 등 마비성 중독을 일으킬 수 있다. 이 중독은 주로 봄과 여름에 발생되며, 적조 발생 시기에는 섭취하지 않는 것이 좋다.

3. 어패류의 사후 변화와 신선도 판별법

1) 사후 변화

어패류는 육류보다 근육 내 글리코겐의 양이 적어 사후경직 기간이 짧고, 자가소화 및 부패가 빠르게 진행된다. 붉은살생선은 흰살생선보다 사후경직이 더 빠르게 일어난다. 사후경직기간에는 탄력 있는 식감을 느낄 수 있다.

사후경직기가 지나면 근육과 내장의 가수분해효소가 단백질과 지방을 분해해 조직이 연해지고, 곧 부패가 시작된다. 따라서 신선한 상태에서 빠르게 냉장·냉동 보관하거나 즉시 섭취해야 한다.

조리 Tip	어육 급속동결
어육은 −18℃ 이하에서 급속동결하면 해동 시 드립(drip, 추출물)이 적고, 육질의 손상이 줄어든다.	

2) 신선도 판별법

(1) 관능적 판별법

일반적으로 표 7-4와 같은 관능검사를 통해 어패류의 신선도를 판별할 수 있다.

표 7-4 어패류의 신선도 판별법(관능검사)

구분	신선한 어패류	부패한 어패류
눈	눈이 맑고 광택이 있으며 약간 돌출되어 있음	혼탁하고 흐리며 안쪽으로 함몰되어 있음
피부	탄력이 있고 특유의 색이 선명하며, 손으로 눌렀을 때 빠르게 원상태로 돌아옴	색이 흐리고 광택이 없으며, 눌렀을 때 자국이 그대로 남음
비늘	윤기가 있고 표면에 단단히 붙어 있음	비늘이 군데군데 떨어져 있음
아가미	밝은 붉은색을 띠며 조직이 단단함	갈색·회색으로 변색되어 있거나, 악취가 나며 점액질이 있음
복부	눌렀을 때 탄력이 있고 내장이 제자리에 있음	탄력이 없고 내장이 항문으로 밖으로 나와 있음
어육	뼈에 살이 단단히 밀착되어 있음	뼈와 살이 쉽게 분리됨
껍데기	조개류는 껍데기가 닫혀 있으며, 열려 있을 경우 손으로 건드리면 바로 닫힘	껍데기가 열려 있고 악취가 남
냄새	비디내음이나 갯내음이 남	비린내, 암모니아 냄새 등 악취가 남

(2) 미생물적·화학적 판별법

어패류 부패 시 증가하는 세균 수, 어취 성분, 유독물질 등을 기준으로 신선도를 판별할 수 있다(표 7-5).

표 7-5 어패류의 신선도 판별법(미생물적·화학적)

구분	신선한 어패류	부패한 어패류
세균 수	근육 1g 내 10^5 이하	근육 1g 내 10^6 이상
휘발성 염기질소(TVB-N)	10~20mg/100g 이하	30mg/100g 이상
트리메틸아민(TMA)	5mg/100g 이하	10mg/100g 이상
pH	6.0 이하	6.5 이상

4. 어패류의 조리 특성

1) 가열에 의한 변화

어패류를 가열하게 되면 열에 의해 근육 단백질이 응고되고 수축되면서 살이 단단해지고, 수분이 감소되어 무게가 줄어든다. 특히, 수용성 단백질과 맛 성분이 용출되므로 재료 자체의 맛이 중요한 음식의 경우는 국물이 뜨거울 때 넣어서 익혀준다.

생선 껍질의 결합조직인 콜라겐은 열에 의해 수축하면서 껍질이 오그라들고 찢어지기도 한다. 콜라겐은 물을 넣어 가열하면 처음에는 수축하다가 계속 가열하면 물을 흡수하고 팽윤하여 젤라틴으로 용해된다. 생선은 굽기 전에 껍질에 칼집을 넣어주면 수축현상을 줄일 수 있다.

특히, 오징어는 가열하면 콜라겐에 의해 수축되어 오그라드는데, 칼집을 넣어 조리하면 덜 오그라든다. 오징어는 칼집 내는 방법에 따라 그림 7-11과 같이 다양한 모양을 낼 수 있다. 껍질과 내장을 제거한 후 내장이 붙어 있던 안쪽에 칼집을 넣는다. 껍질 쪽으로 칼집을 넣으면 평평한 상태를 유지할 수 있다.

솔방울 모양 둥글게 말린 모양 세로로 긴 나선형

그림 7-11 오징어 모양내기 방법

출처: AI 생성 이미지(OpenAI ChatGPT).

조리 Tip	**오징어 맛을 유지하는 방법**
오징어의 맛을 제대로 유지하려면 데치기보다 찜을 활용하는 것이 좋다.	

생선을 프라이팬이나 석쇠 등을 이용하여 구울 때 달라붙는 경우가 있으며, 이를 열 응착성이라고 한다(그림 7-12). 이는 생선 근육조직 내 존재하는 미오겐 단백질이 열에 의해 변성된 것으로, 가열 과정에서 단백질의 펩타이드 사슬이 끊어지면서 활성기가 노출되어 팬 등의 표면 금속과 반응해 결합하기 때문이다.

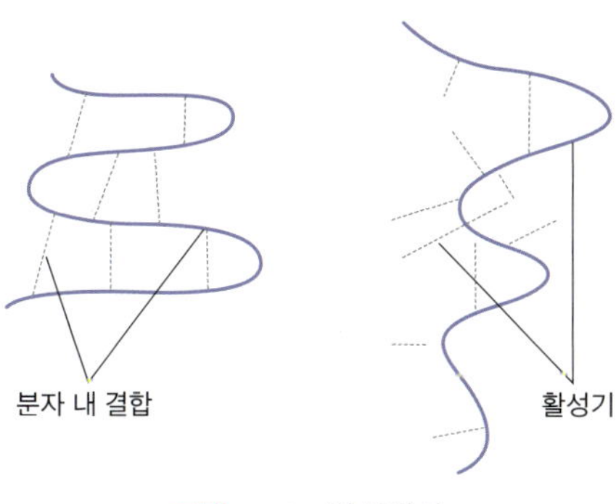

그림 7-12 열 응착성

조리기구를 충분히 예열한 후 기름을 바르면 기름막이 형성되어 달라붙는 것을 방지할 수 있다. 익힐 때도 자주 뒤집지 말고 표면이 노릇해질 때까지 기다렸다 뒤집으면 덜 붙는다.

2) 식염에 의한 변화

어패류에 소금을 뿌리면 삼투압에 의해 내부의 수분이 빠져나오면서 질감이 단단해진다. 2~3%의 소금을 첨가하면 어패류의 액틴과 미오신이 용출되면서 액토미오신을 형성하여 점성과 탄력성이 증가한다. 이 원리를 이용해 어묵을 제조한다.

주로 흰살생선에 소금을 넣어 액토미오신을 형성시키고 전분과 함께 반죽한 후 가열하면, 점성이 생기면서 탄력 있는 어묵을 만들 수 있다.

어패류에 15~20%의 소금을 넣어주면 탈수와 응고로 인해 육질이 단단해지고, 보존성이 향상된 젓갈을 만들 수 있다. 젓갈은 발효되는 과정에서 단백질이 아미노산으로 분해되고, 소금에 의해 미생물의 성장이 억제되면서 감칠맛과 저장성이 높아진다.

조리 Tip	어패류 조리법

- 생선에 소금을 뿌릴 때는 채반에 두고 뿌리면, 용출된 성분과 비린내의 접촉을 최소화할 수 있다.
- 오징어볶음을 할 때는 채소를 먼저 볶은 뒤 오징어를 넣으면, 불필요한 수분 발생을 줄일 수 있다.

3) 산에 의한 변화

어패류에 식초나 레몬주스 등의 산을 첨가하면 단백질 변성이 일어난다. 산은 pH를 낮춰 단백질 분자가 서로 응집되고 용해도가 감소하면서 어패류의 살이 단단해진다. 또한 비린내 성분을 중화해 비린내를 줄일 수 있다.

5. 어패류의 조리 및 이용

1) 전처리

생선은 표면의 점액에 이물질, 세균 등이 있을 수 있으므로 물로 씻어준다. 비늘은 꼬리에서 등 방향으로 긁어주고, 아가미와 내장 등을 제거한다. 이후 연한 소금물로 깨끗이 세척하고 조리 목적에 맞게 토막을 낸 후 2% 소금을 뿌려둔다.

패류는 이물질과 모래 등을 제거하기 위해 해감한다. 바닷물 농도인 약 3%의 소금물에 담그고 어둡게 만든 상태에서 1~2시간 정도 해감한 후 세척하여 사용한다.

2) 어취 제거

어패류는 신선도가 떨어지면 비린내가 증가한다. 비린내를 제거할 수 있는 방법은 표 7-6과 같이 다양하다.

표 7-6 어패류의 비린내 제거 방법

방법	내용
물 세척	비린내 성분인 TMA와 피페리딘은 표피 점액질에 주로 분포하고 수용성이므로 흐르는 물에 씻음
산 처리	비린내 성분은 염기성이므로 식초나 레몬즙 등 산성분을 활용해 비린내 성분을 중화함
우유 이용	우유의 카제인(casein)은 강한 흡착력이 있어 비린내를 약화시키므로 우유에 담갔다 사용함
술, 맛술 사용	알코올 음료 및 맛술은 휘발성이 높아 조리 시 증발하면서 비린내도 함께 휘발함. 또한 당과 산에 의해 비린내가 중화됨
향신료 사용	고추의 캡사이신, 후추의 차비신, 생강의 쇼가올·진저롤은 매운 향미로, 비린내를 약화시킴
조미료 사용	된장·고추장은 강한 향미와 콜로이드성 흡착 성질이 있어 비린내를 줄임
향신채 사용	미나리, 쑥갓, 깻잎, 방아, 파, 마늘, 무, 셀러리 등 향이 강한 채소는 황화합물로 인해 비린내를 감소시킴

3) 어패류의 조리 방법

(1) 회

회는 생으로 먹는 생회와, 익혀 먹는 숙회가 있다. 생회는 신선하고 사후경직 상태에서 섭취하며 위생적으로 조리해야 한다. 생회를 먹을 때 레몬즙, 초고추장 등을 곁들이면 산에 의해 생선살이 단단해진다. 숙회는 주로 오징어, 문어, 낙지, 전복, 새우 등을 사용한다.

(2) 구이

구이는 불에 직접 굽는 직접구이와 오븐이나 팬을 이용하는 간접구이가 있다. 조미 방법에 따라 소금구이, 양념구이가 있다. 팬이나 석쇠를 이용해 구이를 할 경우, 달군 후 기름칠로 막을 형성해야 덜 붙는다.

흰살생선은 살짝 구워야 살이 부드럽고, 붉은살생선은 바싹 구워야 풍미가 좋다. 굽는 중 자주 뒤집으면 살이 부서지기 쉽다.

(3) 탕·찌개

탕이나 찌개는 국물이 끓을 때 생선을 넣어야 살이 단단하며, 너무 오래 끓이지 않아야 살이 풀어지지 않는다. 국물에 생선을 넣을 때 한꺼번에 많은 양을 넣으면 비린내가 심해질 수 있다. 처음에는 뚜껑을 열고 끓여 비린내 성분을 휘발시키는 것이 좋다.

(4) 조림

조림은 생선의 젤라틴 성분을 용출시키고 양념장이 고루 배게 하여 맛을 내는 조리법이다. 흰살생선은 양념을 적게 사용해야 담백한 맛을 즐길 수 있으며, 붉은살생선은 간을 세게 하고 양념 국물은 생선이 잠길 정도로 넣어 조린다. 조리시간이 길어지면 단백질 응고와 삼투압으로 탈수현상이 심해져 살이 질겨질 수 있다.

(5) 전

전 요리에는 주로 흰살생선을 이용하며, 생선살을 얇게 저며 소금·후추로 밑간을 한 후 밀가루와 달걀을 입혀 기름에 지진다. 지지는 과정에서 어취는 증발하고 달걀에 의해 형태 유지가 잘된다. 전을 지질 때 기름에 거품이 생기는데, 이는 중간중간 제거하는 것이 좋다.

self summary

1. 어패류의 신선도 판별법

2. 어패류의 식염에 의한 변화

3. 어패류의 비린내 제거 방법

학습 마무리 문제

1 신선한 어류로 판단할 수 있는 것은?

① 아가미 색이 어두운 갈색이다.

② 근육 1g 내 세균 수 10^5 이하이다.

③ 어류의 눈이 흐리고 함몰되어 있다.

④ 휘발성 염기질소가 100mg/100g 이상이다.

⑤ 복부를 손으로 눌렀을 때 움푹 들어간다.

정답 ②

해설 신선한 어류는 눈이 맑고 약간 돌출되어 있으며, 복부는 탄력이 있고 내장이 제자리에 있다. 또한 휘발성 염기질소(VBN)는 30mg/100g 이상이면 초기 부패 단계로 본다.

2 바다에서 주로 서식하는 생선의 비린내 성분은 무엇인가?

① 피페리딘

② 암모니아

③ 포름알데히드

④ 트리메틸아민(TMA)

⑤ 트리메틸아민옥시드(TMAO)

정답 ④

해설 해수어의 표피 점액에는 단맛을 내는 트리메틸아민옥시드(TMAO)가 존재한다. 어류가 죽으면 TMAO가 휘발성이 강한 트리메틸아민(TMA)으로 환원되어 비린내가 난다.

3 생선을 프라이팬에 구울 때 달라붙는 것을 방지할 수 있는 방법은?

① 차가운 팬에서 바로 굽는다.

② 팬을 달군 후 물을 바르고 굽는다.

③ 차가운 팬에 식초를 바르고 굽는다.

④ 팬을 달군 후 기름을 바르고 굽는다.

⑤ 팬을 달군 후 식초를 바르고 굽는다.

정답 ④

해설 생선을 구울 때 팬이나 석쇠에 달라붙는 현상을 열응착성이라고 한다. 팬을 충분히 달군 뒤 기름을 바르면 막이 형성되어 달라붙는 것을 방지할 수 있다.

4 생선회를 먹을 때 식초나 레몬을 곁들이는 이유는?

① 생선살이 단단해지기 때문이다.

② 생선살이 부드러워지기 때문이다.

③ 생선의 비린내가 증가하기 때문이다.

④ 생선의 감칠맛이 증가하기 때문이다.

⑤ 생선의 탈수현상이 빨라지기 때문이다.

정답 ①

해설 산이 첨가되면 pH가 낮아지면서 단백질 변성이 일어나 살이 단단해지고, 비린내 성분이 중화되어 비린내가 감소한다.

5 어패류에 대한 설명으로 옳은 것은?

① 복어에 있는 삭시톡신(saxitoxin)은 강한 독성 성분이다.

② 어묵을 만들기 위해서는 생선살에 15~20%의 소금을 첨가한다.

③ 조개류는 약 3% 소금물에 해감한 후 실온 상태로 보관해야 한다.

④ 어류는 육류에 비해 근섬유가 짧고 결합조직 함량이 적어 연하다.

⑤ 새우, 게, 가재 등에 있는 아스타신(astacin)은 가열하면 붉은색으로 변한다.

정답 ④

해설 ① 복어의 독성 성분은 삭시톡신이 아니라 테트로도톡신(tetrodotoxin)이다.

② 어묵 제조 시에는 생선살의 2~3% 정도의 소금을 첨가한다.

③ 조개류는 해감 후 냉장 보관해야 한다.

⑤ 새우, 게, 가재의 색 변화는 아스타잔틴(astaxanthin)이 가열되어 아스타신으로 변하면서 붉은색을 띤다.

학습목표

- 달걀의 구조와 성분에 따른 특성을 설명할 수 있다.
- 달걀의 품질 판단 기준과 그 특성을 설명할 수 있다.
- 달걀의 조리 특성을 사례와 함께 설명할 수 있다.
- 달걀의 올바른 저장 방법을 근거와 함께 설명할 수 있다.

CHAPTER 8

난류

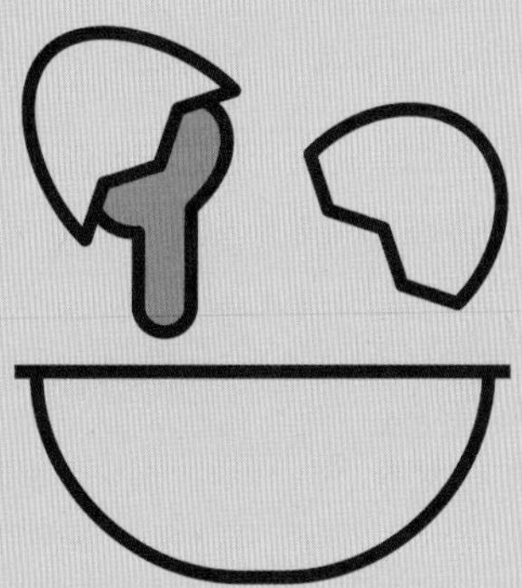

1. 난류의 종류

우리가 식용하는 난류에는 달걀, 메추리알, 오리알, 칠면조알, 타조알 등이 있으며, 이 중 가장 많이 사용되는 것은 달걀이다.

1) 달걀

달걀은 가격이 저렴하고 영양이 우수하며, 담백한 맛과 다양한 물리적 특성을 지녀 조리에 폭넓게 사용되는 대표적 난류이다.

달걀은 일반란, 영양란, 기능성란, 가공란의 네 종류로 구분된다. 일반란에는 무정란과 유정란이 있으며, 영양소를 강화한 영양란, 특정 기능을 강화한 기능성란이 있다. 또한 껍데기를 제거하여 사용이 편리한 액상란을 비롯해 훈제란, 동결건조란 등은 가공란에 속한다.

사육 방법에 따라 무항생제란과 동물복지란으로도 구분한다. 무항생제란은 항생제, 합성항균제, 호르몬제를 사료에 사용하지 않은 달걀이고, 동물복지란은 사육 밀도, 조명 밝기, 암모니아 농도 등 사육 기준을 충족한 평사·방사 환경에서 사육된 닭이 낳은 달걀이다.

더 알아보기 | 동물복지 유정란이란?

동물복지 유정란은 인간이 동물을 이용할 때 윤리적인 책임을 가지고 동물의 건강한 생존에 필요한 기본 조건(동물복지 인증기준)을 보장한 환경에서 산란한 유정란을 말하며, 조건을 충족하는 경우 인증마크를 부여한다.

동물복지 (ANIMAL WELFARE) 농림축산식품부

2) 오리알

오리알은 구조가 달걀과 유사하지만 크기가 더 크며, 전체 중 난황 비율이 40% 이상으로 달걀(약 33%)보다 높다. 용도는 달걀과 비슷하나, 생식으로는 거의 사용되지 않는다. 영양성분 또한 달걀과 유사하지만, 비타민 B_1 함량이 난류 중 비교적 높은 편이다.

3) 메추리알

메추리알은 꿩과에 속한 작은 새인 메추리가 낳은 알을 말한다. 영양성분은 달걀과 유사하나, 비타민 A·B_1·B_2가 풍부하다. 크기가 작아 장식용, 안주, 꼬치, 조림 요리에 많이 사용되며, 반숙은 약 3분, 완숙은 약 5분이 걸린다.

2. 달걀의 구조

달걀은 그림 8-1과 같이 난각 10~12%, 난백 55~60%, 난황 30~33%로 구성된다. 달걀 껍데기의 색은 백색, 진한 갈색, 연한 갈색 등이 있으며, 그중 갈색란이 가장 많다. 이러한 색의 차이는 닭 품종에 따른 것으로, 품질이나 영양성분과는 무관하다.

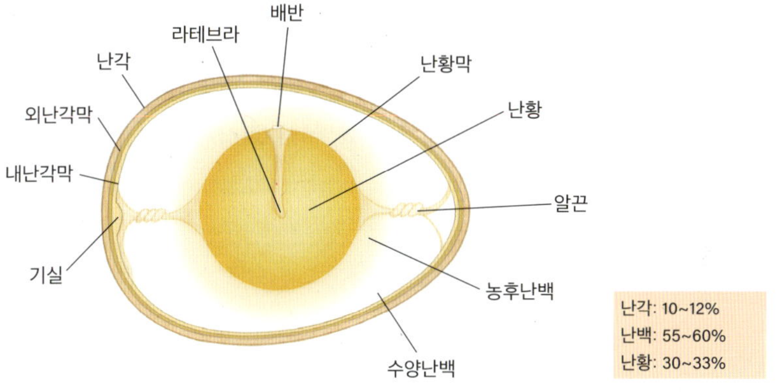

그림 8-1 달걀의 구조

1) 난각

난각(달걀껍데기, egg shell)은 달걀의 외부 구조를 이루어 내부를 보호하며, 표면에 많은 기공이 있어 수분 증발과 탄산가스 배출을 조절한다. 난각막은 외막과 내막의 두 겹으로 이루어져 있다.

신선한 달걀의 난각 표면은 큐티클(cuticle)층으로 덮여 있어 표면이 까슬까슬하며, 이는 산란 후 외부 세균의 침입을 차단하는 역할을 한다. 그러나 달걀을 물로 세척할 경우 큐티클층이 손상되기 쉬우므로, 세척 후 장기간 보관하는 것은 바람직하지 않다.

기실(공기집, air cell)은 산란 직후에는 존재하지 않으나, 저장기간이 경과함에 따라 수분이 증발하고 내용물이 수축하면서 형성된다.

2) 난백

난백(달걀흰자, egg white)은 점도가 낮은 수양난백(thin egg white)과 점도가 높은 불투명한 농후난백(thick egg white)으로 구분된다. 난백은 외부 세균의 침입을 방지하고 충격을 흡수하여 난황과 배반을 보호한다.

신선한 달걀의 수양난백과 농후난백 비율은 약 40:60이다. 그러나 시간이 지나면 난각을 통한 이산화탄소의 손실로 난백의 pH가 상승하고, 이로 인해 오보뮤신 복합체가 붕괴되어 난백의 수양화가 진행된다.

한편, 난백 양끝에 위치한 알끈(chalaza)은 꼬여 있는 모양으로 난황을 고정해 주지만, 익히면 단단해져 식감이 거칠어지므로 지단, 알찜, 쿠키 등 섬세한 요리를 할 때는 제거하는 것이 좋다.

3) 난황

난황(달걀노른자, egg yolk)은 난황막에 의해 보호되며, 수중유적형 유탁액*이다. 유정란에는 표면에 배반(germinal disc)이 존재한다. 오래된 달걀일수록 난황이 주변 수분을 흡수해 부피가 커지고, 난황막이 약해져 쉽게 터진다.

> * 유탁액: 잘 섞이지 않는 두 가지 액체가 다른 매개체에 의해 고르게 섞여 만들어진 끈끈한 용액을 말한다. 예로는 우유, 라텍스, 그리스, 버터, 크림 등이 있다.

배반에서 난황 중심부까지는 라테브라(latebra)라는 백색의 긴 실 모양 구조가 연결되어 있으며, 난황은 밝은 층과 어두운 층이 교차된 형태를 보인다. 난황은 작은 미립자로 이루어져 있어 과도하게 삶으면 쉽게 부서진다.

3. 달걀의 성분

달걀은 난백과 난황의 색과 질감뿐만 아니라 영양성분에서도 차이가 있다. 난백은 수분 함량이 높고, 난황에는 단백질, 지질, 철 등 무기질과 비타민이 풍부하다. 이와 같은 성분 차이를 포함해 난류의 영양성분을 정리한 내용은 표 8-1과 같다.

표 8-1 난류의 영양성분 (가식부 100g당)

구분		에너지 (kcal)	수분 (g)	단백질 (g)	지질 (g)	회분 (g)	탄수화물 (g)	무기질					
								칼슘 (mg)	철 (mg)	마그네슘 (mg)	인 (mg)	칼륨 (mg)	나트륨 (mg)
달걀	전란, 생것	140	76.7	12.86	8.51	0.87	1.07	46	1.9	11	169	125	137
	흰자, 생것	50	87.7	11.46	0.05	0.65	0.14	6	0.01	12	15	140	174
	노른자, 생것	326	51.7	15.66	25.18	1.7	5.77	149	5.92	11	535	112	57
	가루	592	2.78	48.05	43.9	4.13	1.13	244	7.2	34	629	540	476
오리알, 생것		171	72.4	13.11	11.32	1.09	2.03	56	2.54	12	207	120	136
청둥오리알, 생것		178	72.2	13.6	12.3	0.9	1	61	3.1	—	197	—	—
거위알, 생것		193	71	13.2	14.1	0.9	0.8	41	2.5	—	70	77	45
메추리알, 생것		146	75.4	12.8	9.02	1.1	1.66	59	2.49	11	222	154	137

구분		비타민							콜레스테롤 (mg)	폐기율 (%)
		A (μg)	티아민 (mg)	리보플라빈 (mg)	니아신 (mg)	C (mg)	E (mg)	K (μg)		
달걀	전란, 생것	119	0.066	0.316	0.039	0	1.3	11.29	387.81	11
	흰자, 생것	0	0	0.41	0.061	0	0	0	0.36	0
	노른자, 생것	429	0.236	0.475	0.028	0	3.36	33.48	670.02	0
	가루	300	0.183	1.977	0.34	0	3.88	—	1630	0
오리알, 생것		115	0.26	0.13	0.02	0	1.85	23.57	388.45	10
청둥오리알, 생것		—	0.23	0.38	0.1	0	—	—	—	15
거위알, 생것		172	0.15	0.48	0.1	0	—	—	—	15
메추리알, 생것		194	0.237	0.403	0.202	0	0.82	15.53	400.96	13

'—' 표기는 측정되지 않은 결측치를 의미함
출처: 농촌진흥청(2025). 국가표준식품성분 DB 10.3.

1) 단백질

달걀단백질은 필수아미노산을 모두 포함해 단백가가 100으로 영양적으로 매우 우수하며, 난백단백질과 난황단백질로 구성된다.

(1) 난백단백질

난백은 대부분 수분으로 이루어져 있으며, 단백질 함량은 약 10%이다. 주요 단백질은 오브알부민(ovalbumin)이며, 이 외에 콘알부민(conalbumin), 오보뮤코이드(ovomucoid), 오보글로불린(ovoglobulin), 오보뮤신(ovomucin), 아비딘(avidin) 등이 있다.

표 8-2 난백단백질의 종류 및 특성

종류	특징
오브알부민 (ovalbumin)	• 난백에서 가장 중요한 단백질로, 난백단백질의 50~60% 차지 • 당단백질이며 64~67℃에서 쉽게 응고됨
콘알부민 (conalbumin)	• 당단백질로 열에 쉽게 응고됨 • 금속 이온(철, 구리, 알루미늄 등)과 결합하면 결정화 및 변색을 일으킴
오보뮤코이드 (ovomucoid)	• 당단백질로, 단백질분해효소인 트립신(trypsin)을 억제하는 트립신 억제제 • 70℃에서 1시간 가열하면 대부분 파괴됨
오보글로불린 (ovoglobulin)	• 거품 형성에 관여하는 글로불린(G_1, G_2, G_3) • 오보뮤신 등과 결합하여 거품 안정화에 기여
라이소자임 (lysozyme)	• 오보글로불린 G_1로, 열에 안정적이나, 오브알부민과 함께 있을 경우 불활성화됨 • 특정 세균을 용해하는 용균작용을 가짐
오보뮤신 (ovomucin)	• 농후난백의 구조 형성과 거품 안정화에 기여 • 내열성은 강하지만, 냉동 시 활성 소실
아비딘 (avidin)	• 비오틴(biotin)과 결합하여 비오틴 활성 저해(항비오틴 인자) • 열에 쉽게 변성되며, 85℃에서 5분간 가열하면 완전히 소실됨

(2) 난황단백질

난황 고형분의 약 33%는 단백질로 이루어져 있으며, 그 대부분은 인단백질이다. 주요 구성 성분은 리포비텔린(lipovitellin), 리포비텔리닌(lipovitellinin), 리베틴(livetin), 포스비틴(phosvitin) 등이다.

이 중 리포비텔린과 리포비텔리닌이 가장 많으며, 이들은 인지질인 레시틴과 결합한 인단백질로, 유화작용을 한다. 난황의 유화성을 활용한 대표적 식품은 마요네즈이다.

2) 지질

달걀의 지질은 난백에는 거의 없으며, 중성지질, 인지질, 스테롤, 당지질 등이 대부분 난황에 포함된다. 특히, 인지질인 레시틴과 세파린이 많으며 유화에 관여한다.

3) 탄수화물

탄수화물은 난백과 난황에 약 1% 정도 함유되며, 포도당, 갈락토오스, 만노스 등이 포함된다.

4) 비타민

달걀에는 비타민 C를 제외한 대부분의 비타민이 풍부하다. 특히, 비타민은 난황에 많으며, 난황은 비타민 A의 우수한 급원이다.

5) 무기질

달걀에는 인과 황이 풍부하며, 난황에 포함된 철은 흡수율이 높다. 그 밖에 나트륨, 마그네슘, 칼슘 등이 포함된다. 특히, 난황의 철은 황화수소(H_2S)와 결합해 녹변(회녹색 변색)을 일으키는 원인이 된다.

6) 색소

신선한 난백은 유백색이며, 난백의 담황색은 비타민 B_2에 의한 것이다. 난황의 색은 오렌지색, 적색, 황색의 카로티노이드계 지용성 색소에 의해 결정되며, 이는 닭의 품종, 영양, 사료에 따라 달라진다.

난황의 색이 진한 것은 황색 색소가 많이 포함되어 있기 때문일 뿐, 색이 진할수록 영양소가 더 풍부한 것은 아니다. 이 밖에도 플라빈(flavin) 등의 다른 색소가 존재한다.

4. 달걀의 조리 특성

달걀은 유동성, 응고성, 기포성, 유화성 등의 특성을 지니며, 이러한 조리 특성 덕분에 다양한 용도로 사용된다. 따라서 영양적 가치는 물론, 식품으로서의 이용 가치도 매우 높다.

이러한 다양한 기능은 실제 조리 과정에서 여러 형태로 활용되며, 그 대표적인 특징을 표 8-3에 정리하였다.

표 8-3 달걀의 조리 특성

조리 특성	역할	대표 음식
유동성	성형제, 희석제	지단, 전, 햄버거 패티, 오믈렛, 에그노그, 커스터드
응고성	청징제(청징에 쓰는 물질)	콘소메, 맑은 육수(장국), 커피
	농후제(음식을 걸쭉하게 함)	커스터드, 푸딩, 알찜, 소스
	결합제(점성과 응고성으로 결찰력 형성)	전, 만두소, 크로켓, 커틀릿, 알쌈
기포성	팽창제(기포 형성)	머랭, 엔젤케이크, 스펀지케이크, 콩포트*, 마시멜로, 튀김
	간섭제(설탕의 결정화 방지)	캔디, 셔벗, 아이스크림
	내열재(높은 온도에서도 형태 유지)	아이스크림 튀김
유화성	유화제(지용성·수용성 용액의 혼합을 도움)	마요네즈, 케이크 반죽
기타	색	지단(흰자, 노른자)
	향기	각종 음식

*콩포트(compote): 익힌 과일에 설탕을 넣어 조린 숙실과로, 위에 휘핑크림이나 거품 낸 난백 등을 토핑하기도 한다.

1) 응고성

달걀의 난백과 난황은 가열, 산, 알칼리, 교반, 염 등의 처리에 의해 유동성을 잃고 응고된다. 응고에 영향을 주는 요인에는 물, 산, 염류, 설탕, 온도 등이 있으며, 달걀의 열응고성(coagulation)은 조리에서 청징제(clarification agent), 농후제(thickening agent), 결합제(cross-linkage agent) 등으로 활용된다.

달걀의 응고성은 부위, 농도, 첨가물 등에 따라 다르다. 난백은 55~57℃에서 응고되기 시작하여 60℃ 전후에서 본격적으로 응고되고, 65℃에서 완전히 응고한다. 난황은 62~65℃에서 응고되기 시작해 70℃에서 완전히 응고한다. 난황을 오래 가열하면 잘 부서지고 푸석한 질감이 된다. 특히, 지단이나 줄알처럼 난황막을 터뜨려 저어 가염하면 난황 입자가 분열되면서 교차결합이 일어나 끈끈하고 고무 같은 조직을 형성한다.

표 8-4에는 달걀의 응고성에 영향을 미치는 주요 요인을 정리하였다.

표 8-4 달걀의 응고성에 영향을 미치는 요인

요인		응고성	응고 온도	특징
물		↓	↑	• 희석으로 인해 단백질 응고가 저해되어 응고물의 질감이 부드러워짐 • 달걀에 물을 넣어 혼합하면 응고성이 감소하므로 응고 온도가 높아짐
산(pH)		↑	↓	• 난백의 알부민은 등전점(pH 4.8)에서 열응고성이 최대가 됨 • 수란을 만들 때 식초를 넣으면 난백이 쉽게 응고됨
소금, 우유		↑	↓	• 양이온 원자가 클수록($Fe^{3+} > Ca^{2+} > Na^{+}$) 생성되는 젤이 단단해짐 • 달걀찜에 소금을 넣으면 상대적으로 낮은 온도에서도 응고가 잘 일어남
설탕		↓	↑	• 설탕은 단백질을 연화시켜 응고물이 더 부드럽고 연하게 됨 • 커스터드 제조 시 설탕을 30% 이상 넣으면 젤(gel) 형성이 약해짐
온도	고온	↑	↑	• 가열하면 응고물이 단단하고 질기며 수축이 심함
	저온	↓	↓	• 가열하면 질감이 부드러워지므로 낮은 온도에서 서서히 가열하는 것이 좋음

조리 Tip | 달걀을 부드럽게 익히는 법

달걀은 100℃ 이상의 높은 온도에서 오래 가열하면 단단하게 수축해 질감이 거칠어지고, 낮은 온도에서 천천히 익히면 부드럽고 연한 식감을 얻을 수 있다. 특히, 국물 요리에 달걀을 풀어 넣을 때는 오래 끓일수록 국물이 탁해지고 달걀이 질겨지므로, 조리 마지막 단계에 짧게 익혀 부드러움을 살리는 것이 좋다.

2) 기포성

(1) 기포성의 개념과 구성 요소

달걀의 기포성(foaming)은 난백에서 나타나는 성질로, 난백을 계속 저어주면 오보글로불린, 오보뮤신 등 단백질막이 유입된 공기를 둘러싸면서 거품이 형성된다. 단백질 용액에서 표면장력이 낮고 점도와 증기압이 낮을수록 안정된 기포가 형성된다.

이때 생성된 거품은 팽창제로 작용하여 음식을 팽창시켜 가벼운 조직감을 주며, 큰 결정이 형성되는 것을 방지한다. 기포성은 거품이 쉽게 생기는 정도인 기포 형성력과, 거품이 액체로 돌아가지 않고 유지되는 기포 안정성으로 나뉘며, 두 요소가 모두 충족되어야 우수한 기포성을 가진다고 할 수 있다.

(2) 기포성에 영향을 미치는 주요 요인

달걀의 기포성은 신선도, 난백의 상태, 교반 도구, 온도, 첨가물 등에 의해 영향을 받는다. 이들 요인의 영향을 표 8-5에 정리하였다.

표 8-5 달걀의 기포성에 영향을 미치는 요인

요인	기포성	안정성	특징
신선도	저장란	신선란	신선란은 농후난백이 많아 점성이 높고, 기포성은 낮음
난백	수양난백	농후난백	수양난백은 거품이 쉽게 형성되며, 농후난백은 거품의 안정성이 높음
거품기	↑	↑	거품기 날이 가늘수록 기포 형성 증가
저장 온도(30℃)	↑	↓	온도가 높으면 기포성↑·안정성↓, 온도가 낮으면 기포성↓·안정성↑
산(pH)	↑	↑	산(레몬즙, 주석산 등)은 기포성과 안정성을 모두 높임
설탕	↓	↑	거품 형성 후 서서히 첨가하면 안정성 증가
지질, 소금, 우유	↓	↓	기포 형성 저하
물과 기타 액체	↓	↓	기포성과 안정성을 모두 낮춤

① 신선도

신선한 달걀보다 산란 후 1~2주가 지난 달걀이 점성이 낮아 기포성이 좋다. 즉, 농후난백보다 수양난백이 거품 형성에는 유리하나, 거품의 안정성은 농후난백이 더 좋다. 또한 봄, 가을에 산란한 달걀이 여름에 산란한 달걀보다 기포성이 좋고 거품량도 많다.

② 거품기

거품기의 날이 가늘수록 기공이 작아져 미세하고 안정된 기포가 생성된다. 손으로 거품기를 사용할 경우 기포의 크기가 일정하지 않고 묽어지기 쉽다.

전동 비터는 미세하고 안정된 기포를 얻을 수 있지만, 프렌치 머랭을 만들 때 과도하게 빠르게 사용하면 단백질 결합이 파괴되어 기포가 스펀지처럼 구멍이 생기고 꺼질 수 있다.

③ 온도

난백은 약 30℃의 실온에서 기포가 잘 형성되며, 방울이 작아져 품질이 좋아진다. 난백의 온도가 높으면 표면장력이 낮아져 기포 형성력은 좋아지지만 안정성은 떨어지고, 반대로 온도가 낮으면 점성이 높아 기포성은 낮지만 안정성은 증가한다.

안정된 기포를 얻기 위해서는 냉장 보관한 달걀을 전동 비터로 거품내면 안정성이 높아져 쉽게 꺼지지 않는다.

④ 산(pH)

소량의 산(레몬즙, 주석산 등)을 첨가하면 오브알부민이 등전점(pH 4.6~4.8)에 가까워진다. 이로 인해 단백질 변성이 용이해지고 용해도가 감소하여 용액의 점도가 낮아지는데, 이는 교반작용을 원활하게 하여 거품 형성을 촉진하는 결과를 가져온다.

⑤ 설탕과 기타 요소

설탕은 난백의 점도를 높여 기포 형성을 늦추지만, 기포를 부드럽고 섬세하게 만들고 수분을 흡수해 안정된 거품을 형성하도록 돕는다. 설탕은 난백을 먼저 교반해 기본적인 거품을 만든 뒤 서서히 첨가해야 단단하고 광택 있는 안정된 거품을 얻을 수 있다. 기포 안정성을 빠르게 높이려면 입자가 작은 파우더슈거가 효과적이다.

반면, 지질, 우유, 소금은 기포 형성을 방해하며, 물이나 다른 액체를 첨가하면 난백의 점성이 낮아져 거품은 잘 생기지만 구조력이 약해져 안정성이 떨어진다.

더 알아보기 | 난백과 전란의 기포성을 활용한 식품

• 난백의 기포성을 활용한 식품: 머랭, 마시멜로, 엔젤케이크, 레몬파이 등

• 전란의 기포성을 활용한 식품: 카스텔라, 파운드케이크, 스펀지케이크 등

조리 Tip | 알찜의 조리 특성

알찜은 염과 열에 의해 달걀단백질이 응고되는 성질을 활용한 음식으로, 첨가물, 가열 온도, 가열시간 및 방법에 따라 품질이 달라진다.

부드러운 알찜을 만들기 위해서는 너무 높은 온도를 피하고, 중탕이나 찜처럼 완만한 가열법을 이용한다. 또한 설탕처럼 응고를 억제하는 성분을 소량 넣으면 더 부드러운 질감을 얻을 수 있다. 알찜은 가열 변성으로 형성된 비가역성 젤(gel) 식품이다.

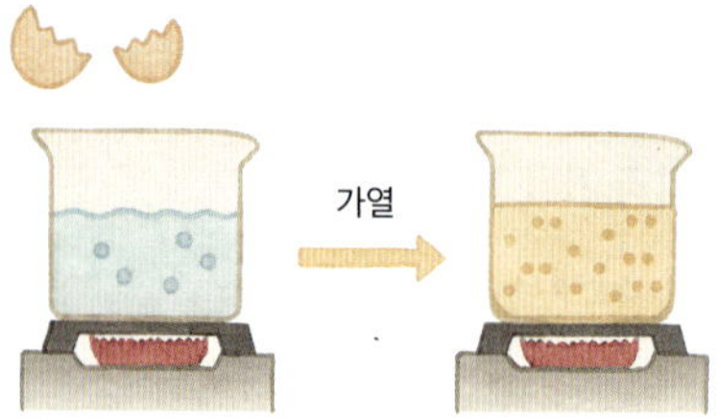

3) 유화성

난황은 유중수적형의 천연 유화식품이며 강력한 유화제이다. 난황의 레시틴은 마요네즈나 케이크 반죽 제조에서 중요한

그림 8-2 난황의 유화성을 활용한 마요네즈

역할을 하며, 슈크림 등에서도 유화제로 작용한다.

밀가루 반죽은 단독으로는 촉촉한 식감을 유지하기 어렵지만, 케이크나 카스텔라 제조 시 난황을 넣으면 레시틴의 유화성, 보수성으로 인해 부드럽고 촉촉한 조직을 유지할 수 있다. 난황은 난백보다 약 4배 높은 유화력을 지닌다.

4) 변색

달걀을 장시간 가열하면 난황 둘레가 암녹색으로 변색될 수 있다. 이는 난백에서 생성된 황화수소(H_2S)가 난황의 철(Fe)과 결합하여 황화 제1철(FeS)을 형성하기 때문이다.

신선도가 낮아 pH가 높은 달걀일수록, 가열 온도와 시간이 증가할수록 황화수소 생성이 많아져 변색이 쉽게 일어난다. 예를 들어, 70℃에서 1시간, 85℃에서 30분 가열하면 변색이 거의 없지만, 100℃에서 15분 이상 가열하면 녹변현상이 발생한다.

더 알아보기 | 삶은 달걀의 녹변 방지

삶은 달걀을 찬물에 바로 담가 식히면 외부 압력이 급격히 낮아져 생성된 황화수소가 껍데기 쪽으로 빠져나가므로 황화 제1철이 거의 형성되지 않는다. 이때 내부 부피도 함께 수축하면서 외부 방향으로의 압력이 증가해 난각막과 껍질이 쉽게 분리되는 효과도 나타난다.

출처: AI 생성 이미지(OpenAI ChatGPT).

5. 달걀의 조리 방법

1) 습열 조리법

(1) 삶은 달걀

삶은 달걀(boiled egg)은 달걀의 열 응고성을 이용한 조리법으로, 난백과 난황의 응고 온도가 서로 다르기 때문에 가열 온도와 시간을 달리하여 조리할 수 있다. 달걀은 충분히 잠길 정도의 찬물에 넣고, 물이 끓기 시작하면 중불로 삶는다. 반숙은 끓기 시작한 후 6~8분, 완숙은 10~12분 정도 가열한다.

난황이 중앙에 오도록 하려면 단백질이 응고되기 전 온도부터 달걀을 굴리며 삶는다. 달걀의 상태에 따른 소화시간은 표 8-6과 같다.

표 8-6 달걀의 상태에 따른 소화시간

상태	소화시간
반숙	1시간 30분
생달걀	2시간 30분
달걀프라이	2시간 45분
완숙	3시간 15분

달걀 삶는 과정에서 껍데기가 깨지는 이유는 달걀이 냄비에 부딪히거나 급격한 온도 변화로 내부 팽창이 일어나기 때문이다. 따라서 삶기 전에 달걀을 실온에 미리 두어 온도 차를 줄이는 것이 좋다. 난백이 흘러나오는 경우에는 물의 1% 정도 소금과 식초를 넣고 불을 약하게 줄여 삶으면 된다.

(2) 수란

수란(poached egg)은 달걀을 깨서 70~85℃의 물에 넣고 난백이 응고될 때까지 약 3~5분 조리한 것이다. 신선한 달걀은 잘 응고되지만, 오래된 달걀은 난백이 수양화되어 물속에 흩어지기 쉽기 때문에 수란을 만들기 어렵다. 소량의 식초와 소금을 넣으면 난백 응고가 잘되지만, 과량을 넣으면 난백의 색이 지나치게 희어지고 거품이 생겨 표면이 매끄럽지 않게 되므로 주의한다.

수란의 조리 방식은 그림 8-3과 같이 문화권에 따라 차이가 있다. 한식에서는 국자에 기름을 바르고 달걀을 담아 중탕하듯 모양을 잡는 방식을 주로 사용하며, 양식에서는 끓는 물에 달걀을 직접 넣어 자연스러운 형태를 만드는 방식을 취한다.

한식 수란　　양식 수란

그림 8-3　수란의 종류

출처: AI 생성 이미지(Gemini).

(3) 달걀찜과 커스터드

달걀찜(steamed egg)과 커스터드(custard)는 달걀의 열응고성을 이용한 대표적인 음식이다. 달걀을 물이나 육수로 희석하는 경우에는 희석액의 종류와 양에 따라 응고력과 응고에 필요한 온도와 시간이 달라진다.

한식 달걀찜은 달걀에 물과 새우젓 등을 넣고 찌며, 일식 달걀찜은 다시마 육수를 섞어 찐다. 커스터드는 달걀(노른자)에 우유, 크림, 바닐라, 설탕을 넣어 중탕 또는 오븐으로 조리한 것이며, 단백질 응고로 인해 질감이 걸쭉해진다.

달걀찜　　커스터드

그림 8-4　달걀찜과 커스터드

출처: AI 생성 이미지(Gemini).

(4) 줄알 치기

줄알 치기(egg streaming)는 국물 요리에 달걀물을 가늘게 풀어 넣는 방식이다. 약 100°C의 끓는 육수에 달걀물을 줄기처럼 길게 흘려 넣어 단백질의 즉각적인 열변성을 유도한다. 이때 전분을 미리 넣어 국물의 점도를 높여두면, 액체의 대류 속도가 느려져 달걀이 바닥으로 가라앉지 않고 표면 근처에서 꽃 모양처럼 몽글몽글하게 응고되어 떠오르게 된다.

2) 건열 조리법

(1) 달걀프라이

달걀프라이(fried egg)는 기름을 두른 팬에서 달걀을 익히는 조리법이다. 기름이 너무 적으면 달걀이 팬에 달라붙고, 많으면 기름기가 과도해진다. 서양 요리에서 분류하는 달걀프라이 종류는 표 8-7과 같다.

표 8-7 달걀프라이의 종류

종류		만드는 법
써니 사이드 업 (sunny side up)		달걀을 뒤집지 않고 조리하여, 윗면의 난황을 거의 익히지 않은 상태
오버 이지 (over easy)		달걀을 뒤집어 윗면을 아주 살짝 익힌 상태 (노른자는 액체 상태 유지)
오버 미디엄 (over medium)		달걀을 뒤집어 노른자의 50% 정도를 반숙으로 익힌 상태
오버 하드 (over hard)		달걀을 뒤집어 노른자까지 전체적으로 완숙으로 익힌 상태

출처: AI 생성 이미지(Gemini).

(2) 스크램블드에그

스크램블드에그(scrambled egg)는 달걀을 풀어 우유나 크림을 섞은 뒤, 버터 또는 기름을 두른 팬에 붓고 저어가며 익히는 조리법이다. 달걀 고유의 색이 곱고 부드럽고 촉촉한 질감을 유지하도록 팬의 온도 조절이 중요하다.

그림 8-5 스크램블드에그

출처: AI 생성 이미지(Gemini).

(3) 오믈렛

오믈렛(omelet)은 풀어 섞은 달걀을 기름 두른 팬에 넣고 처음에는 저어주다가 점차 럭비공 모양으로 형태를 잡는다. 겉은 익고 속은 부드러워야 한다. 달걀만 사용하는 것은 플레인 오믈렛, 여기에 햄·치즈·각종 채소 등을 넣으면 다양한 변형을 만들 수 있다.

그림 8-6 오믈렛

출처: AI 생성 이미지(Gemini).

(4) 구운 달걀

구운 달걀(roasted egg)은 압력솥이나 가마를 이용해 고온·고압 상태에서 장시간 가열하여 제조한다. 가열 과정에서 수분이 증발하며, 흰자의 부피가 줄어들어 조직감이 쫄깃해지는 것이 특징이다. 이때 흰자가 갈색으로 변하는 것은 마이야르 반응에 의한 것이다. 즉, 달걀 내에 존재하는 미량의 포도당(환원당)과 아미노산이 고온에서 장시간 반응하여 멜라노이딘(melanoidin) 색소를 형성하기 때문이다.

이와 같이 달걀은 가열 방식과 온도에 따라 물리적·화학적 특성이 상이하게 나타난다. 두 조리 방식에 따른 달걀의 특성 변화를 비교하면 표 8-8과 같다.

표 8-8 달걀의 습열 조리와 건열 조리 비교

구분	습열 조리(moist heat)	건열 조리(dry heat)
대표 메뉴	삶은 달걀, 수란, 달걀찜, 커스터드	프라이, 스크램블, 오믈렛, 구운 달걀
조리 온도	주로 100℃ 이하	주로 120℃ 이상

(계속)

구분	습열 조리(moist heat)	건열 조리(dry heat)
열전달	대류(물, 수증기)	전도(팬, 기름), 복사/대류(오븐, 공기, 금속판)
화학적 변화	단백질 구조의 풀림과 재결합(변성)	마이야르 반응(갈변, 향미 생성), 수분 증발
질감(texture)	부드럽고 탄력 있는 젤(tender gel) 형성	쫄깃함, 바삭함, 단단한 질감(firm / crispy)
조리 시 유의점	과열 시 질겨지는 이상현상 및 녹변현상(FeS) 발생	과도한 수분 손실에 따른 경화, 탄화(charring)

3) 달걀의 기타 조리

(1) 에그노그

에그노그(eggnog)는 우유와 달걀에 위스키나 럼주 등을 넣어 만든 음료로, 영국에서는 크리스마스와 새해에 마시던 전통 칵테일이다. 얼음을 넣어 차게 마시거나 열을 가해 따뜻하게 마시기도 한다.

미국에서는 달걀, 설탕, 크림, 탈지유, 콘시럽, 향료 등을 혼합한 통조림 제품이 판매되며, 여기에 양주, 계피가루, 크림을 기호에 따라 추가해 마신다.

(2) 수플레

수플레(souffle)는 '부풀다'라는 뜻의 프랑스어로, 거품 낸 난백을 커스터드 크림 또는 다른 재료와 섞어 오븐에 구워 부풀린 요리이다. 꺼내는 순간부터 내부의 뜨거운 공기가 빠져나가기 때문에 즉시 먹는 것이 좋다. 아이스크림이나 소스를 곁들여 먹기도 한다.

(3) 머랭

머랭(meringue)은 난백을 저어 거품을 만든 후 설탕을 넣어 굳은 거품으로 만든 것이다. 부드러운(soft) 머랭과 단단한(hard) 머랭 두 종류가 있다. 부드러운 머랭은 파이나 푸딩에, 단단한 머랭은 바삭한 후식이나 쿠키의 밑받침으로 사용한다.

(4) 피단(송화단)

피단(송화단)은 오리알 또는 달걀을 흙, 재, 소금, 쌀겨 등을 섞어 2개월 이상 삭힌 중국 요리 재료이다. 숙성 과정에서 흰자는 갈색의 젤리 형태로 변하고, 노른자는 암녹색으로 변하며 특유의 향(황화수소, 암모니아)이 생성된다.

이는 가열 과정 없이 단백질이 겔화(gelation)되는 대표적인 사례로, 흰자 표면의 문양이 마치 소나무 위의 눈꽃처럼 보여 '송화단(松花蛋)'이라고도 불린다. 주로 해파리냉채, 겨자소스, 마늘소스 등과 곁들여 섭취하며, 피단은 제조 과정에서 생달걀보다 콜레스테롤 함량이 약 25% 정도 감소하는 특징이 있다.

그림 8-7 기타 달걀 조리

출처: AI 생성 이미지(Gemini).

(5) 마요네즈

마요네즈(mayonnaise)는 난황을 유화제(emulsifier)로 사용하여 식용유(분산상)를 식초(분산매) 속에 미립자 형태로 분산시킨 수중유적형 유화물이다. 이는 가열 과정 없이 난황의 물리적 성질만을 이용한 대표적인 조리법이며, 일반적으로 난황 1개당 약 150~200mL의 기름을 유화시킬 수 있다.

더 알아보기 | 가공지단

살균된 액상란을 원료로 대량 생산한 즉석 지단으로, 냉동·냉장 유통된다. 다양한 요리의 고명이나 오므라이스, 누드김밥 등에 편리하게 사용된다.

출처: AI 생성 이미지(Gemini).

6. 달걀의 평가 및 저장

달걀의 저장 중 품질은 외관과 내용물 상태로 평가하며, 저장기간이 경과함에 따라 여러 변화가 나타난다.

1) 외관상 평가

(1) 무게

달걀은 무게에 따라 표 8-9와 같이 다섯 기준으로 분류되며, 각 등급은 약 8g씩 차이가 난다.

표 8-9 달걀 무게에 따른 분류

규격	XXL(왕란)	XL(특란)	L(대란)	M(중란)	S(소란)
중량	68g 이상	67~60g	59~52g	51~44g	44g 미만

(2) 외관 평가

외관검사 시 난각의 오염 정도, 형태, 조직을 육안으로 검사한다. 껍데기가 너무 매끈한 것보다 약간 까칠한 것이 신선하다. 흔들었을 때 소리가 나면 기실이 커진 오래된 달걀이다.

이러한 외관적 특징은 달걀을 깨뜨렸을 때도 신선도에 따라 뚜렷한 차이를 보이며, 그 구체적인 비교 양상은 그림 8-8에 나타나 있다.

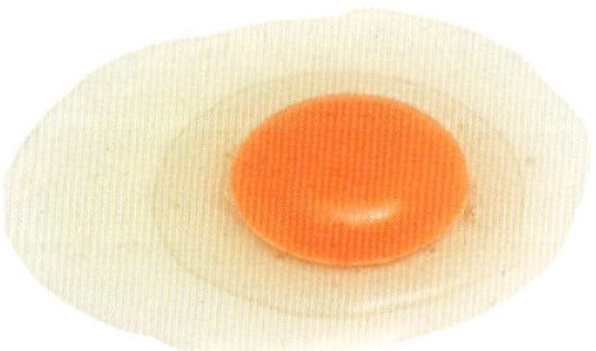

신선한 달걀

오래된 달걀

그림 8-8 신선도에 따른 깨뜨린 달걀의 특징 비교

출처: AI 생성 이미지(OpenAI ChatGPT).

> **더 알아보기** | 달걀 등급판정 기준
>
> 달걀 등급판정은 품질등급과 중량규격의 두 가지 기준으로 나타낸다.
>
> - 달걀 껍데기 표시
>   - 품질등급: 신선도와 내용물 상태에 따라 1^{+}, 1, 2등급으로 구분
>   - 산란일자 표기: 달걀은 산란 후 선별 과정에서 문제 있는 달걀을 골라 제거한 뒤, 세척, 건조, 표면 코팅, 산란일자 인쇄, 자외선 살균 등의 위생 처리를 거쳐 유통된다. 포장용기에는 규격, 품질 등급, 등급 판정일 등을 표시하며, 난각에는 산란일자를 포함한 생산 관련 정보를 표시한다.
>   - 농가고유번호 표시
>   - 사육환경번호(1~4번) 표시
> - 중량규격 표시: XXL, XL, L, M, S의 다섯 단계로 구분
>
> 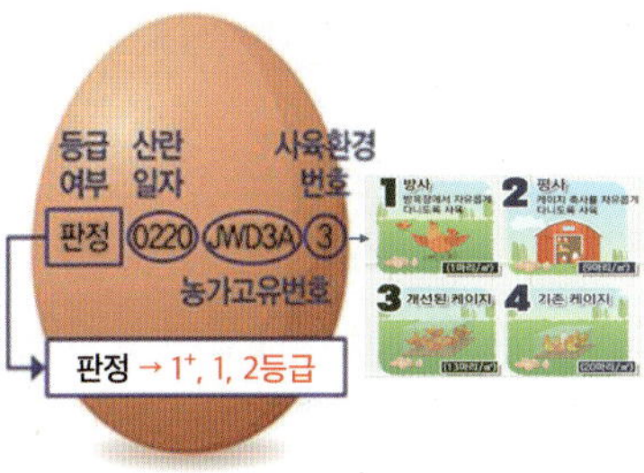
>
>
> 달걀 껍데기 표시
>
> 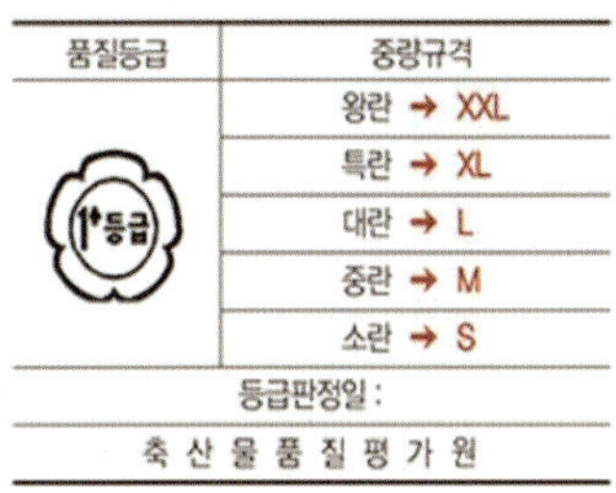
>
>
> 포장지 등급 표시
>
> 출처: 축산물품질평가원.

(3) 투시법

어두운 곳에서 달걀에 빛을 비추어 기실 크기, 난황 위치와 상태, 난백 상태를 관찰하여 신선도를 판정한다.

(4) 비중법

신선한 달걀의 비중은 1.08~1.09이며, 저장기간이 길어질수록 수분이 증발해 비중이 점차 감소한다. 비중이 1.02 이하로 떨어진 달걀은 부패한 것으로 판단한다. 따라서 그림 8-9와 같이 3~4% 식염수에 달걀을 넣으면, 저장기간이 오래된 달걀일수록 위로 떠오르는 것을 관찰할 수 있다.

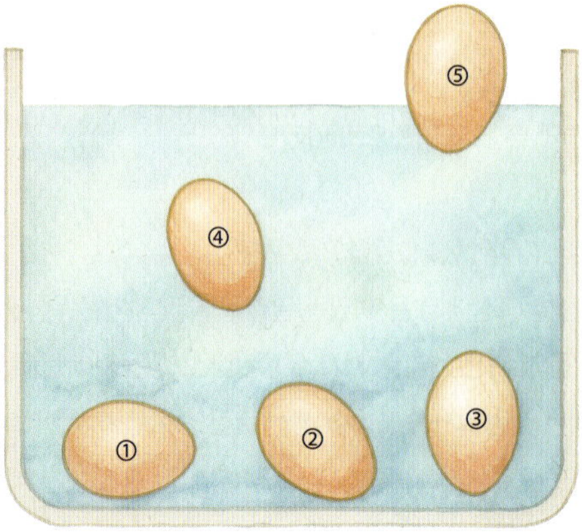

그림 8-9 비중에 따른 달걀의 신선도 판정 방법

2) 내용물에 의한 평가

(1) 난황계수

난황계수는 달걀을 편평한 판 위에 깨뜨렸을 때, 난황의 가장 높은 부분의 높이(b)를 난황의 평균 지름(a)으로 나눈 값이다(그림 8-10).

신선란의 난황계수는 일반적으로 0.34~0.44이며, 값이 클수록 신선도가 높다. 저장기간이 길어질수록 이 값은 감소하며, 0.25 이하가 되면 달걀을 깨뜨렸을 때 난황이 쉽게 터질 수 있는 상태가 된다.

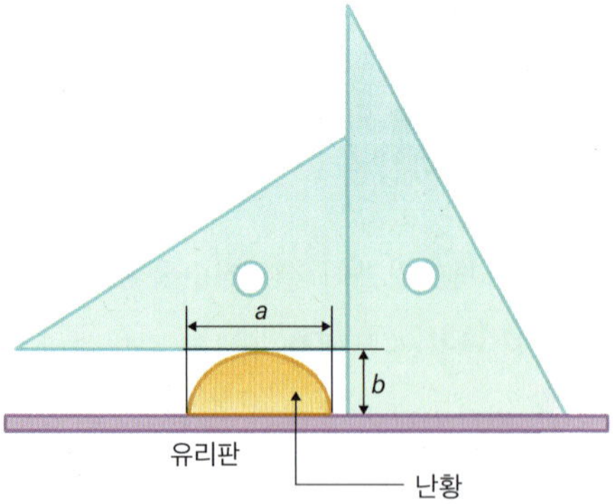

그림 8-10 난황계수 측정 방법

$$난황계수 = \frac{난황의\ 가장\ 높은\ 부분의\ 높이\ b(mm)}{난황의\ 평균\ 지름\ a(mm)}$$

(2) 난백계수

난백계수는 달걀을 편평한 판 위에 깨뜨렸을 때, 난백의 가장 높은 부분의 높이를 난백의 평균 지름으로 나눈 값이다.

신선란의 난백계수는 0.14~0.17이며, 값이 클수록 신선도가 높다. 저장이 진행되면 농후난백이 수양화되면서 난백계수가 감소하여, 오래된 달걀의 경우 0.1 이하가 된다.

$$난백계수 = \frac{난백의\ 가장\ 높은\ 부분의\ 높이(mm)}{난백의\ 평균\ 지름(mm)}$$

(3) 호우단위(HU, Haugh Units)

호우단위는 달걀의 무게와 난백 높이를 이용하여 신선도를 평가하는 방법으로, 국제적으로 가장 널리 사용된다. 신선란의 호우단위는 약 85~90이며, 신선도가 떨어질수록 이 값도 감소한다.

$$호우단위(HU) = 100 \times \log(H - 1.7W^{0.37} + 7.6)$$

여기서, H: 농후난백의 높이(mm)

W: 달걀의 무게(g)

3) 달걀 저장 중 변화 및 저장법

달걀은 구입 당시의 신선도 상태가 가장 중요하므로 이를 직접 확인하는 것이 바람직하다. 산란 후 저장기간이 길어지면 수분 증발, pH 증가, 농후난백의 수양화와 같은 변화가 일어난다. 이러한 신선도 저하에 따른 구체적인 품질 변화 양상은 표 8-10과 같다.

표 8-10 달걀 저장 중 품질 변화

구분	저장 중 변화
난각	• 표면의 큐티클층이 저장기간의 경과에 따라 매끈해짐 • 기공을 통해 수분과 이산화탄소가 증발하면서 비중이 점차 감소
난백	• 농후난백의 수양화 • 농후난백의 점도가 저하되면서 묽어져 난백의 양 감소
난황	• 난황막의 탄력 저하로 납작하게 퍼짐 • 난황계수가 저장기간에 따라 감소
기실	• 점차 커짐
pH	• 난백 pH 7.3~7.5 → pH 9.6 상승, 난황 pH 5.9~6.1 → pH 6.8 정도로 상승 • 저장할수록 이산화탄소가 기공을 통해 증발하면서 pH 증가

(1) 냉장법

달걀을 냉장 온도에서 보관하면 신선도를 유지할 수 있다. 이때 온도의 영향을 최소화하여 난백 알부민의 변성을 최소화하고, 난황에 다량 함유된 지질의 산화를 억제해야 한다. 또한 냉장고에서 꺼낸 후에도 상하기 쉬우므로 사용할 때까지 계속 냉장 온도에서 보관한다.

(2) 냉동법

달걀을 −25~−30℃에서 냉동하면 미생물의 성장을 효과적으로 억제할 수 있다. 냉동 시에는 달걀을 깨뜨려 난백과 난황을 함께 냉동하거나, 각각 분리하여 따로 냉동하기도 한다. 이러한 냉동란은 주로 제과점에서 사용된다.

(3) 건조법

액체란을 건조하여 저장성을 높이는 방법으로, 전란 또는 난백과 난황을 분리한 후 저온에서 살균하고 건조하여 분말 형태로 만든다. 건조란은 보관이 편리하지만, 기능성·맛·향미가 손상되기 쉽고 박테리아 오염 위험이 있어 사용할 때 반드시 완전히 가열해야 한다.

(4) 액체 냉장법

껍데기를 제거한 전란, 난백, 난황을 살균 처리하여 살모넬라균을 파괴한 제품을 냉장 상태로 보관하는 방법이다. 멸균 처리를 하지 않기 때문에 저장기간이 길지 않으며, 보존기간은

2℃에서 약 12일, 9℃에서 약 5일 정도이다.

더 알아보기 | 달걀 보관법

달걀 껍데기는 다공질 구조를 가지고 있으며, 기공은 주로 달걀의 둥근 둔단부에 집중되어 있다. 따라서 보관 시에는 뾰족한 부분을 아래로, 둔단부를 위로 두어야 기공을 통한 호흡과 탄산가스 배출이 원활해져 신선도를 더 잘 유지할 수 있다.

self summary

1. 달걀 구조의 특징

2. 달걀의 영양성분

3. 달걀의 조리 특성

4. 달걀의 평가

5. 달걀의 저장

학습 마무리 문제

1 난백의 단백질 성분에 대한 설명으로 옳은 것은?

① 난백의 주요 단백질은 카제인이다.
② 라이소자임은 점성을 가진 인단백질이다.
③ 아비딘은 당단백질로 비오틴의 이용을 도와준다.
④ 오보뮤신은 난백의 거품에 역할을 하는 인단백질이다.
⑤ 오보뮤코이드는 트립신의 작용을 저해하는 당단백질이다.

정답 ⑤
해설 난백의 단백질 성분

- 오브알부민: 난백의 주요 단백질
- 라이소자임: 용균작용, 글로불린 단백질
- 아비딘: 비오틴 흡수 억제
- 오보뮤신: 난백의 기포를 안정화시키는 당단백질
- 오보뮤코이드: 트립신작용을 저해하는 당단백질
- 오보글로불린: 기포 형성에 관여하는 단백질

2 달걀을 오랫동안 삶았을 때 난황 표면의 녹변 물질은?

① 라이신 ② 황화 제1철 ③ 오보뮤신
④ 아비딘 ⑤ 시니그린

정답 ②
해설 달걀을 오래 삶을 때 난백의 황과 난황의 철이 결합해 황화 제1철(FeS)이 생기며, 이것이 난황을 녹변시킨다.

3 난백의 기포성에 대한 설명으로 옳은 것은?

① 소량의 중조는 기포성을 좋게 한다.
② 설탕의 첨가는 기포성을 좋게 한다.
③ 30℃ 정도의 실온에서 가장 잘 일어난다.
④ 소량의 기름을 넣으면 기포 형성이 잘된다.
⑤ 수양난백이 농후난백보다 기포성이 나쁘다.

정답 ③
해설 난백의 기포성에 영향을 미치는 요인

- 설탕: 첨가량이 증가하면 기포성은 감소하나, 기포 형성 후 첨가하면 기포 안정성은 증가된다.
- pH: 소량의 산을 첨가하면 등전점인 pH 4.8에 가까워져 기포성이 좋아진다.
- 지방: 소량의 기름이라도 첨가되면 기포성이 방해된다.
- 우유: 소량의 우유를 첨가해도 기포 형성이 저하된다.
- 온도: 난백은 30℃에서 기포성과 안정성이 가장 적절하다.
- 난백의 종류: 수양난백이 농후난백보다 기포성이 좋으며, 기포의 안정도는 농후난백이 더 좋다. 오래된 달걀은 수양난백 비율이 높아 기포성이 좋다.
- 교반기의 종류: 전동교반기는 회전 속도가 빨라 기포성이 좋으며, 칼날이 얇을수록 기포성이 증가한다.

4 달걀의 신선도가 저하되면 나타나는 현상은?

① 껍데기가 거칠어진다.
② 농후난백이 증가한다.
③ 난황계수가 증가한다.
④ 난백의 pH가 상승한다.
⑤ 10% 식염수에 가라앉는다.

정답 ④
해설 달걀은 저장기간이 길어질수록 내부 수분이 증발하고 이산화탄소가 빠져나가 난백의 pH가 알칼리성으로 상승한다. 이와 함께 농후난백과 난황계수는 감소하고, 밀도가 낮아져 소금물에 뜨게 된다.

5 마요네즈를 만들 때 달걀의 주된 역할은?

① 유화제 ② 응고제 ③ 결합제
④ 청징제 ⑤ 농후제

정답 ①
해설 마요네즈는 달걀노른자에 들어 있는 레시틴(인지질)의 유화작용을 이용해 기름과 물이 잘 섞이도록 만든 식품이다.

학습목표

- 우유의 주요 성분과 그 영양적 의미를 이해하고 설명할 수 있다.
- 우유 조리 과정에서 가열, 산, 효소, 염류 등에 의해 유도되는 변화와 특성을 설명할 수 있다.
- 우유의 가공원리를 이해하고 다양한 유제품의 종류와 특징을 설명할 수 있다.

CHAPTER

9

우유 및 유제품

식용으로 사용하는 동물의 젖에는 우유, 산양유, 양유, 낙타유 등이 있으며, 이 중 가장 많이 이용되는 것은 우유이다. 우유는 『삼국유사』에도 기록될 만큼 역사가 깊다. 우리나라에서 우유가 보편화된 것은 1902년 프랑스인 쇼트가 홀스타인 젖소를 들여오면서 대중화되기 시작했으며, 1970년대부터 우유의 생산과 소비가 본격적으로 증가하였다.

1. 우유의 성분

우유의 성분은 소의 품종, 연령, 건강 상태, 분만 횟수, 사료, 계절, 착유 시기와 방법 등에 따라 차이가 있다.

우유(whole milk)의 성분은 그림 9-1과 같이 수분과 총고형분으로 구분되며, 총고형분은 크림(cream)과 탈지유(skim milk)로 나뉜다. 탈지유는 산을 첨가하면 응고되는 커드(curd)와 응고되지 않은 유청(whey)으로 분리된다.

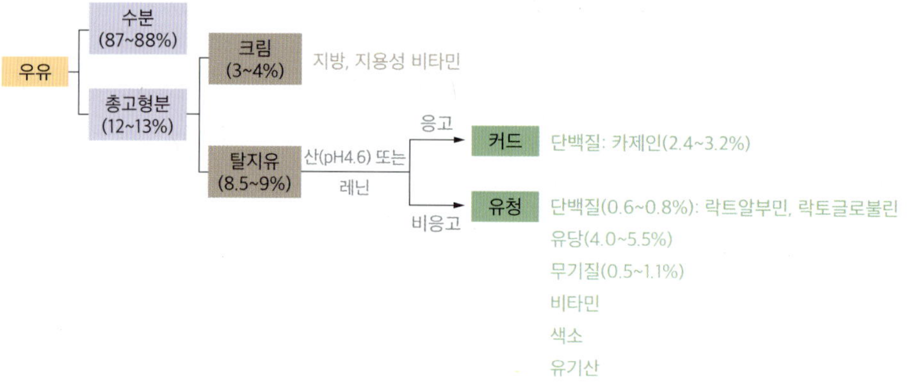

그림 9-1 우유의 성분

우유의 주요 성분은 수분 87~88%, 단백질 3~4%, 지질 3~4%, 탄수화물 4.0~5.5%, 무기질 0.5~1.0%이며, 비타민, 유기산, 풍미성분 등을 포함한다. 반면, 식이섬유, 철, 비타민 C·E·K는 부족하다. 우유 및 유제품의 영양성분은 표 9-1과 같다.

표 9-1 우유 및 유제품의 영양성분 (가식부 100g당)

구분	에너지 (kcal)	수분 (g)	단백질 (g)	지방 (g)	회분 (g)	탄수화물 (g)	총당류 (g)	총 식이섬유 (g)
우유	67	87.6	3.09	3.85	0.65	4.86	4.81	0
우유, 저지방우유	46	89.7	3.25	1.44	0.65	4.96	4.93	0
우유, 유당분해우유	66	87.8	3.05	3.86	0.62	4.73	3.99	0
우유, 강화우유, 고칼슘	63	86.8	2.98	2.77	0.92	6.53	3.85	0
우유, 가공우유, 바나나맛	90	80.6	2.63	3.02	0.62	13.13	9.18	0
연유, 점성이 높은 것	367	16.3	7.76	7.84	1.8	66.31	51.88	0
연유, 점성이 낮은 것	126	74.5	5.56	5.73	1.09	13.1	5.05	0
분유	498	2.2	13.98	23.93	3.27	56.6	47.28	0
분유, 탈지	358	4.3	33.88	0.97	7.69	53.16	46.17	0
분유, 전지	509	2.7	25.46	27.32	5.45	39.07	38.63	0
요구르트, 액상	65	83.2	1.29	0.02	0.26	15.23	12.49	0.6
요구르트, 호상, 플레인	86	81.8	4.53	3.21	0.77	9.69	8.51	1
크림, 휘핑, 동물성	354	55.7	2.01	35.55	0.27	6.43	0	0
크림, 휘핑, 식물성	268	60	0.11	21.76	0.16	17.96	0	0
버터, 무가염	760	14.3	0.52	81	0.13	4.11	0.66	0
버터, 가염	760	15.3	0.59	82.04	0.62	1.46	0.5	0
치즈, 모차렐라	236	61.4	17.34	16.49	1.59	3.15	1.06	0
치즈, 체다	298	49.3	18.76	21.3	4.47	6.17	0.24	0
치즈, 카망베르	300	51.8	19.8	24.26	3.68	0.46	0.46	0

구분	무기질					비타민					콜레스테롤 (mg)
	칼슘 (mg)	철 (mg)	인 (mg)	칼륨 (mg)	나트륨 (mg)	A (μg)	티아민 (mg)	리보플라빈 (mg)	니아신 (mg)	C (mg)	
우유	118	0.03	104	162	40	55	0.021	0.145	0.301	0.79	10.13
우유, 저지방우유	121	0.03	105	165	40	13	0.017	0.154	0.256	0.27	6.36
우유, 유당분해우유	114	0.03	104	164	39	54	0.021	0.129	0.296	0.78	10.73
우유, 강화우유, 고칼슘	205	1.19	88	144	37	171	0.163	0.134	0.051	0.46	14.61
우유, 가공우유, 바나나맛	89	0.04	72	125	34	52	0.025	0.083	0.083	0	11.91

(계속)

구분	무기질					비타민					콜레스테롤 (mg)
	칼슘 (mg)	철 (mg)	인 (mg)	칼륨 (mg)	나트륨 (mg)	A (μg)	티아민 (mg)	리보플라빈 (mg)	니아신 (mg)	C (mg)	
연유, 점성이 높은 것	273	0	238	366	101	95	0.051	0.453	0.177	2.19	26.95
연유, 점성이 낮은 것	165	0.28	158	226	87	169	0.026	0.317	0.126	0	2.39
분유	680	5.87	405	789	173	526	0.636	0.666	5.971	92.25	55.11
분유, 탈지	1414	0.15	1068	1665	432	0	0.158	1.314	1.266	10.1	26.15
분유, 전지	977	0.13	770	1298	322	419	0.168	1.064	0.913	8.41	83.8
요구르트, 액상	45	0.02	33	60	0.11	0	0.015	0.064	0.02	0.46	0.59
요구르트, 호상, 플레인	136	0.03	105	176	0.5	59	0.021	0.145	0.148	2.56	12.34
크림, 휘핑, 동물성	59	0	57	87	41	245	0.116	0.124	0.516	0.33	106.07
크림, 휘핑, 식물성	2	0	12	31	47	2	0.086	0	0	0	0
버터, 무가염	15	0.03	9	21	13	531	0	0.046	0	0	190
버터, 가염	16	0.03	19	29	360	524	0	0.046	0	0	190
치즈, 모차렐라	365	0.07	273	50	243	137	0.025	0.153	0.241	0	53.86
치즈, 체다	626	0.09	857	62	928	80	0.059	0.17	0.079	0.07	64.62
치즈, 카망베르	388	0.33	347	187	842	241	0.028	0.488	0.63	0	72

출처: 농촌진흥청(2025). 국가표준식품성분 DB 10.3.

1) 단백질

우유에는 약 3~4%의 단백질이 함유되어 있으며, 이 중 76~86%는 카제인(casein), 14~24%는 유청단백질(whey protein)로 구성된다.

(1) 카제인

우유(pH 약 6.6)에 들어 있는 카제인은 칼슘과 인이 결합한 복합체인 칼슘 포스포카제이네이트(calcium phosphocaseinate)로, 안정한 콜로이드성 입자인 마이셀을 이룬다. 카제인은 열에는 안정적이라 응고되지 않지만, 산(pH 4.6), 염, 효소, 페놀화합물 등에 의해 응고된다.

(2) 유청단백질

카제인이 응고된 뒤 유청에 남는 단백질로, α-락트알부민, β-락토글로불린, 혈청 알부민, 면역글로불린 등이 포함된다. 카제인과 달리 산이나 레닌에 의해 응고되지 않으며, 약 65℃ 이상의 열을 받으면 쉽게 변성되어 피막을 형성하거나 바닥에 응고물이 생긴다. 이러한 특성 때문에 치즈나 요구르트 제조에 이용된다.

2) 지질

우유에는 약 3~4%의 지질이 함유되어 있으며, 대부분이 중성지방이고 소량의 인지질, 당지질, 스테롤 등으로 구성되어 있다. 이러한 지질은 우유의 향미와 입안에서의 촉감, 유제품의 안정성에 큰 영향을 미친다.

특히, 융점이 낮은 짧은사슬지방산(탄소수 4~6)과 중간사슬지방산(탄소수 8~12)이 비교적 많이 포함되어 있어 소화·흡수가 잘되고, 우유와 유제품 특유의 풍미 형성에 기여한다. 그러나 라이페이스(lipase)의 작용으로 유리지방산이 생성되면 불쾌한 맛과 냄새(off flavor)가 발생해 품질이 저하될 수 있다. 또한 우유 지질은 고유의 유화 상태로 인해 우유의 맛과 부드러운 질감, 가공 유제품의 안정성에도 중요한 영향을 미친다.

3) 탄수화물

우유에는 4.0~5.5%의 탄수화물이 있으며 대부분 유당(lactose)이다. 유당은 용해도가 낮아 쉽게 결정화하여 모래알 같은 질감을 유발할 수 있는데, 아이스크림, 가당연유 제조나 분유 저장 시 문제가 된다. 유당은 장내 유산균 증식과 칼슘 흡수를 돕는다.

4) 비타민

우유에는 비타민 A, 비타민 B_2, 니아신 등의 비타민이 다량 함유되어 있으나, 비타민 C·E·K의 함량은 상대적으로 부족하다. 특히, 비타민 B_2는 열에 비교적 안정하지만 빛에 민감하여 쉽게 파괴되므로, 저장에 주의가 필요하다.

5) 무기질

우유는 칼슘과 인의 우수한 급원이며, 마그네슘, 칼륨, 나트륨도 풍부하다. 반면, 철과 구리는 부족한 편이다. 무기질은 일부가 진용액 상태로 존재하고 일부는 단백질과 결합해 지방구에 흡착되며, 유제품의 응고나 크림의 분산성*에 영향을 미친다.

* 분산성: 지방 입자가 물속에서 얼마나 잘 흩어져 있는지를 의미한다. 분산성이 좋으면 크림이 균일한 상태를 유지하지만, 분산성이 낮으면 크리밍 현상이 발생하여 지방이 분리된다.

6) 색소

우유의 유백색은 카제인과 인산칼슘이 콜로이드 용액 형태로 분산되어 빛을 반사함으로써 나타난 것이다. 유지방에는 카로티노이드 색소와 비타민 B_2가 포함되어 버터와 치즈의 색에 영향을 준다. 지방을 제거한 무지방우유에는 이 황색이 거의 나타나지 않는다.

7) 향미성분

우유에는 아세톤(acetone), 아세트알데히드(acetaldehyde), 디메틸설파이드(dimethyl sulfide), 짧은사슬지방산 등 다양한 저분자 화합물이 포함되어 신선한 향을 낸다. 또한 유당이 있어 약한 감미를 가진다.

2. 우유의 조리 특성

우유는 음료 외에도 다양한 음식 조리에 이용된다. 약 80% 이상의 수분과 고형분 덕분에 다른 재료와 잘 혼합되며, 음식에 매끄러운 질감과 부드러운 맛과 향을 더한다. 그러나 조리 과정에서 단백질, 색, 향미 등이 변할 수 있다. 또한 생선, 생간 등의 비린내를 흡착하므로 조리 전 우유에 담가두면 비린내를 줄일 수 있다.

1) 가열에 의한 변화

(1) 단백질 응고

카제인은 100℃에서 12시간 가열해야 응고되므로 일반 조리 온도에서는 변화가 거의 없다. 유청단백질인 락트알부민과 락토글로불린은 63℃ 이상에서 응고되기 시작하여, 온도가 높아지면 락트알부민과 탄산칼슘($CaCO_3$)이 결합한 응고물이 바닥에 침전된다.

(2) 피막 형성

우유를 뚜껑을 열고 40℃ 이상에서 가열하면 표면에 피막이 형성된다. 처음에는 얇아 쉽게 움직이지만, 시간이 지나면 스푼으로 떠낼 수 있을 정도로 두꺼워진다. 피막의 성분은 70% 이상이 지방이고 나머지는 유청단백질이므로, 피막을 제거하면 영양 손실이 발생한다.

피막은 수분 증발을 막아 우유가 끓어 넘치게 하므로, 이를 방지하기 위해서는 가열 중 피막이 생기지 않도록 뚜껑을 덮거나, 계속 저어 주거나, 중탕으로 가열하는 방법을 사용한다.

(3) 갈변반응

우유를 120℃에서 5분 이상 가열하면 수분이 증발해 유당이 농축되면서 캐러멜화가 일어난다. 또한 농축된 우유의 단백질과 유당 사이에서 아미노-카르보닐 반응(amino-carbonyl reaction), 즉 마이야르 반응이 일어나 멜라노이딘(melanoidin)이라는 갈색 물질이 생성된다. 이러한 반응은 가당연유에서 쉽게 일어나며, 우유나 유제품의 갈변은 영양가와 기호성을 낮출 수 있으므로 주의해야 한다.

(4) 향미 변화(가열취)

우유를 75℃ 이상으로 가열하면 익은 냄새(cooked flavor)가 발생한다. 이는 유청단백질인 β-락토글로불린과 지방구 피막 단백질이 열변성되면서 활성화되는 황화수소(SH기) 때문이며, 120℃로 가열하면 마이야르 반응이 일어나 냄새가 서서히 변화한다. 이 과정은 빵이나 쿠키 제조 시 독특한 향미를 증진시키는 데 도움이 된다.

2) 산에 의한 변화

우유에 산을 첨가하면 pH가 낮아져 등전점에 가까워지며, 그 결과 카제인의 콜로이드 상태가 불안정해져 침전이 형성된다. 카제인은 정상 pH 6.6에서 pH 4.4 이하로 내려가면 응고되지만, 유청단백질은 응고되지 않는다.

응고를 일으키는 산으로는 레몬, 식초 그리고 산을 생성하는 유산균 등이 있다. 레몬을 넣어 우유가 응고되는 원리는 치즈 제조에 활용되며, 유산균을 접종하면 유당이 젖산으로 전환된다. 또한 채소나 과일에 들어 있는 유기산도 우유와 함께 조리할 때 카제인의 안정성을 떨어뜨려 응고를 촉진한다.

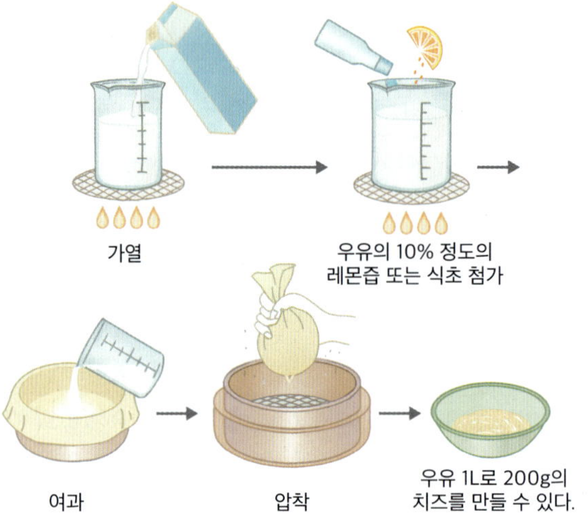

그림 9-2 산을 이용한 코티지치즈 제조 과정

출처: 송태희 외(2020). 이해하기 쉬운 조리과학. 교문사.

더 알아보기 | 산성 재료와 우유 조리 시 응고 방지법

토마토 크림수프 조리 시 우유가 덩어리지지 않게 하려면 밀가루와 화이트소스를 먼저 만든 뒤 토마토를 넣는 방법이 좋다. 이는 밀가루의 전분과 글루텐이 보호막 역할을 하여 카제인의 응고를 억제하기 때문이다. 응고를 방지하려면 토마토 등을 살짝 데쳐 유기산을 휘발시킨 후 사용하거나, 천천히 저어가며 조금씩 넣고, 가열시간을 줄이는 것이 좋다.

3) 레닌에 의한 변화

우유에 레닌을 첨가하면 카제인이 응고하여 커드와 유청으로 분리된다. 산에 의한 응고보다 레닌에 의한 응고가 칼슘이 더 풍부하고 조직감이 거칠다. 코티지치즈는 젖산을 이용해 산도를 높여 레닌작용을 촉진해 만든 것으로, 칼슘이 유청으로 빠져나가지 않아 산으로 침전하여 만든 치즈보다 칼슘 함량이 높다.

4) 페놀화합물에 의한 변화

일부 채소, 과일, 차, 커피에 포함된 페놀화합물(phenol compounds)과 우유가 혼합되면 응고가 일어날 수 있고, 채소에 우유를 첨가하면 응고물이 생기기도 한다.

5) 염류에 의한 변화

소금은 카제인을 응고시키며, 고온에서 더 촉진된다. 염분이 많은 햄과 우유를 함께 가열해도 응고가 발생한다. 우유단백질의 종류에 따른 응고 영향은 표 9-2와 같다.

표 9-2 요인에 따른 우유단백질의 응고성

요인	락트알부민, 락토글로불린	카제인
열	응고됨	일반적인 가열에 응고되지 않음 (100℃ 12시간, 135℃ 1시간, 155℃ 3분 가열 시 응고)
산	응고되지 않음	응고됨(칼슘 분리)
레닌	응고되지 않음	응고됨(칼슘 비분리)
페놀화합물	응고되지 않음	응고됨
염류	응고됨	응고됨

출처: 주나미 외(2020). 이해하기 쉬운 조리원리 및 실험. 파워북.

조리 Tip 간전·생선전의 비린내 억제 방법

간이나 생선을 조리 전 약 30분간 우유에 담갔다가 채반에서 물기를 제거한 뒤 전을 지지면, 우유가 냄새 성분을 흡착해 비린내가 줄어든다.

3. 우유의 가공

일반적으로 목장에서 짜서 살균되지 않은 상태의 우유를 생유(raw milk) 또는 원유라고 하며, 이 생유를 「축산물 가공처리법」에 따라 살균 또는 멸균 처리한 것을 시유(market milk)라고 한다. 우유의 가공 과정은 그림 9-3과 같다.

그림 9-3 우유의 가공 과정

1) 균질화

생우유를 그대로 두면 밀도 차이로 지방구가 위로 떠올라 크림층을 형성한다. 이를 방지하기 위해 우유에 압력을 가하여 작은 구멍을 통과시키면서 지방구를 미세한 입자(약 1μm)로 분산시키는 과정을 균질화(homogenization)라고 한다.

균질화는 그림 9-4와 같이 지방구를 원래 지름의 약 1/6 수준으로 세분화하여 큰 지방구가 모여 크림층을 형성하는 것을 방지한다.

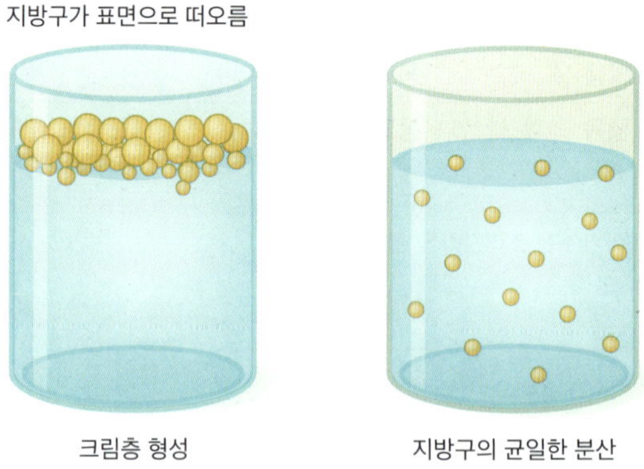

그림 9-4 우유의 균질화 효과

출처: 이경애 외(2023). 이해하기 쉬운 조리원리. 파워북.

균질화 과정을 거친 우유는 촉감이 부드럽고 고소하며 성분이 균일해져 소화·흡수가 잘 된다. 그러나 균질화된 우유는 지방구의 표면적이 증가하여 산패되기 쉬우나, 살균 과정에서 라이페이스(lipase)가 불활성화된다.

2) 살균과 멸균

원유는 박테리아, 효모, 곰팡이 등 미생물이 번식하기 쉬우므로 반드시 살균 또는 멸균 후 섭취해야 한다. 각 방법의 조건과 특징은 표 9-3과 같다.

표 9-3 우유의 살균·멸균 방법

종류	조건		특징
	온도(℃)	가열시간	
저온 장시간 살균법 (LTLT, Low Temperature Long Time pasteurization)	62~65	30분	• 병원성 미생물과 90% 이상의 세균은 사멸하나, 비병원성 세균은 일부 남음 • 시간이 오래 걸리나, 색·풍미·영양성분의 변화가 가장 적음
고온 단시간 살균법 (HTST, High Temperature Short Time pasteurization)	72~75	15~20초	• 저온 장시간 살균법보다 세균 오염이 적고, 내열성 균도 거의 사멸됨 • 한 번에 많은 양을 처리할 수 있음
초고온 순간 살균법 (UHT, Ultra High Temperature pasteurization)	135~150	2~3초	• 살균효과를 극대화한 방법으로, 대부분의 미생물 포자까지 파괴 • 국내에서 가장 많이 이용하는 방법이나, 휘발성분이 날아가 풍미가 감소함
초고온 순간 멸균법 (Ultra High Temperature sterilization)	135~150	2~5초	• 모든 미생물이 완전히 멸균됨 • 초고온 순간 멸균 후 특수 포장용기에 무균 진공 포장하므로 상온에서 보관 가능함

더 알아보기 ESL(Extended Shelf Life) 시스템

원유의 미생물을 사멸시키고 유해효소를 불활성화하며, 제조·유통 과정에서 발생할 수 있는 2차 오염을 차단하여 제품의 유통기한을 연장하는 무균화 공정 시스템이다. 이 시스템은 우유의 신선도와 영양을 최대한 보존하면서 장기간 보관을 가능하게 한다.

4. 우유 및 유제품

「축산물 위생관리법」에 따른 원유를 주원료로 가공한 우유, 가공유, 산양유, 발효유, 버터, 농축유, 유크림, 버터류, 치즈, 분유, 유청, 유당, 유단백가수분해식품, 유함유가공품을 말한다. 다만, 커피 고형분이 0.5% 이상 함유된 음용 목적의 제품은 제외한다.

우유 및 유제품은『식품공전(2024)』을 기준으로 다음과 같이 정리한다.

1) 우유

원유(100%)를 살균 또는 멸균 처리한 것(원유의 유지방분을 부분 제거한 것 포함)이거나 유지방 성분을 조정한 것 또는 유가공품으로 원유 성분과 유사하게 환원한 것을 말한다. 지방 함량 조정 여부와 가공·처리 방식에 따라 분류한 우유의 종류와 주요 특성은 표 9-4와 같다.

표 9-4 우유의 종류 및 특성

종류	특성
우유	원유를 살균 또는 멸균 처리한 것(지방 함량이 3% 이상)
저지방우유	지방 함량이 2% 이하인 우유
무지방우유	지방을 거의 제거한 우유로 지방 함량이 0.5% 이하인 우유
멸균우유	우유를 초고온 살균한 뒤 특수 포장용기에 무균 상태로 포장하여 상온에서 저장 가능한 우유
환원우유	전지분유, 탈지분유를 물에 용해시켜 버터나 크림 등을 첨가 후, 색소·향료 등을 균질화 및 살균 또는 멸균 처리하여 만든 것. 바나나맛 우유, 커피 우유 등

2) 가공유

원유 또는 유가공품에 식품 또는 식품첨가물을 가한 액상의 것을 말한다. 다만, 커피 고형분이 0.5% 이상인 제품은 제외한다. 이와 같은 기준에 따라 가공유는 첨가 성분과 제조 목적에 따라 여러 유형으로 구분할 수 있으며, 주요 가공유의 종류와 그 특성은 표 9-5와 같다.

표 9-5 가공유의 종류와 특성

종류	특성
강화우유	우유류에 비타민 또는 무기질을 강화할 목적으로 식품첨가물을 가한 것(우유류 100%. 다만, 식품첨가물 제외)
유산균첨가우유	우유류에 유산균을 첨가한 것(우유류 100%. 다만, 유산균 제외)
유당분해우유	원유의 유당을 분해 또는 제거한 것이나, 이에 비타민·무기질을 강화한 것으로 살균 또는 멸균 처리한 것

3) 농축유

원유 또는 우유를 그대로 농축한 것이거나 원유 또는 우유에 식품 또는 식품첨가물을 가하여 농축한 것을 말한다. 특히, 가당연유는 저장성이 높아 빙수, 소스류, 빙과류 제작에 이용된다. 예를 들어, 겨자소스를 만들 때 매운맛을 부드럽게 하기 위해 흔히 마요네즈를 넣지만, 연유를 사용하면 한층 상큼하고 부드러운 풍미의 소스를 만들 수 있다.

이처럼 농축유는 조리 시 풍미를 돋우거나 저장성을 높이는 용도로 널리 활용되며, 원료의 탈지 여부 및 당류 첨가 상태에 따른 세부 종류는 표 9-6과 같다.

표 9-6 농축유의 종류 및 특성

종류	특성
농축우유	원유를 그대로 농축한 것
탈지농축우유	원유의 유지방분을 0.5% 이하로 조정하여 농축한 것
가당연유	원유에 당류를 가하여 농축한 것
가당탈지연유	원유의 유지방분을 0.5% 이하로 조정한 후 당류를 가하여 농축한 것
가공연유	원유 또는 우유류에 식품 또는 식품첨가물을 가하여 농축한 것

4) 분유

원유 또는 탈지유를 그대로 또는 이에 식품 또는 식품첨가물을 가하여 가공한 분말상의 것을 말한다. 유당은 용해도가 낮아 냉수에 잘 녹지 않으므로 따뜻한 물에 녹여서 사용한다. 분유는 사용 원료, 지방 함량, 당류 및 기타 성분의 첨가 여부에 따라 여러 종류로 구분되며,

각 종류의 주요 특성은 표 9-7과 같다.

표 9-7 분유의 종류 및 특성

종류	특성
전지분유	원유에서 수분을 제거한 것 (저장 중 산패취 발생, 분해 생성물 증가, 용해도 감소 등으로 장기 저장이 어려움)
탈지분유	탈지유(유지방 0.5% 이하)에서 수분을 제거한 것 (저장기간이 길며, 다양한 유가공제품의 원료로 활용)
가당분유	원유에 당류(설탕, 과당, 포도당, 올리고당류)를 가한 것. 원유 100% 기준 (고온 또는 장기 저장 시 마이야르 반응에 의한 갈변 발생)
혼합분유	원유, 전지분유, 탈지유 또는 탈지분유 50% 이상의 것으로 곡분, 곡류가공품, 코코아가공품, 유청, 유청분말 등의 식품 또는 식품첨가물을 첨가하여 가공한 것

5) 크림

원유 또는 유가공품에서 분리한 유지방분이거나, 여기에 식품 또는 식품첨가물을 첨가한 것으로, 원심분리하거나 오래 방치했을 때 윗부분에 모이는 지방층을 말한다. 크림은 원유 또는 우유류에서 분리한 유지방분으로서 유지방분 30% 이상이어야 하며, 가공유크림은 유크림에 식품 또는 식품첨가물을 가하여 제조한 것으로 유지방분 18% 이상(분말제품은 50% 이상)이어야 한다. 크림은 지방 함량이 높을수록 거품 형성이 잘되므로, 냉장고에 2시간 이상 두었다가 휘핑하는 것이 좋다.

아이스크림은 유당이 존재하면 결정이 생겨 텍스처(texture)가 나빠지므로, 유당을 제거한 우유를 많이 사용한다. 또한 아이스크림은 공기가 빠지면 딱딱해지기 때문에 혼입된 공기를 유지하기 위해 젤라틴, 한천, 카라기난 등의 안정제를 첨가한다. 이러한 차이에 따라 크림은 유지방 함량에 따라 구분되며, 각 제품군별 유지방 함량과 그에 따른 주요 용도는 표 9-8과 같다.

표 9-8 유지방 함량별 크림의 종류 및 특성

구분		유지방 함량	용도
크림	하프 앤 하프 크림	10~12%	커피, 차
	커피크림(테이블크림, 라이트크림)	10~30%	커피
	휘핑크림	30~50%	케이크, 과일, 디저트
	플라스틱크림	80% 이상	아이스크림, 갈색 버터
가공크림	사워크림(sour cream)	18% 이상	과일, 치즈, 향신료

6) 버터

원유 또는 유가공품에서 유지방분을 분리하거나 발효시킨 뒤, 그대로 또는 식품이나 식품첨가물을 가하여 교반·연압 등으로 가공한 것을 말한다.

유지방 함량에 따라 일반버터(유지방 80% 이상, 수분 약 15%)와 가공버터(유지방 50% 이상, 식물성 유지 및 각종 첨가물 포함)로, 발효 여부에 따라 발효버터(젖산균 발효)와 천연버터(감성버터)로, 소금 첨가 여부에 따라 가염버터(소금 1~2% 첨가)와 무염버터로 구분된다.

버터는 지방의 산화를 막기 위해 표면에 밀착 포장해야 하며, 흡착성이 강해 냉장고의 냄새를 흡수할 수 있으므로 밀폐 용기에 담아 냉장 보관하여 공기와 광선을 차단하도록 한다.

7) 치즈류

원유 또는 유가공품에 유산균, 응유효소, 유기산 등을 가하여 응고·가열·농축 등의 공정을 거쳐 제조·가공한 자연치즈와, 이를 원료로 하여 가열·유화 과정을 거쳐 제조·가공한 가공치즈(예: 슬라이스 치즈)로 구분하며, 유고형분* 18% 이상인 것을 치즈류로 정의한다.

* 유고형분: 우유에서 수분을 완전히 제거했을 때 남는 모든 성분을 의미하며, 즉 '우유에서 물을 뺀 나머지 전부'를 말한다.

치즈는 단백질, 지질, 무기질, 비타민 등을 풍부하게 함유한 영양 밀도가 높은 식품이다. 또한 변질되기 쉬운 우유의 영양성분을 장기 보존이 가능하도록 가공한 대표적인 저장식품이기도 하다.

자연치즈는 수분 함량에 따라 초경질치즈, 경질치즈, 반경질치즈, 연질치즈 등으로 나뉜다. 보관 시 수분이 증발하면 치즈가 딱딱해져 질감이 떨어지므로, 공기 접촉을 최소화하여 밀봉 보관해야 한다. 자연치즈의 주요 분류와 특성은 표 9-9와 같으며, 치즈의 다양한 종류는 그림 9-5에 나타냈다.

표 9-9 자연치즈의 종류 및 특성

<table>
<tr><th>종류</th><th>수분 함량</th><th colspan="4">숙성 방법</th><th>치즈 종류</th></tr>
<tr><td>초경질치즈</td><td>13~34%</td><td>숙성</td><td colspan="3">세균</td><td>파르메산, 로마노, 사프사고</td></tr>
<tr><td rowspan="3">경질치즈</td><td rowspan="3">35~44%</td><td rowspan="3">숙성</td><td rowspan="3">세균</td><td rowspan="3">기공
(발효가스 구멍)</td><td>큰 것</td><td>에멘탈, 그뤼에르</td></tr>
<tr><td>작은 것</td><td>고다, 에담</td></tr>
<tr><td>없는 것</td><td>체더, 콜비</td></tr>
<tr><td rowspan="2">반경질치즈</td><td rowspan="2">45~54%</td><td rowspan="2">숙성</td><td colspan="3">푸른곰팡이</td><td>로크포르, 스틸턴, 블루, 고르곤졸라</td></tr>
<tr><td colspan="3">세균</td><td>브릭, 뮌스터, 림버거, 하바르티</td></tr>
<tr><td rowspan="3">연질치즈</td><td rowspan="3">55~80%</td><td rowspan="2">숙성</td><td colspan="3">흰곰팡이</td><td>카망베르, 브리, 뉴샤테</td></tr>
<tr><td colspan="3">세균</td><td>락틱, 벨파에제</td></tr>
<tr><td colspan="4">비숙성</td><td>코티지, 모차렐라, 리코타, 요크, 크림, 케임브리지</td></tr>
</table>

그림 9-5 치즈의 종류

8) 발효유

원유 또는 유가공품을 유산균이나 효모로 발효시킨 것이거나, 여기에 식품 또는 식품첨가물을 더한 것을 말한다. 발효유에는 요구르트, 젖산균음료, 발효버터유, 냉동발효유 등과 같은 젖산발효유와, 젖산발효와 효모에 의한 알코올 발효를 통해 제조되는 쿠미스, 케피어 등의 알코올발효유가 있다.

발효유는 젖산균이 유당을 분해해 생성한 젖산에 의해 저장성이 좋을 뿐만 아니라, 향미물질이 형성되어 맛이 우수하고, 정장작용*을 돕는 데에도 효과적인 식품이다.

* 정장작용: 장의 환경을 개선하고 그 기능을 정상적으로 유지·조절하는 모든 작용을 의미한다.

self summary

1. 우유의 성분

2. 우유의 조리 특성

3. 우유의 가공

4. 우유 및 유제품 분류

학습 마무리 문제

1 우유의 성분에 대한 설명으로 옳은 것은?

① 카제인은 산에 의해 응고된다.
② 주 단백질은 지단백질인 락트알부민이다.
③ 우유는 무기질 중 철분의 좋은 공급원이다.
④ 유당은 갈락토오스와 과당이 결합된 형태이다.
⑤ 다른 동물성 지방에 비해 불포화지방산 함량이 많다.

정답 ①

해설 주 단백질은 인단백질인 카제인이며, 우유 지방은 다른 동물성 지방에 비해 불포화지방산 함량이 적다.

2 우유 가열 시 발생하는 영양적 가치 및 풍미 저하의 원인으로 가장 적합한 것은?

① 피막 형성
② 당질 감소
③ 카제인 손실
④ 효소 불활성화
⑤ 비타민 C 손실

정답 ①

해설 우유 가열 시 알부민과 글로불린이 응고하고 여기에 지방이 흡착되어 피막이 형성된다. 또한 CO_2와 O_2가 증발해 맛이 저하된다.
우유를 젓지 않고 끓이면 바닥에 눌어붙는데, 이는 락트알부민 응고에 의한 현상이다. 비타민 B_1은 열에 불안정하나, 비타민 A는 비교적 안정하다.

3 우유에 과당을 넣어 가열할 때 일어나는 갈변 원인은?

① 마이야르 반응
② 캐러멜화 반응
③ 당의 가열·분해 반응
④ 아스코르빈산의 산화작용
⑤ 티로신(tyrosine)에 의한 갈변

정답 ①

해설 가열 시 우유단백질(아미노기)과 당(카르보닐기) 사이에서 마이야르 반응이 일어난다.

4 토마토 크림수프를 만들 때 응고 방지를 위한 방법으로 옳은 것은?

① 덜 익은 토마토를 사용한다.
② 토마토를 우유에 한꺼번에 많이 섞어 사용한다.
③ 토마토를 살짝 데쳐 유기산을 휘발시킨 후 사용한다.
④ 토마토와 우유를 섞은 후 최대한 오래 끓일수록 좋다.
⑤ 토마토와 우유를 섞은 후 식초를 적당히 넣어서 조리하면 좋다.

정답 ③

해설 조리 시 산성 과일에 우유를 더하거나 토마토 크림수프에 우유를 넣으면 우유가 응고되는 것을 볼 수 있다. 이를 방지하려면 토마토 등을 사용할 때 살짝 데쳐 유기산을 일부 휘발시킨 뒤 사용하거나, 우유를 넣을 때 조심스럽게 저어가며 조금씩 첨가하고 가열시간을 가능한 한 짧게 하는 것이 좋다.

5 유제품에 대한 설명으로 옳은 것은?

① 버터는 수중유적형 유화 상태이다.
② 전지분유는 원유에서 지방을 제거하여 분말화한 것이다.
③ 아이스크림 제조 시 유당을 첨가하여 텍스처를 좋게 한다.
④ 크림은 우유를 오래 방치했을 때 위쪽으로 모이는 지방층이다.
⑤ 가당연유는 온도가 높은 곳에 장기간 두어야 갈변이 방지된다.

정답 ④

학습목표

- 두류의 영양적 가치와 주요 성분을 이해하고 설명할 수 있다.
- 두류의 조리 전처리 방법과 조리 특성을 이해하고 실제 조리에 적용할 수 있다.
- 다양한 두류 가공 제품의 제조 원리와 조리법을 설명할 수 있다.

CHAPTER

10

두류 및 두류 제품

두류(豆類, legumes)는 콩과 식물의 씨앗을 의미하며, 전 세계적으로 중요한 식량 자원이자 단백질 공급원으로 활용된다. 대표적인 종류로는 대두, 팥, 강낭콩, 녹두, 완두콩 등이 있으며, 이들은 건조된 형태로 저장 및 유통이 용이하여 예로부터 주식과 부식으로 다양하게 활용되어 왔다.

1. 두류의 성분과 영양

두류는 단백질과 지방을 풍부하게 함유하여 영양학적 가치가 높으며, 특히 대두는 유지(油脂)산업의 핵심 원료로 사용된다. 필수아미노산 조성이 우수하여 곡류에 부족한 라이신을 보완하는 경제적인 단백질 공급원으로 주목받고 있다.

영양성분으로는 복합탄수화물, 식이섬유와 더불어 비타민 B군(티아민, 리보플라빈 등), 무기질(칼슘, 인, 철)을 풍부하게 함유하고 있다. 다만, 두류에는 소화를 방해하는 피틴산이나 트립신 저해제 등이 포함되어 있으므로, 섭취 시에는 불림, 가열 등의 전처리와 조리 과정을 통해 이들 성분을 제거하거나 불활성화하는 것이 필요하다.

두류는 대두·땅콩처럼 단백질과 지방 함량이 높은 종류와, 강낭콩·녹두·동부·완두·팥처럼 탄수화물 함량이 높은 종류로 구분되며, 주요 두류의 성분은 표 10-1과 같다.

표 10-1 두류의 영양성분 (가식부 100g당)

종류	에너지 (kcal)	수분 (g)	단백질 (g)	지방 (g)	탄수화물 (g)	회분 (g)	총식이섬유 (g)
대두 (노란콩)	409	11.2	36.21	14.71	32.99	4.89	25.6
땅콩	520	10.8	25.74	42.57	18.36	2.53	13.4
팥 (적색)	337	14.2	21.59	1.1	59.29	3.77	15.5
녹두	352	9.4	24.51	1.52	60.15	4.42	22.4
완두	354	11.8	25.37	2.61	56.65	3.6	19.8

(계속)

종류	에너지 (kcal)	수분 (g)	단백질 (g)	지방 (g)	탄수화물 (g)	회분 (g)	총식이섬유 (g)
강낭콩	348	12.1	21.01	1.41	61.89	3.58	25.6
동부	343	14.4	19.61	2.1	60.56	3.37	21
병아리콩	377	10.3	17.78	5.67	63.3	2.92	14.5
렌틸콩 (적색)	368	8.8	23.58	1.73	63.68	2.25	12.2
콩나물	43	90.1	4.66	1.19	3.44	0.64	2.2
숙주나물	13	95.6	1.73	0.05	2.34	0.28	1.7

종류	무기질		비타민			
	칼슘 (mg)	철 (mg)	티아민 (mg)	니아신 (mg)	C (mg)	E (mg)
대두 (노란콩)	260	6.66	0.55	1.64	3.27	2.79
땅콩	67	3.07	0.39	10.51	0	11.65
팥 (적색)	71	5.49	0.66	1.70	4.36	0.44
녹두	100	4.11	0.16	1.63	5.29	0.92
완두	113	6.22	0.6	1.75	0.24	1.55
강낭콩	99	6.22	0.33	3.77	0.24	0.35
동부	56	5.15	0.28	3.07	0.56	0.44
병아리콩	130	5.54	0.05	1.42	0	4.62
렌틸콩 (적색)	33	5.72	0.37	1.12	0	0.8
콩나물	41	0.63	0.12	0.718	1.63	0.36
숙주나물	13	0.22	0.07	0.507	7.24	0.03

출처: 농촌진흥청(2025). 국가표준식품성분 DB 10.3.

1) 대두

(1) 대두의 성분

① 단백질

대두(soybean)는 다른 두류에 비해 단백질(약 36%)과 지질(약 15%)이 풍부해 영양가가 높다. 대두단백질의 대부분은 글로불린 계열의 글리시닌(glycinin)이 약 84%, 알부민 계열의 레규멜린(legumelin)이 약 5%를 차지하며, 그 외 프로테오스와 비단백질성 질소화합물이 포함된다.

대두단백질은 필수아미노산 구성이 우수해 생물가가 높고, 특히 곡류에서 부족하기 쉬운 라이신과 류신이 풍부하여 곡류와 함께 섭취하면 아미노산의 질을 향상시키는 데 효과적이다. 이러한 특성 때문에 대두는 식물성 단백질의 주요 공급원으로 널리 활용되고 있다.

② 지방

대두에 함유된 지방을 구성하는 지방산은 리놀레산(C18:2)이 50% 이상, 올레산(C18:1)이 약 25%, 리놀렌산(C18:3)이 약 7%를 차지한다. 전체 지방산의 약 88%가 불포화지방산으로 이루어져 있어 건강에 좋은 식물성 기름으로 평가된다. 그러나 이중결합이 많아 공기와 접촉하면 산화되어 쉽게 변질되므로 보관 시 주의가 필요하다.

또한 레시틴(lecithin)이라는 인지질이 약 0.1~0.2% 함유되어 유화작용에 기여하며, 대두는 식용유 외에도 콩가루, 두부, 두유 등 다양한 가공식품의 원료로 활용된다.

③ 탄수화물

대두의 탄수화물 함량은 약 30%이며 주로 소화되지 않는 다당류이다. 종피에는 펜토산(2.5~4.9%), 갈락탄(1.1~5.6%), 자당(3.3~6.3%) 등이 존재한다.

④ 무기질과 비타민

대두에는 다양한 무기질이 함유되어 있으며, 그중 칼륨 함량이 가장 높다. 칼륨은 체내 나트륨 배출을 도와 혈압 조절에 기여하고, 신경과 근육 기능 유지에도 중요한 역할을 한다. 이 외에도 인, 마그네슘, 칼슘 등 여러 무기질이 풍부하게 들어 있다.

특히, 인은 약 75% 이상이 피틴(phytin) 형태로 존재하는데, 이는 인산과 이노시톨이 결합된 저장 형태의 인이다. 피틴은 식물의 씨앗에 주로 존재하며 항산화 작용이 있으나, 체내에서 칼슘·철·아연 등의 무기질과 결합해 흡수를 방해할 수 있으므로 조리나 발효를 통해 분해하는 것이 바람직하다.

대두에는 비타민 B군, 특히 비타민 B_1(티아민), B_2(리보플라빈), 니아신 등이 곡류보다 풍부하다. 이들 비타민은 에너지 대사에 관여하며, 신경 기능 유지와 피부 건강에 도움이 된다. 그러나 대두에는 비타민 C가 거의 함유되어 있지 않기 때문에 비타민 C가 풍부한 채소나 과일과 함께 섭취하면 영양 균형에 좋다.

⑤ 이소플라본

대두에는 이소플라본(isoflavone)이라는 생리활성 성분이 많이 들어 있다. 이 성분은 장내 미생물의 작용을 통해 여성 호르몬인 에스트로겐과 비슷한 구조와 기능을 가진 물질로 변환된다(그림 10-1). 이렇게 생성된 활성 성분에는 제니스테인(genistein), 다이제인(daidzein), 글리시테인(glycitein) 등이 있으며, 이들을 통틀어 피토에스트로겐(phytoestrogen)이라고 부른다.

피토에스트로겐은 식물에서 유래한 천연 화합물이지만 인체 내에서는 호르몬처럼 작용해 골다공증 예방, 폐경기 증상 완화, 심혈관 건강 유지 등에 도움이 되는 것으로 알려져 있다. 대두 속 이소플라본은 대부분 배당체(glycoside) 형태로 존재하며, 이 중 제니스테인 배당체가 약 50%, 다이제인 배당체가 약 40%를 차지한다. 이러한 성분들은 대두 특유의 떫은 맛이나 쓴맛을 유발하기도 한다.

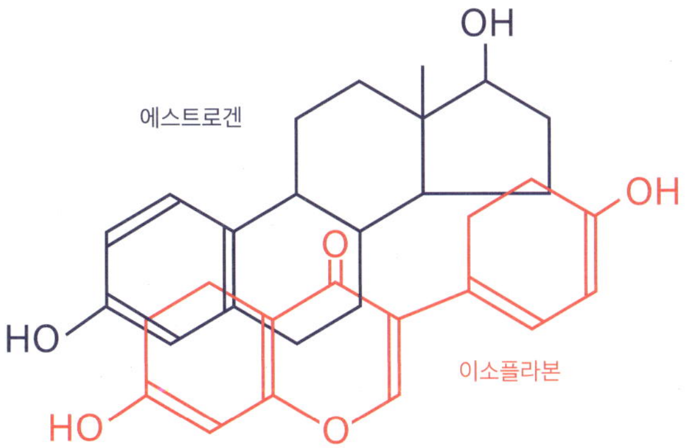

그림 10-1 이소플라본과 에스트로겐의 구조

⑥ 사포닌

사포닌(saponin)은 대두뿐만 아니라 팥에도 약 0.3% 정도 함유되어 있는 성분으로, 독특한 화학적 성질을 가진다. 사포닌은 한쪽 끝은 물에 잘 녹는 수용성, 다른 쪽 끝은 기름에 잘 녹는 지용성 구조를 갖고 있어 유화제 역할을 하며, 거품을 안정시키는 특성이 있다. 대두나 팥을 끓일 때 거품이 많이 생기고 냄비에서 넘치기 쉬운 이유가 바로 이 사포닌 때문이다.

대두의 사포닌은 대부분 껍질에 집중되어 있으며, 세포막을 파괴하는 용혈작용은 거의 없어 독성이 매우 낮다. 다만, 한 번에 과량을 섭취하면 소화기관을 자극해 설사를 유발할 수 있어 주의가 필요하다.

사포닌은 항산화 작용, 면역력 강화 등 긍정적인 생리적 효과가 보고된 성분으로, 적절히 섭취할 경우 건강 증진에 기여할 수 있다.

⑦ 트립신 저해제

생대두에는 트립신 저해제(trypsin inhibitor)라는 성분이 들어 있으며, 이는 단백질을 분해하는 소화효소인 트립신의 작용을 방해한다. 트립신 저해제는 알부민 단백질의 일종으로, 대두를 날로 섭취할 경우 단백질 소화와 흡수가 어려워질 수 있다.

그러나 이 성분은 열에 약해 대두를 삶거나 익히면 대부분 파괴되므로 문제가 되지 않는다. 따라서 대두는 반드시 가열 조리 후 섭취하는 것이 바람직하다.

표 10-2 대두의 주요 성분과 기능

성분	기능
단백질	체내 조직 구성, 성장과 면역력 유지에 필수
지질(레시틴 포함)	두뇌 기능 촉진, 콜레스테롤 개선
식이섬유	장 건강 유지, 변비 예방
이소플라본	항산화 작용, 여성 호르몬 유사 작용으로 폐경기 증상 완화
사포닌	항산화, 콜레스테롤 저하 및 면역 증진
비타민 B군	에너지 대사 촉진, 피로 회복 도움
무기질(칼슘, 철 등)	뼈 건강, 빈혈 예방

(2) 대두의 종류

① 황대두(흰콩, 노란콩)

껍질과 속이 모두 노란색이며 가장 일반적인 콩이다. 수입콩 대부분이 이 종류이며, 크기에 따라 대립(큰 콩)·중립(보통 크기)·소립(작은 콩)으로 나뉜다. 대립콩은 조림용, 중립콩은 된장·두부용, 소립콩은 낫토(발효콩) 등에 주로 사용된다.

그림 10-2 대두

② 흑대두(검은콩)

껍질이 검은색인 콩으로, 일반적인 흰콩과 비슷한 맛과 영양을 갖고 있지만 껍질에 글리시테인(glycitein)이라는 항산화 성분이 있어 건강식으로 주목받고 있다. 대표 품종에는 서리태와 서목태가 있다(그림 10-3).

- **서리태(속청태)**: 껍질은 검지만 속은 푸른색으로, 밥에 넣어 먹으면 고소한 맛이 난다.
- **서목태(쥐눈이콩)**: 작고 까만 콩으로, 한방에서 약콩으로 사용되며 최근에는 건강식으로도 활용된다.

서리태 서목태

그림 10-3 서리태와 서목태

③ 청대두(푸른콩, 청태콩)

껍질과 속살이 모두 푸른빛을 띠는 콩으로, 라이신이라는 필수아미노산이 풍부해 조림, 된장, 두부를 만들 때 활용된다.

서리태와 혼동하기 쉬우나, 서리태는 검은 껍질을 가진 흑대두에 속하고, 청대두는 겉과 속 모두 푸른빛을 띠는 것이 특징이다.

④ 풋콩(에다마메)

풋콩은 완전히 익기 전 수확한 청대두로, 채소처럼 이용한다. 단백질과 비타민 C가 풍부하며, 여름부터 가을까지 계절감을 살릴 수 있는 식재료로 자주 사용된다. 꼬투리째 찐 후 알을 꺼내 먹거나, 소금을 넣고 삶아 샐러드나 밥에 넣어 활용하기도 한다. 가공용으로는 소금조림, 병조림, 냉동식품 형태로 유통된다.

⑤ 콩나물

콩나물은 대두를 발아시켜 얻는 발아식품으로, 발아 과정에서 단백질이 분해되어 소화율·흡수율이 높아지고, 대두에는 거의 없는 비타민 C가 새로 합성되며 비타민 B군과 아스파라긴 등 유효 성분이 증가한다. 칼슘, 인, 철 등의 무기질과 식이섬유도 풍부해 영양학적 가치가 높다.

그림 10-4 콩나물

그러나 수용성 비타민은 장시간 가열 시 손실되므로 짧게 조리하는 것이 바람직하며, 수분 함량이 많아 쉽게 부패하므로 위생 관리와 신선한 상태에서 섭취하는 것이 중요하다.

조리 Tip	**콩나물을 데칠 때 뚜껑을 닫아야 하는 이유**
콩나물 특유의 비린내는 리폭시게네이스(lipoxygenase) 효소가 불포화지방산의 산화에 관여하여 비린내 성분을 형성하기 때문에 발생한다. 뚜껑을 닫으면 산소의 접촉을 감소시키고 조리수의 온도를 빠르게 증가시켜 효소를 불활성화함으로써 비린내를 방지할 수 있다.	

2) 팥

팥(red bean)은 탄수화물이 풍부한 콩류로, 전체 성분 중 약 68%가 전분이며 단백질은 약 21% 정도를 차지한다. 팥의 주요 저장 단백질은 주로 비실린(vicilin)과 레구민

그림 10-5 팥

(legumin) 계열의 글로불린 단백질이다. 지방은 많지 않지만 건강에 유익한 리놀레산을 소량 함유하고 있다.

특히, 비타민 B_1이 풍부해 팥밥은 각기병 예방에 도움이 된다. 또한 식이섬유가 약 4.7% 함유되어 있어 변비 예방에도 좋다. 다만, 팥에는 사포닌이라는 성분이 있어 장을 자극할 수 있으므로 과하게 먹으면 설사를 유발할 수 있다.

팥처럼 전분이 많은 두류는 떡소(앙금)나 고물로 많이 활용된다. 또한 껍질에는 청산배당체라는 성분이 들어 있으며, 팥 앙금은 금속과 반응해 색이 어두워질 수 있으므로 식품 가공 시 용기 재질에 주의해야 한다.

3) 녹두

그림 10-6 녹두

녹두(mung bean)는 인도에서 유래된 두류로, 척박한 땅에서도 잘 자라는 특징이 있다. 주성분은 탄수화물이며 약 62% 정도 함유되어 있다. 전분 외에 펜토산, 덱스트린, 갈락탄, 헤미셀룰로오스와 같은 다당류가 있어 녹두 특유의 끈적한 점성을 만든다.

녹두는 전분이 많아 청포묵, 빈대떡, 떡소, 떡고물로 많이 이용된다. 숙주나물은 녹두를 발아시켜 얻는 발아채소로, 수분 함량이 많고 열량은 낮지만 비타민 C와 식이섬유가 풍부해 해장 음식이나 저열량 식단에 적합하다. 단백질 함량은 높지 않지만 무기질과 아스파라긴산을 함유하고 있어, 피로 회복과 숙취 해소에 도움이 된다고 알려져 있다.

조리 시 장시간 가열하면 비타민 C 손실이 크므로 데치거나 짧게 조리하는 것이 좋으며, 저장성이 낮아 위생 관리가 중요하므로 구입 후 빨리 섭취하는 것이 좋다.

4) 완두

그림 10-7 완두

완두(peas) 역시 탄수화물, 특히 전분이 주성분인 두류로, 전분 중 아밀로오스 함량이 높다. 주요 단백질은 글로불린 계열인 레규민(legumine)이며 주요 지방산은 올레산이다. 완두는 동그란 모양이며 줄기 색은 보통 녹색에서 연노란빛(황록색)을 띤다. 단맛이 가장 강할 때 수확하면 통조림 등의 가공용으로 적합하다.

수확 시기에 따라 청완두(green peas)와 꼬투리완두(풋완두)로 나뉜다. 청완두는 완전히 익기 전의 미숙 완두로 수분과 단맛이 많아 통조림·냉동식품으로 많이 사용된다. 익을수록 전분·식이섬유 등이 많아져 당분은 줄고 조직이 단단해진다. 꼬투리완두는 껍질째 먹으며, 비타민 C 함량이 약 60mg으로 높아 데쳐서 채소로 이용된다.

5) 강낭콩

그림 10-8 강낭콩

강낭콩(kidney bean)은 중남미, 특히 페루가 원산지로 알려진 대표적인 두류로, 종자의 형태가 신장과 유사하여 영어로 'kidney bean'이라고 불린다. 외피 색은 붉은색, 흰색, 검은색, 얼룩무늬 등 다양하며, 특성에 따라 요리·가공 용도로 선택된다. 주된 영양성분은 탄수화물로 전분이 약 63.9%를 차지하고, 단백질은 약 21% 내외이다. 지질 함량은 낮으나 리놀레산·올레산 등 불포화지방산을 함유한다.

강낭콩에는 소화억제 물질인 파이토헤마글루티닌(phytohemagglutinin)이 존재해, 적절히 열처리하지 않을 경우 장관 내에서 독성을 나타낼 수 있으므로 반드시 충분히 가열해야 한다. 미숙한 강낭콩에서는 칼슘과 인의 비율이 비슷하지만, 성숙할수록 인의 함량이 증가해 과잉 섭취 시 칼슘 흡수에 영향을 줄 수 있다.

강낭콩은 밥, 떡소·고물, 양갱·앙금류의 원료로 활용되며, 미국·멕시코 등에서는 칠리빈, 스튜 요리에 널리 쓰인다. 통조림 가공 수요도 높다. 최근에는 항산화 활성을 나타내는 플라보노이드와 페놀성 화합물이 밝혀지면서 기능성 식품 소재로 연구가 진행 중이다.

6) 동부

그림 10-9 동부

동부(cowpea)는 열대 및 아열대 기후에 적응한 대표적인 두류로, 기원에 대해서는 동남아시아, 서남아시아, 중앙아프리카 등 다양한 학설이 있다. 우리나라에서는 주로 여름철 고온기에 재배되며, 생육이 빠르고 병충해에 강해 소규모 재배에도 적합하다.

종자의 외형은 팥과 유사하지만 더 크고 길며, 배유부(눈)가 길게 나타나는 특징이 있다. 색상은 품종에 따라 흰색, 붉은색, 검은색 등 다양하다.

영양적으로는 전분이 주성분이며 단백질과 식이섬유도 일정량 함유되어 있다. 단백질 소화가 잘되는 구조로, 이유식이나 고령자 식단에 적합하다. 전통적으로 밥, 떡소, 한과류 제조에 사용되어 왔으며, 최근에는 '슈퍼푸드'로 주목받으면서 분말 형태로 가공해 다양한 제품에 활용되고 있다.

7) 땅콩

그림 10-10 땅콩

땅콩(peanut)은 '낙화생(落花生)'이라는 이름에서도 알 수 있듯이, 개화 후 씨방이 땅속으로 파고들어 열매를 맺는 독특한 생육 특성을 지닌 두류이다. 일반적인 두류가 지상에서 열매를 맺는 것과 달리, 땅속에서 자라 저장·수확 방식에도 차이를 보인다.

땅콩은 지방이 약 45~50%, 단백질이 약 25% 내외로 고열량 식품이며 탄수화물 함량은 두류 중 가장 낮은 편이다. 주요 지방산은 올레산과 리놀레산으로, 이들의 높은 함량은 심혈관계질환 예방과 항염증 효과에 기여한다. 고올레산 품종은 산화 안정성이 높아 가공·저장에 유리하다.

반면, 땅콩은 대표적 알레르기 유발 식품으로 Ara h1, h2, h3 등의 단백질이 면역반응을 촉진해 아나필락시스를 유발할 수도 있어 섭취에 주의가 필요하다. 최근에는 열처리·발효를 통한 알레르겐 저감 기술 연구가 활발하다.

가공 형태로는 볶음, 조림, 땅콩버터, 땅콩기름 등이 있으며, 특히 땅콩기름은 발연점이 높고 산화 저항성이 뛰어나 튀김용으로 널리 사용된다. 또한 땅콩 껍질에는 폴리페놀 등 항산화 성분이 풍부하여 기능성 식품 소재로 연구되고 있으며, 항염증 및 면역 조절 효과 관련 연구도 증가하고 있다.

8) 렌틸콩

렌틸콩(lentil)은 중동 지역이 원산지인 두류로, 세계에서 가장 오래된 재배 작물 중 하나이다. 납작하고 둥근 형태이며 갈색, 녹색, 주황색 등 다양한 색상이 존재한다. 품종에 따라 조리 시 분해 정도와 풍미가 달라 수프, 카레, 샐러드 등 다양한 용도로 활용된다.

그림 10-11 렌틸콩

단백질 함량은 약 25%로 라이신이 풍부해, 곡류와 함께 섭취할 경우 단백질 보완 효과가 있다. 탄수화물은 주로 전분 형태이며, 식이섬유가 풍부해 장 건강과 혈당 조절에 유익하다. 지질 함량은 매우 낮은 반면, 철, 칼륨, 엽산 등 미량 영양소가 풍부하다.

렌틸콩에는 피트산, 탄닌 등의 영양소 흡수를 방해하는 물질이 있으나, 조리나 발아 과정에서 상당 부분 감소한다. 조리시간이 짧고 불리지 않아도 쉽게 익어 가공성과 산업적 활용성이 높다. 최근에는 글루텐프리 식단의 대체 단백질원으로 주목받으며 건강식품·대체육 소재로 활용 범위가 넓어지고 있다.

9) 병아리콩

병아리콩(chickpea)은 서남아시아·지중해 지역이 원산지인 대표 두류로, 둥글고 표면의 주름이 병아리 부리와 비슷해 이름이 붙었다. 색상에 따라 데시형(desi type, 황갈색)과 카불형(kabuli type, 크림색)으로 나뉘며, 주로 카불형이 통조림·페이스트·샐러드용으로 쓰인다.

그림 10-12 병아리콩

단백질 함량은 약 20%이며, 복합다당류와 식이섬유가 풍부해 혈당지수(GI)가 낮다. 라이신, 엽산, 철, 마그네슘 등 영양소가 풍부하다. 지질 함량은 낮으나, 리놀레산 등 불포화지방산이 주를 이룬다.

병아리콩은 조리 전에 불려야 하며, 가열하면 부드러워지고 고소한 맛이 난다. 항영양소인 피트산과 트립신 저해제가 일부 존재하나, 대부분 조리 과정에서 제거된다. 최근에는 식물성 단백질 공급원으로서 비건 식단용 대체육 소재로 활용도가 증가하고 있다.

2. 두류의 구조와 조리 시 변화

두류는 일반적으로 그림 10-13과 같이 종피, 배아, 자엽으로 이루어져 있으며, 종피는 식이섬유가 많고 단단하여 조리 시 수분 흡수를 방해할 수 있다. 이 때문에 조리 전 불림(soaking) 과정을 거치는 것이 일반적이다. 불림은 두류에 수분을 흡수시켜 조직을 연화시키고 조리시간을 단축시킨다. 일반적으로 20℃ 정도의 물에서 6~8시간 빠르게 수분을 흡수하며, 20시간 정도면 거의 포화 상태에 이른다.

대두는 껍질 전체로 물을 흡수하지만, 팥은 껍질의 일부에서만 흡수해 흡수 속도가 느리다. 끓는 물에 잠깐 데치면 수분 흡수가 빨라지고, 소금이나 소량의 알칼리제(베이킹소다)를 넣으면 껍질이 부드러워져 불림효과가 커진다. 다만, 알칼리제는 과용 시 맛과 영양에 영향을 줄 수 있으므로 주의해야 한다.

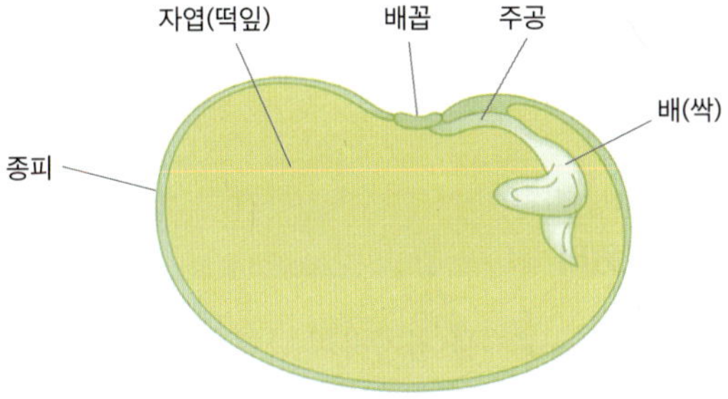

그림 10-13 두류의 구조

3. 두류의 조리 방법

다양한 조리법 중 두류 가공 및 조리에 주로 적용되는 방법별 특징과 예시를 표 10-3에 정리하였다.

표 10-3 두류 조리법의 특징 및 예시

조리 방법	특징	예시
삶기(boiling)	가장 기본적인 조리법, 물을 이용한 완전 가열	콩조림, 삶은 콩
찌기(steaming)	수분 유지, 조직감 보존	팥앙금, 찐 녹두
볶기(dry roasting)	수분 제거, 고소한 맛 강화	볶은 콩, 두유용 볶음콩
분쇄 및 재가공	물리적 변형 후 가공 제품 제작	두유, 두부, 된장

4. 두류 가공식품

두류 중 특히 대두는 우리나라를 포함한 동아시아 식문화에서 매우 중요한 식품 원료이다. 대두는 고단백 식품으로서 그 자체로도 우수하지만, 다양한 가공 과정을 거쳐 더 풍부한 맛과 영양을 갖춘 식품으로 재탄생한다. 대표적인 두류 가공식품으로는 두부, 간장, 된장, 청국장, 고추장이 있다.

1) 두부

(1) 두부의 제조 과정과 응고 원리

두부는 대두에서 추출한 두유에 응고제를 첨가하여 단백질을 응고시키고, 이를 압착해 제조하는 식물성 단백질 식품이다. 고단백·저지방·고칼슘 식품으로 소화흡수율이 높으며, 식물성 에스트로겐인 이소플라본을 함유하고 있어 건강식으로 널리 활용된다.

두부 제조 과정은 '두유 추출 → 응고 → 성형 및 압착'의 세 단계로 구성된다. 먼저, 대두를 깨끗이 세척한 후 약 12시간 물에 불려 연화시키고, 물과 함께 분쇄하여 생두유를 만든다. 이때 발생하는 불용성 섬유질(비지)을 여과해 순수한 두유를 얻는다. 두유는 80~90℃로 가열하여 살균하고, 단백질 변성을 유도해 응고가 잘 이루어지도록 한다.

가열된 두유에 응고제를 첨가하면, 두유 속 주요 단백질인 글리시닌(glycinin)과 레규민(legumin)이 응집하여 젤 상태를 형성하며 두부가 된다. 응고제의 종류는 두부의 질감, 맛, 영양성분에 크게 영향을 미치므로 중요하다.

응고된 두부는 틀에 넣어 압착해 수분을 조절하고 형태를 잡는다. 압착 강도와 시간에 따라 순두부·연두부·단단한 두부 등 다양한 유형으로 나뉜다.

두부는 양질의 단백질뿐만 아니라 칼슘·마그네슘·철 등 무기질을 풍부하게 함유한 저열량·고영양 식품으로, 성인병 예방과 건강한 식생활에 기여하는 중요한 식품 자원으로 평가된다.

표 10-4 두부제품의 종류

종류	특징
동결두부	두부를 동결시켜 해동한 후 탈수·건조한 것
전두부	미세 분말대두를 물에 녹여 100℃에서 5분 이상 가열한 진한 두유에 응고제를 가하여 그대로 응고·성형한 것
보통 두부	단단하고 탄력성이 있으며 다소 거친 조직
연두부	조직이 균일하고 표면이 매끄러운 부드러운 두부
순두부	조직이 매우 연하여 일정한 형태를 갖기 어려움
두부면	두부를 얇게 압착한 후 절단해 국수 모양으로 만든 제품

(2) 두부의 주요 응고제와 특성

① 염화마그네슘($MgCl_2$)

바닷물에서 얻은 간수의 주성분으로, 순도 99% 이상의 정제간수가 주로 사용된다. 응고 속도가 빠르고 부드럽고 촉촉한 두부를 만들 수 있어 연두부·순두부에 적합하다. 감칠맛이 뛰어나고 입안에서 부드럽게 녹는 식감을 제공한다.

② 황산칼슘($CaSO_4$)

전통적으로 널리 사용되는 응고제로, 단단한 조직감을 가진 두부를 만드는 데 적합하다. 칼슘 보충 효과가 우수하며, 부침용·조림용 두부 제조에 적절하다.

③ 염화칼슘($CaCl_2$)

황산칼슘보다 응고 속도가 빠르고 효율이 높아 산업적으로 널리 활용된다. 조직감은 단단하지만 다소 거칠 수 있으며, 미량 사용 시 칼슘 강화에 유리하다. 일부 상업적 두부 제조에서는 대량생산의 안정성을 확보하기 위해 활용된다.

④ 글루코노델타락톤(GDL, Glucono-δ-lactone)

물에 녹아 서서히 글루콘산을 생성해 응고시키는 산 응고제이다. 응고 속도가 느려 매끄럽고 부드러운 질감을 형성하며, 담백한 맛의 순두부나 디저트형 두부 제조에 주로 사용된다.

2) 간장

간장은 대두와 밀을 원료로 누룩균(*Aspergillus oryzae* 등)을 이용해 장기간 발효·숙성시켜 만드는 조미료이다. 제조 과정은 '메주 띄우기 → 소금물 담그기 → 숙성' 단계로 이어진다. 발효 과정에서 미생물은 단백질을 분해해 글루탐산 등 다양한 아미노산을 생성하며, 이 성분들이 감칠맛과 향미를 형성한다. 발효가 끝나면 장을 압착·여과하여 액상을 분리하고, 이를 살균한 뒤 병입한다.

간장은 발효로 생성된 풍미성분 덕분에 음식에 깊은 맛을 더하며, 저장성과 기능성이 뛰어나 한국 식문화에서 중요한 조미료로 사용된다. 총질소함량(TN, Total Nitrogen)은 간장 내 아미노산 함량을 나타내는 지표로, TN이 높을수록 맛이 깊고 풍부하다. 양조간장과 산분해간장을 혼합할 경우에는 발효로 얻어진 성분이 많은 양조간장의 비율이 높을수록 품질이 우수하게 평가된다.

간장은 제조 방법, 숙성 기간, 원료에 따라 다양한 종류로 구분되며, 각 유형은 맛과 향, 색, 용도가 뚜렷하게 다르다. 이러한 간장의 분류와 특징은 표 10-5와 같다.

표 10-5 간장의 종류별 특징 비교

분류	종류	특징
제조 방법	한식간장	주원료인 메주에 식염수를 섞어 발효·숙성한 후 여액을 가공한 것
	양조간장	• 대두·탈지대두·곡류에 누룩균을 배양하여 발효·숙성 후 여액을 가공한 것 • 자연 숙성을 통해 풍미가 뛰어나 드레싱, 생선회, 초밥 등에 적합함
	산분해간장	단백질 원료를 산으로 가수분해한 후 여액을 가공한 것
	효소분해간장	단백질 원료를 효소로 가수분해한 후 여액을 가공한 것
	혼합간장	한식 또는 양조간장에 산분해간장·효소분해간장을 혼합하여 가공한 것
농도	국간장(청장)	1~2년 숙성된 간장으로 색이 연하고 향이 구수해 국·전골·나물무침 요리에 적합
	중간장	3~4년 숙성된 간장으로 찌개·나물무침 등에 사용

(계속)

분류	종류	특징
농도	진간장	5년 이상 숙성된 간장으로 색과 풍미가 진하며 가열해도 맛 변화가 적어 조림·초무침·약식 등에 적합
원료	조선간장	콩으로 발효시킨 전통 간장으로, 염도가 높고 색이 맑으며 짠맛이 강함
	일본간장	콩과 전분질을 주원료로 하며, 황국균(*Aspergillus oryzae*)으로 발효
	중국간장	색이 매우 진하고 점도가 있으며 단맛·감칠맛이 강함. 종류로는 생추·노추가 있음
	어간장	생선류를 발효시킨 조미료로, 단백질 분해로 감칠맛 풍부

3) 된장

된장은 대두, 쌀, 보리, 밀 또는 탈지대두 등을 주원료로 하여 누룩균을 배양한 후 식염과 혼합하여 발효·숙성한 식품이다. 또는 메주를 식염수에 담가 발효한 후 여액을 분리하여 가공한 것도 된장으로 분류된다.

발효기간 동안 곰팡이와 박테리아가 단백질과 탄수화물을 분해해 유기산과 아미노산을 생성하며, 특유의 구수하고 짭짤한 풍미가 형성된다. 된장은 찌개, 조림, 양념 등 다양한 음식에 사용되며, 장기간 저장해도 품질 변화가 적다.

이러한 된장은 제조 방식과 숙성 과정에 따라 여러 종류로 나뉘며, 각 유형별 주요 특성은 표 10-6과 같다.

표 10-6 된장의 종류

분류	종류	특성
재래식 된장	막된장(된장)	메주에 소금물을 넣어 발효한 후, 간장을 분리하여 메주로 담근 된장
	토장	메주와 소금물을 혼합하여 간장을 뽑지 않고 발효시킨 된장
개량식 된장		대두, 쌀, 보리, 밀 또는 탈지대두 등을 주원료로 하여 누룩균을 접종·배양한 후, 식염을 혼합하여 발효·숙성시킨 된장
절충식 된장		굵직하게 빻은 메주를 연한 소금물에 풀어 두었다가 간장을 분리한 후, 남은 메주를 다시 섞어 걸쭉하게 숙성시킨 된장

4) 청국장

청국장은 두류를 주원료로 하여 *Bacillus*속 균으로 발효시켜 제조한 것이거나, 이를 고춧가루, 마늘 등으로 조미한 것으로서 페이스트, 환, 분말 등의 형태를 말한다. 주로 대두에 고초균인 *Bacillus subtilis* 균을 접종하여 40~45℃에서 24~48시간 동안 빠르게 발효시킨다. 대두를 삶은 뒤 해당 균을 접종하고 짧은 시간 발효하여, 끈적한 점성과 강한 냄새를 지니는 것이 특징이다.

청국장은 고유의 감칠맛과 향, 끈적이는 점질성 물질로 잘 알려진 전통 발효식품이다. 맛은 주로 글루탐산(glutamic acid)과 일부 유기산에서 비롯되며, 풍부한 감칠맛을 형성한다. 특유의 향은 암모니아계 질소화합물, 테트라메틸 피라진(tetramethyl pyrazine) 등 다양한 휘발성 성분이 어우러져 나타나는 결과로, 이는 청국장의 숙성 상태와 발효균의 활동에 따라 달라질 수 있다.

청국장을 떠올리면 연상되는 끈끈한 실은 글루탐산이 결합된 폴리펩타이드(polypeptide)와 과당이 중합된 프럭탄(fructan)의 혼합물로, 이 물질은 칼슘 흡수를 도와 뼈 건강에 긍정적인 영향을 미칠 수 있는 기능성 성분이다. 또한 청국장은 단백질과 전분을 분해하는 효소를 풍부하게 함유하고 있어 소화를 돕고, 프로바이오틱스 효과를 기대할 수 있어 건강식품으로 인기가 높다. 주로 찌개나 반찬으로 활용된다.

5) 고추장

고추장은 두류 또는 곡류를 주원료로 누룩균을 배양한 후 고춧가루(6% 이상)·식염 등을 넣어 발효·숙성하거나, 숙성 후 고춧가루·식염 등을 더해 제조한다. 콩과 찹쌀·멥쌀·보리 등 곡류를 섞어 고춧가루·소금과 함께 발효시키며, 전분 분해로 단맛이 생성되고 단백질 분해로 감칠맛이 형성된다. 여기에 고춧가루의 캡사이신이 매운맛과 항균작용을 더하고, 효모와 유산균의 발효를 통해 고유한 맛과 향, 풍미가 발달한다.

사용 곡류에 따라 찹쌀고추장, 보리고추장, 멥쌀고추장 등으로 나뉘며, 이 중 찹쌀고추장이 가장 우수한 품질로 평가된다. 또한 제조 방식에 따라 전통적인 재래식 고추장과 코지를 활용한 개량식 고추장으로 구분된다.

재래식 고추장은 콩과 곡류로 만든 메주에 엿기름, 고춧가루, 소금을 섞어 숙성시키는 방식으로 제조된다. 이때 메주는 곰팡이가 과도하게 생기지 않도록 충분히 건조한 후 곱게 빻아 사용한다. 반면, 개량식 고추장은 소맥분에 황국균(*Aspergillus oryzae*)을 접종해 만든 코지를 사용한다는 점에서 재래식 고추장과 차이가 있다.

두류를 원료로 한 가공식품은 사용되는 미생물, 발효 기간, 제조 공정에 따라 특성이 크게 달라진다. 주요 두류 가공식품의 제조 과정은 표 10-7에 정리하였다.

표 10-7 두류 가공식품의 제조 공정 비교

식품명	주원료	주요 공정	발효 미생물	발효기간	특징 및 용도
두부	대두	두유 추출 → 응고 → 압착	–	없음	고단백 응고식품, 반찬·건강식
간장	대두, 밀	누룩 제조 → 혼합 → 발효 → 압착	*Aspergillus* 등 곰팡이	6개월 이상	감칠맛 조미료, 저장성 우수
된장	대두	삶기 → 누룩, 소금 혼합 → 숙성	곰팡이, 박테리아	3~6개월	구수한 맛, 장류 요리 기본
청국장	대두	삶기 → *Bacillus subtilis* 접종 → 발효	*Bacillus subtilis*	1~2일	점성 높고 향 강함, 소화에 도움
고추장	찹쌀, 대두, 고춧가루	찹쌀 찌기 → 혼합 → 숙성	누룩균, 효모 등	3~6개월	매콤달콤한 맛, 양념·소스

6) 미소

미소(miso)는 황국균(*Aspergillus oryzae*)을 접종한 코지(koji)를 이용하여 발효·숙성시킨 일본 전통 된장이다. 한국 된장보다 맛이 부드럽고 짠맛이 적으며, 입자가 미세해 조직감이 부드러운 것이 특징이다. 발효 과정에서 곡물전분은 당류로 분해되고, 콩 단백질은 아미노산으로 분해되어 감칠맛을 형성한다.

미소는 주로 국물 요리에 사용되며, 분말 형태로 가공되어 즉석 미소국 재료로도 널리 활용된다. 원료에 따라 쌀된장(대두와 쌀), 보리된장(대두와 보리), 콩된장(대두)으로 나뉘며, 이들을 혼합한 조합된장도 있다. 발효 조건과 원료에 따라 맛·향·색이 달라지며, 발효 중 생성되는 효소와 유기산은 소화 촉진과 장 건강에 도움을 준다.

7) 낫토

그림 10-14 낫토

낫토(natto)는 삶은 콩에 *Bacillus subtilis natto*를 접종해 약 40℃에서 20시간 이상 발효시켜 만드는 일본의 전통 발효식품이다. 청국장과 유사하지만, 순수 종균을 사용하고 소금을 첨가하지 않아 부패 위험이 높다.

발효 중 생성되는 점질물은 주로 폴리글루탐산(polyglutamic acid)으로, 강한 끈기를 가진 낫토 특유의 점성을 형성한다. 낫토에는 혈전 용해 효소인 낫토키네이스(nattokinase)가 풍부하여 혈액 순환 개선과 심혈관계질환 예방에 효과적인 기능성 식품으로 주목받고 있다. 알칼리성 발효 과정으로 인해 특유의 암모니아 냄새가 나며, 간장과 겨자를 곁들여 밥·국·샐러드 등에 활용된다.

8) 템페

그림 10-15 템페

템페(tempe)는 인도네시아의 전통 발효식품으로, 껍질을 제거한 삶은 콩에 *Rhizopus oligosporus*를 접종해 바나나 잎 등으로 싸서 약 30℃에서 24~48시간 발효시켜 만든다. 발효 중 균사가 성장해 콩이 단단한 덩어리로 결합하며, 표면은 흰색 곰팡이층으로 덮인다.

템페는 조직이 단단하고 고소한 맛이 특징이며, 신선한 제품에서는 치즈나 버섯과 유사한 향이 난다. 발효 과정에서 단백질 가수분해가 일어나 소화율이 증가하고, 항산화물질과 항균 펩타이드가 생성되어 영양적 가치와 기능성이 향상된다. 이소플라본과 식이섬유도 풍부해 장 건강과 심혈관계질환 예방에 긍정적 영향을 준다. 템페는 생으로 섭취하기보다는 구이·튀김·수프 등으로 조리해 먹는 경우가 많으며, 최근에는 비건 단백질원으로서 글로벌 식품 시장에서 주목받고 있다.

9) 두시

그림 10-16 두시

두시(豆豉, douchi)는 중국의 발효 콩 제품으로, 삶은 콩을 자연 발효한 뒤 염을 첨가한 함두시(鹹豆豉)와 무염의 담두시(淡豆豉)로 구분된다. *Aspergillus, Mucor, Bacillus* 등 다양한 미생물이 발효에 관여하며, 아미노산과 휘발성 향기성분 축적으로 독특한 풍미를 갖는다.

함두시는 간장과 된장의 기원이 된 식품으로 간 조절에 사용되며, 담두시는 청국장과 유사하게 기능성 성분이 풍부하다. 특히, 발효 과정에서 GABA(γ-aminobutyric acid), 폴리페놀, 항산화물질이 증가해 전통 조미료뿐만 아니라 건강기능식품으로서의 가능성도 연구되고 있다.

10) 콩단백질 식품

그림 10-17 콩고기

콩고기(대체육, meat analog)는 콩단백을 주원료로 고기의 조직감과 맛을 모방한 육류 대체식품이다. 최근 건강과 환경에 대한 관심이 증가하면서 주목받고 있다.

주로 탈지대두에서 얻은 분리대두단백(SPI) 또는 농축대두단백(SPC)을 고온·고압으로 압출 처리하여 재조직화한 대두조직단백(TSP, Textured Soy Protein)이 사용된다. 이는 섬유질 구조를 형성해 실제 고기와 유사한 질감을 나타낸다.

콩고기는 지방과 콜레스테롤이 낮고 식이섬유·이소플라본 등 기능성 성분이 풍부하지만, 필수아미노산인 메티오닌이 부족한 한계가 있어 완두콩·병아리콩·밀글루텐 등의 단백질과 혼합하여 영양을 보완한 제품도 개발되고 있다.

제조기술은 고수분 압출(high-moisture extrusion), 발효, 3D 프린팅 등으로 발전하며 고기의 풍미와 식감을 더욱 정교하게 구현하고 있다. 또한 식물성 헴단백질 및 발효 유래 향미성분 활용도 증가하고 있다.

대체육에서 널리 활용되는 콩단백질 식품은 햄버거 패티·너깃·소시지 등 다양한 형태로 가공되며, 건조제품뿐만 아니라 냉장·냉동 조리편의제품으로 확대되고 있다. 이러한 대체육은 축산 자원의 환경 부담을 줄이는 지속가능한 식품으로서 의미가 크다.

대체육은 사용되는 원료에 따라 단백질 소재, 지방 소재, 구조 형성 소재, 기타 소재 등으로 구분되며, 이러한 구성 요소는 제품의 조직감·풍미·영양적 특성에 직접적인 영향을 준다. 그림 10-18은 대체육 생산을 위해 활용되는 주요 원료와 그 기능을 정리한 것이다.

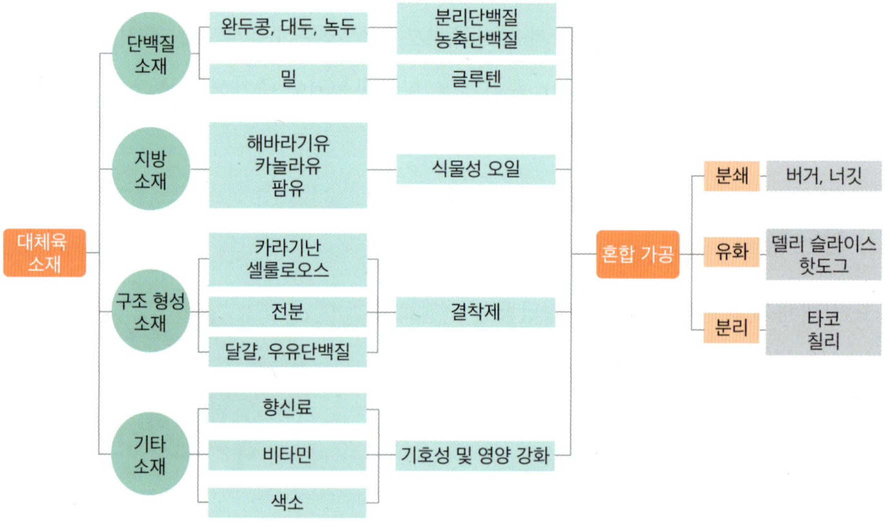

그림 10-18 대체육 생산을 위한 핵심 원료

출처: Boukid, F.(2021). Plant-based meat analogues: from niche to mainstream. European Food Research and Technology, 1-12.

self summary

1. 두류의 분류

2. 대두유의 주요 지방산

3. 대두의 주요 성분

4. 트립신 저해제

5. 두부 응고제의 종류

학습 마무리 문제

1 단백질과 지방을 가장 많이 함유한 두류는?
① 녹두 ② 완두 ③ 동부
④ 렌틸콩 ⑤ 대두

정답 ⑤
해설 대두는 다른 두류보다 단백질과 지방 함량이 높은 편이며, 영양 밀도도 높다.

2 대두의 주요 단백질은?
① 오리제닌 ② 제인 ③ 글리시닌
④ 글리아딘 ⑤ 호르데인

정답 ③
해설 대두단백질의 주요 구성 성분은 글리시닌과 β-콩글리시닌이며, 대표적인 저장단백질은 글리시닌이다.

3 대두에 가장 많이 함유된 지방산은?
① 올레산 ② 리놀레산 ③ 리놀렌산
④ 아라키돈산 ⑤ 팔미트산

정답 ②
해설 대두유는 리놀레산이 50% 이상으로 가장 많아 불포화지방산 비율이 높다.

4 두부 제조 시 산을 생성하여 응고시키는 응고제는?
① 염화칼슘
② 염화마그네슘
③ 황산칼슘
④ 황산마그네슘
⑤ 글루코노델타락톤

정답 ⑤
해설 글루코노델타락톤(GDL)은 물에 녹으면 서서히 산을 생성해 두유를 부드럽게 산응고시킨다.

5 청국장 발효에 사용되는 미생물은?
① *Bacillus cereus*
② *Bacillus subtilis*
③ *Lactobacillus bulgaricus*
④ *Streptococcus thermophilus*
⑤ *Aspergillus flavus*

정답 ②
해설 청국장은 *Bacillus subtilis*가 콩단백질을 분해하며 특유의 점성과 향을 만든다.

학습목표

- 유지류의 종류를 이해하고 조리에 적절히 활용할 수 있다.
- 유지의 산패 과정을 이해하고 적절한 보관법을 설명할 수 있다.
- 유지류의 조리원리를 이해하고 설명할 수 있다.

CHAPTER 11

유지류

유지(油脂, fats and oils)는 탄소, 수소, 산소로 구성된 유기화합물로, 주로 지방산과 글리세롤로 이루어진 중성지방을 말한다. 탄수화물, 단백질과 함께 3대 영양소 중 하나이며, 1g당 9kcal의 에너지를 내는 고농축 에너지원이다. 필수지방산을 공급하고 지용성 비타민의 흡수를 촉진하며, 세포막 구성 및 호르몬 합성에 관여한다.

유지는 융점에 따라 상온에서 액체 상태는 기름(oil), 고체 상태는 지방(fat)이라고도 한다. 열전달 매체로 식품을 가열하거나 튀김 조리 시 사용되며, 독특한 풍미를 더해주고 질감을 개선하는 역할을 한다.

1. 유지류의 분류

유지는 원료에 따라 식물성과 동물성으로 나눌 수 있으며, 식물성·동물성 유지를 물리적·화학적 방법으로 처리한 가공 유지가 있다.

식물성 유지는 식물의 종자나 과육에서 추출하며, 동물성에 비해 불포화지방산이 풍부하여 대부분 상온에서 액체 상태이다. 동물성 유지는 대부분 동물의 지방조직에서 추출하며, 포화지방산 비율이 식물성에 비해 높아 대부분 상온에서 고체로 존재한다. 가공 유지는 천연 유지의 산화 안정성을 높이고 조리 적합성을 개선하는 등의 목적으로 제조된다.

1) 식물성 유지

식물성 유지는 식물의 종자나 과육에 압력을 가해 추출하거나 유기용매를 사용해 분리한 뒤 정제하여 사용한다. 일부는 정제하지 않고 그대로 사용하기도 한다.

주로 불포화도가 높은 올레산, 리놀렌산 함량이 많으며, 종류는 표 11-1과 같이 콩기름, 옥수수기름, 올리브유, 해바라기유, 포도씨유, 유채씨기름, 코코넛유, 팜유, 참기름, 들기름 등 다양하다.

표 11-1 식물성 유지의 종류

종류		주원료	발연점	특징 및 용도
콩기름 (soybean oil)		대두	약 230℃	• 연한 맛·향과 높은 발연점으로 인해 고온 조리에 적합 • 리놀렌산 함량이 높아 산패가 빠르게 일어남 • 경제적이고 대중적으로 사용
옥수수기름 (corn oil)		옥수수 배아	약 220℃	• 비타민 E 풍부 • 산화, 가열 안정성 우수 • 튀김, 부침용으로 적합 • 마가린, 쇼트닝의 원료로 사용
올리브유 (olive oil)		올리브 과육	약 190~210℃	• 높은 올레산 함유 • 추출 방식·산도에 따라 종류가 다양함 • 낮은 산가와 비정제 상태일수록 등급이 높음 • 올리브유 등급 체계: 엑스트라 버진(extra virgin) > 파인 버진(fine virgin) > 레귤러 버진(regular virgin) > 퓨어(pure) • 강한 풍미와 심혈관 건강에 도움 • 샐러드, 저온 조리에 적합
해바라기유 (sunflower oil)		해바라기 씨	약 225℃	• 비타민 E 풍부 • 냄새가 거의 없고 맛이 담백함 • 튀김·볶음요리에 적합
포도씨유 (grape seed oil)		포도씨	약 216℃	• 리놀렌산이 풍부하고 토코페롤 함량이 높아 산패가 잘 일어나지 않음 • 기름 특유의 냄새가 없고 맛이 담백함
유채씨기름 (canola seed oil)		유채씨	약 200~240℃	• 콜레스테롤 함량이 낮고, 오메가-3 지방산(α-리놀렌산) 다량 함유 • 두뇌와 심장 건강 유지에 도움 • 에루스산 함량 2% 이하, 리놀렌산 풍부 • 발연점이 높고, 산화가 잘 일어나지 않음 • 다양한 요리에 사용
코코넛유 (coconut oil)		코코넛 과육	약 175℃	• 포화지방산 함량이 높아 상온에서 고체 상태 유지 • 특유의 향을 지님 • 가소성이 좋아 제과용으로 사용
팜유 (palm oil)		야자열매 과육	약 232℃	• 포화지방산 함량이 높아 상온에서 반고체 상태 • 산화 안정성 우수 • 맛이 담백하고 가격 저렴 • 제과, 라면 등의 튀김유로 사용 • 마가린 원료로 사용 • 야자열매 씨에서 얻는 기름은 팜핵유

(계속)

종류		주원료	발연점	특징 및 용도
참기름 (sesame oil)		참깨	약 170℃	• 고소한 향과 특유의 풍미를 지님 • 올레산, 리놀레산 풍부 • 토코페롤(tocopherol), 세사몰(sesamol)이 포함되어 산패가 쉽게 일어나지 않음 • 나물, 무침요리 등에 마무리용으로 주로 사용 • 발연점이 낮아 조리용으로는 부적합
들기름 (perilla oil)		들깨	약 170℃	• 오메가-3 지방산 풍부 • 특이한 향미를 지님 • 나물, 무침용으로 사용 • 산패가 빠르므로 냉장 보관이 필요하며, 개봉 후 3개월 이내 사용 권장

출처: AI 생성 이미지(OpenAI ChatGPT).

더 알아보기 | 카놀라유(canola oil)

카놀라유는 유채씨기름의 한 종류로, 초기에는 에루스산(erucic acid)과 글루코시놀레이트(glucosinolates) 함량이 높아 심장병 및 갑상선 건강 문제로 식용에 안전하지 않았다. 1970년대 캐나다에서 에루스산과 글루코시놀레이트 함량을 대폭 낮춘 안전한 품종이 개발되었고, Canada + Oil + Low Acid를 줄여 'Canola'라는 이름이 붙었다.

그러나 정제 과정에서의 트랜스지방 생성 가능성, GMO(유전자변형) 유채 사용 여부에 대한 논란이 꾸준히 제기되고 있다. 최근에는 오메가-6 지방산 과다 섭취와 관련하여 건강에 대한 우려도 있어 용도에 맞게 적절히 사용하고, 보관 방법과 유통기한을 준수하여 안전하게 섭취할 필요가 있다.

2) 동물성 유지

동물성 유지는 지방조직을 직접 가열해 녹여내거나, 지방조직에 물 또는 수증기를 넣고 가열하여 지방을 분리한다. 또한 유기용매를 사용해 지방을 녹여 추출하기도 한다.

대부분의 동물성 유지는 팔미트산, 스테아르산 등 포화지방산 함량이 높아 상온에서 고체 상태로 존재한다. 반면, 어유는 불포화지방산이 풍부하여 상온에서 액체 상태이다. 이러한 동물성 유지는 원료에 따라 표 11-2와 같이 소기름, 라드, 어유 등으로 구분된다.

표 11-2 동물성 유지의 종류

종류		주원료	발연점	특징 및 용도
소기름 (우지, beef tallow)		소	약 200~215℃	• 포화지방산 풍부 • 높은 산화 안정성 • 튀김유, 공업용으로 사용
라드 (lard)		돼지	약 190~205℃	• 백색, 회백색 • 부드럽고 풍미가 좋음 • 쇼트닝성이 좋아 제과·제빵, 튀김에 사용
어유 (fish oil)		생선	약 160~180℃	• 불포화지방산(EPA, DHA) 풍부 • 강한 어취가 있고 산화되기 쉬움 • 조리용으로는 안정성이 낮음 • 건강기능식품으로 사용

출처: AI 생성 이미지(OpenAI ChatGPT).

3) 가공 유지

가공 유지는 불포화지방산에 수소를 첨가해 고체화하는 수소화, 지방산의 위치를 재배열해 물성을 조절하는 에스테르 교환, 불순물을 제거하기 위한 정제 등의 방법으로 제조한다. 조리에 주로 사용되는 가공 유지에는 표 11-3과 같이 버터, 마가린, 쇼트닝 등이 있다.

표 11-3 가공 유지의 종류

종류		주원료	발연점	특징 및 용도
버터 (butter)		우유(소)	약 150~175℃	• 유중수적형의 유화 상태 • 풍미가 강함 • 제과·제빵, 소스에 사용 • 발연점이 낮아 튀김에는 부적합
기 버터 (ghee butter)		버터	약 200~250℃	• 버터에서 수분을 제거한 상태 • 고온 안정성 우수 • 고소한 풍미 • 볶음, 고온요리에 사용
마가린 (margarine)		식물성 유지	약 150~180℃	• 유중수적형의 유화 상태 • 가소성, 저장성 우수 • 버터 대체용, 제과·제빵에 사용
쇼트닝 (shortening)		식물성 유지	약 180~190℃	• 수소화 처리 • 무미, 무취, 백색 • 쇼트닝성, 크리밍성 우수 • 파이, 쿠키 등 제과·제빵, 튀김에 사용

출처: AI 생성 이미지(OpenAI ChatGPT).

더 알아보기 | 유지 가공과 경화유 제조의 이해

유지 가공법

유지는 다양한 가공 과정을 거쳐 품질, 안정성, 용도에 맞는 특성이 강화된다.

가공 방법	내용	목적	예시
정제 (refining)	원유에서 불순물, 수분, 유리지방산, 냄새, 색소 제거	저장성 향상, 맛·색·향 개선	정제 콩기름, 정제 유채씨기름
동유 처리 (winterization)	저온 보관으로 융점이 높은 포화지방산의 결정 분리·제거	저온에서 혼탁 방지	식물성 기름
수소화 (hydrogenation, 경화 처리)	불포화지방산의 일부 이중결합에 수소 첨가	산화 안정성 증가, 경화유 제조	마가린, 쇼트닝
유화 (emulsification)	유화제로 물과 기름을 안정적으로 혼합	소스, 크림 형태 유지	마요네즈, 프렌치드레싱

경화유 제조법

경화유는 식물성 유지의 불포화지방산에 수소를 고온·고압에서 첨가하는 수소화 공정을 통해 제조된다. 이 과정에서 니켈 촉매가 사용되며, 수소화 정도에 따라 경도와 용융점을 조절할 수 있다. 이를 통해 마가린과 쇼트닝과 같은 산화 안정성이 높은 유지제품이 생산된다.

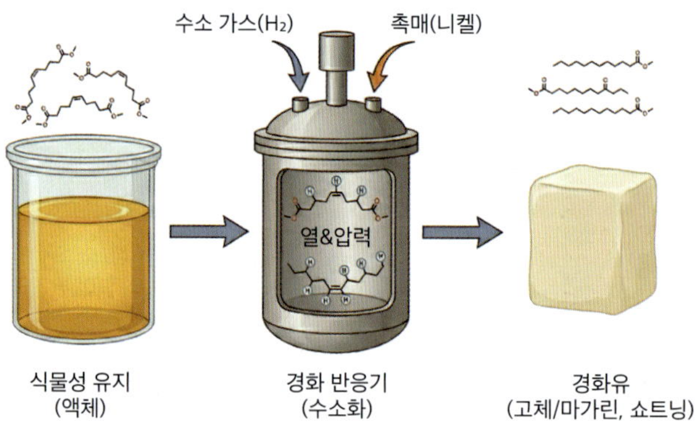

출처: AI 생성 이미지(Gemini).

2. 유지류의 영양성분

유지류는 수분이 거의 없으나, 버터와 마가린에는 약 14% 정도 함유되어 있다. 단백질과 탄수화물은 대부분 1% 이하이며, 탄수화물의 경우 버터는 약 4%, 마가린은 약 12% 함유되어 있다. 종류에 따른 유지류의 영양성분은 표 11-4와 같다.

표 11-4 유지류의 영양성분 (가식부 100g당)

성분	에너지 (kcal)	수분 (%)	단백질 (g)	지방 (g)	탄수화물 (g)	총 지방산 (g)	총 필수 지방산 (g)	총 포화 지방산 (g)	총 불포화 지방산 (g)	총 트랜스 지방산 (g)
콩기름	921	0	0	99.96	0	94.29	56.4	14.79	78.42	1.08
옥수수기름	919	0	0	99.74	0.17	95.4	52.67	13.27	81.78	0.35
올리브유	921	0	0	100	0	95.44	7.47	15.04	80.37	0.03
해바라기유	918	0	0	99.68	0.28	94.96	57.58	10.75	83.41	0.8
유채씨기름	920	0	0.02	99.85	0.1	95.54	31.07	7.64	86.52	1.38
포도씨유	920	0	0	99.93	0.01	95.6	69.81	10.02	84.89	0.69
코코넛유	918	0	0	99.67	0.33	92.84	0.65	88.03	4.81	0
팜유	917	0	0	99.56	0.44	94.48	9.75	46.21	47.81	0.46
참기름	920	0	0	99.84	0.13	94.81	41.08	14.89	79.52	0.4
들기름	920	0	0	99.92	0.08	94.47	72.18	8.81	85.28	0.37
버터, 무가염	760	14.3	0.52	81	4.11	65.76	1.57	47.5	16.43	1.83
쇼트닝	917	0	0	99.52	0.48	94.16	8.51	55.5	38.19	0.47
마가린	714	14.5	0.2	72.41	12.06	69.9	4.59	51.68	16.44	1.78

성분	무기질						비타민			콜레스테롤 (mg)
	칼슘 (mg)	철 (mg)	마그네슘 (mg)	인 (mg)	칼륨 (mg)	나트륨 (mg)	A (μg)	베타카로틴 (μg)	E (mg)	
콩기름	0	0	0	0	0	0	0	0	11.78	0
옥수수기름	0	0.57	0	0	0	25	0	0	3.48	0
올리브유	0	0	0	0	0	0	6	71	10.37	0

(계속)

성분	무기질						비타민			콜레스테롤 (mg)
	칼슘 (mg)	철 (mg)	마그네슘 (mg)	인 (mg)	칼륨 (mg)	나트륨 (mg)	A (μg)	베타카로틴 (μg)	E (mg)	
해바라기유	0	0	0	0	9	2	0	0	30.01	0
유채씨기름	1	0.17	0	0	9	1	0	0	10.32	0
포도씨유	0	0.09	0	0	0	1	0	0	22.03	0
코코넛유	13	0	0	0	30	18	0	0	0.26	0
팜유	0	0	0	0	12	0	0	0	11.68	0
참기름	0	0	0	0	0	0	1	8	4.25	0
들기름	0	0	0	0	0	0	2	27	8.48	0
버터, 무가염	15	0.03	1	9	21	13	531	23	1.57	190
쇼트닝	0	0	0	0	31	15	0	0	7.33	0
마가린	20	0	0	9	23	296	94	151	2.71	24.92

출처: 농촌진흥청(2025). 국가표준식품성분 DB 10.3.

3. 유지류의 조리 특성

1) 용해성

유지가 용매에 녹는 성질을 용해성(solubility)이라고 한다. 대부분의 유지는 극성 용매인 물에는 잘 녹지 않으나, 클로로포름, 에테르, 벤젠 등의 비극성 유기용매에는 잘 녹는다.

유지는 물과 잘 섞이지 않기 때문에 직접 혼합이 어려워 유화제를 사용하여 유화 상태로 만든다. 대표적으로 마요네즈, 버터, 마가린 등이 있다.

2) 융점

고체 상태의 유지가 액체로 바뀌는 시점의 온도를 융점(녹는점, melting point)이라고 한다(그림 11-1). 유지는 이 융점에 따라 상온에서 액체 상태로 존재하는 기름(oil)과, 고체 또는 반고체 상태로 존재하는 지방(fat)으로 구분할 수 있다.

그림 11-1 **유지의 융점**

출처: AI 생성 이미지(OpenAI ChatGPT).

불포화도가 높거나 탄소사슬길이가 짧을수록 융점이 낮아 상온에서는 액체 상태를 띠며, 대부분의 식물성 유지가 여기에 해당한다. 반대로, 포화지방산 함량이 높거나 탄소사슬이 길수록 융점이 높아 상온에서 고체 상태를 유지하며, 대부분의 동물성 유지가 해당된다.

3) 비중

유지의 비중(specific gravity)은 그림 11-2와 같이 평균 0.92~0:94로 물보다 가볍고, 온도에 따라 비중이 달라질 수 있다.

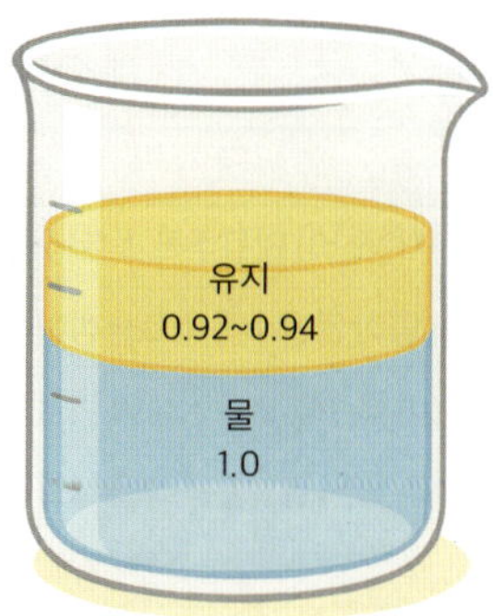

그림 11-2 **유지의 비중**

출처: AI 생성 이미지(OpenAI ChatGPT).

4) 비열

물의 비열(specific heat capacity)은 1cal/g℃인 반면, 유지는 보통 0.47cal/g℃로 더 낮다. 이로 인해 유지는 열전달이 빠르고 짧은 시간에 조리가 가능하며, 온도가 쉽게 올라가는 특성이 있다. 따라서 유지를 이용하여 조리할 때는 온도 조절이 중요하다.

5) 쇼트닝성

쇼트닝성(shortening power)은 밀가루에 유지를 넣어 반죽할 때 지방이 글루텐 표면을 둘러싸 글루텐이 망을 형성하는 것을 방해하여, 제품이 연하고 부드럽게 만들어진다. 이때 지방이 글루텐의 길이를 짧게 해준다는 의미로 쇼트닝 파워(shortening power)라고 한다.

주로 약과나 파이에 들어가는 지방이 글루텐 형성을 방해하여 바삭한 제품을 만들 수 있다. 그러나 약과 반죽에 기름을 과량 사용할 경우 반죽의 글루텐 형성이 방해되어 결착력이 낮아지고, 튀길 때 반죽이 풀어져 모양을 유지하기 어려울 수 있다. 쇼트닝성은 표 11-5와 같이 유지의 종류, 양, 온도, 유화제 첨가 등에 의해 영향을 받는다.

표 11-5 쇼트닝성에 영향을 미치는 요인

요인	특성
유지의 종류	불포화지방산이 많을수록 쇼트닝성이 커짐
유지의 양	유지의 양이 많을수록 쇼트닝성이 커짐
유지의 가소성	가소성이 클수록 쇼트닝성이 커짐
유화제 첨가	유화제의 양이 많을수록 쇼트닝성이 커짐

6) 크리밍성

크리밍성(creaming property)은 고체 지방을 교반하여 공기를 혼입시키면 색이 연해지고 부드러운 성질을 띠게 되는 것이다. 크리밍성은 고체 지방 중 쇼트닝이 가장 높고, 그다음은 마가린, 버터 순이다. 크리밍을 위한 적정 온도는 18~20℃이다.

7) 가소성

가소성(plasticity)은 일정한 힘을 가하여 형태가 변형된 후, 힘을 제거해도 원래대로 되돌아가지 않고 변형된 형태를 유지하는 성질이다. 가소성을 지닌 유지는 버터, 마가린, 쇼트닝이며, 18~22℃에서 가소성을 보인다. 가소성이 있는 유지를 사용하면 제과·제빵 시 반죽을 성형하기 쉽고, 균일한 질감과 부드러운 식감을 얻을 수 있다.

4. 유지류의 산패와 저장

산패는 유지가 공기, 빛, 열, 미생물, 효소 등에 의해 변화해 불쾌한 냄새와 맛을 내는 현상을 말한다. 산패는 식품의 품질을 저하시키며, 인체 건강에도 부정적인 영향을 미친다.

1) 산패의 형태

산패의 형태는 표 11-6과 같이 가수분해·산화·가열에 의한 산패로 구분된다.

표 11-6 산패의 형태

형태	원인	특징
가수분해에 의한 산패	효소(라이페이스)나 수분에 의해 지방이 지방산과 글리세롤로 분해되어 유리지방산 생성	• 불쾌한 냄새 발생 • 맛 저하 • 산가 상승
산화에 의한 산패	유지가 공기 중 산소와 반응하여 과산화물이 생성되고, 이 과산화물이 알데히드, 케톤, 알코올 등 형성	• 불쾌한 냄새 발생 • 맛 저하 • 유지의 점도 증가
가열에 의한 산패	유지가 고온에서 조리·가공되는 과정에서 열에 의해 지방 분자 구조 변화	• 풍미, 영양가 손실 • 점도 증가 • 거품 형성

2) 산패에 영향을 미치는 요인

유지의 산패에는 표 11-7과 같이 다양한 요인이 영향을 미친다.

표 11-7 산패에 영향을 미치는 요인

요인	설명
고온	산화 속도를 급격히 증가시킴
자외선	광산화 반응 촉진
금속 촉매	철·구리 이온이 산화 반응 가속
불포화도	이중결합이 많을수록 산화에 취약
수분	가수분해에 의한 산패 촉진
산소 농도	산소량이 많을수록 산패 가속

3) 산패 억제와 저장

유지의 산패를 방지하고 안전하게 사용하기 위해서는 **표 11-8**과 같은 방법으로 적절하게 저장해야 한다.

표 11-8 유지의 올바른 저장법

저장법	설명
저온 저장	서늘하고 빛이 들지 않는 곳에 저장
빛 차단	빛 차단이 가능한 어두운 갈색 용기에 보관
금속 접촉 최소화	코팅·비금속 용기 사용
항산화제 사용	천연 항산화제(토코페롤, 세사몰) 또는 합성 항산화제(BHA, BHT) 사용
수분 제거	흡습제 사용, 개봉 후 물기 접촉 최소화
산소 접촉 최소화	진공포장, 경화 처리

5. 유지류의 조리원리

1) 열전달 매체

유지는 열전달 매체로 사용되며, 식품 표면과 직접 접촉하여 전도·대류에 의한 가열이 가능하다. 물에 비해 끓는점이 180~200℃까지 올라가고, 비열이 낮아 음식을 빨리 익힐 수 있다. 이를 이용하여 튀김이나 볶음 조리에 활용한다.

(1) 튀김

튀김은 고온의 유지 속에서 가열하는 조리법으로, 식품의 수분을 빠르게 증발시키고 기름을 흡유하여 표면에 바삭한 질감과 휘발성 향기성분을 형성한다. 튀김 조리 시 식품은 기름과 접촉하는 순간부터 단계별 변화를 거치게 되며, 그 주요 과정은 표 11-9와 같다.

표 11-9 튀김 조리의 단계

단계	설명
① 표면 탈수	• 식품 표면의 수분이 급격히 증발하면서 수증기막 형성 • 식품 표면에 생긴 수증기 막이 기름의 내부 침투 억제 • 식품이 타는 것을 방지하는 보호막 역할
② 크러스트 형성	• 전분 호화, 단백질 변성 • 식품 표면이 바삭해짐
③ 마이야르 반응, 캐러멜화	• 열에 의한 마이야르 반응, 캐라멜화로 인해 식품 표면 갈색화 • 풍미 형성
④ 흡유 발생	• 내부 수분 증발 후 압력 저하로 인해 기름 흡유 발생

조리 Tip | 바삭한 튀김 만들기

- 식품 표면의 수분을 충분히 제거한다.
- 글루텐 함량이 낮은 박력분을 사용한다.
- 반죽할 때는 찬물을 사용한다.
- 반죽은 가볍게 저어 글루텐 형성을 최소화한다.
- 달걀흰자(단백질)를 활용해 바삭한 식감을 높인다.
- 전분 또는 베이킹소다를 사용해 튀김옷을 더 바삭하게 만든다.

(2) 튀김 기름

튀김용 기름은 발연점이 높고 산화 안정성이 좋으며, 맛과 향이 강하지 않아 재료 본연의 풍미를 살릴 수 있는 것이 좋다. 정제된 콩기름, 옥수수기름, 포도씨유, 유채씨기름 등 식물성 기름이 적절하다.

반면, 정제 과정을 거치지 않은 참기름, 들기름, 엑스트라버진 올리브유 등은 적절하지 않으며, 물과 유화제가 함유된 버터나 마가린도 튀김용으로 바람직하지 않다.

(3) 튀김 온도

① 튀김의 적정 온도

튀김은 일반적으로 180℃에서 진행하지만, 식품의 종류와 크기, 튀김옷 상태에 따라 달라진다. 튀김 온도가 너무 낮거나 시간이 길어지면 흡유량이 증가하여 바삭함이 떨어진다.

식품의 특성에 따라 적정한 튀김 온도가 다르며, 표 11-10은 주요 식품군별 권장 온도와 조리 시 유의점을 정리한 것이다.

표 11-10 식품별 튀김 온도

식품	권장 온도(℃)	조리 시 유의점
채소류 (고구마, 단호박, 브로콜리 등)	160~170	수분이 많아 기포가 생기기 쉬우므로 중저온에서 속까지 익히기
도넛, 페이스트리류	160~170	설탕 함량이 높아 고온에서 타기 쉬움
생선, 해산물 (새우, 오징어, 흰살생선)	170~180	단백질 변성으로 인해 오래 가열하면 질겨질 수 있음
육류(돈가스, 치킨, 탕수육)	175~185	재료의 두께에 따라 온도 조절 필요, 표면은 빠르게 갈변됨
감자튀김	180~190	저온에서 1차, 고온에서 2차로 튀기면 눅눅해짐 방지 가능

튀김의 맛과 식감을 유지하려면 적정 온도 유지가 핵심이다. 기름 온도 변화가 크면 바삭함이 줄고 흡유량이 늘어 눅눅해진다. 식품의 표면적이 크거나 유화제나 당이 함유된 식품, 수분 함량이 많은 식품은 흡유량이 많아지며, 재료를 한꺼번에 많이 넣거나 냉동 상태로 바로 튀길 때도 흡유량이 증가한다.

② 튀김 적정 온도 유지 방법

- 재료 투입 전 기름을 예열한다.
- 재료 표면의 수분을 제거한다.
- 기름은 재료의 10배 이상의 양으로 충분히 사용한다.

- 한 번에 많은 양을 투입하지 않는다. (적정량: 냄비 표면적의 1/3~1/2)
- 재료 투입 직후 불을 약간 높여 온도를 맞춘 뒤, 적정 온도가 되면 불을 조절한다.
- 튀김 중 생기는 찌꺼기를 수시로 제거한다.
- 두꺼운 금속 용기, 직경이 작은 팬을 사용한다.

조리 Tip | **튀김옷을 이용한 기름 온도 확인법**

튀김옷을 기름에 떨어뜨렸을 때 바닥까지 가라앉아 천천히 떠오르면 150~160℃, 기름 속으로 1/3 정도만 가라앉았다가 바로 떠오르면 170~180℃, 기름 표면에서 바로 튀겨지며 떠오르면 190~200℃ 정도의 온도임을 알 수 있다.

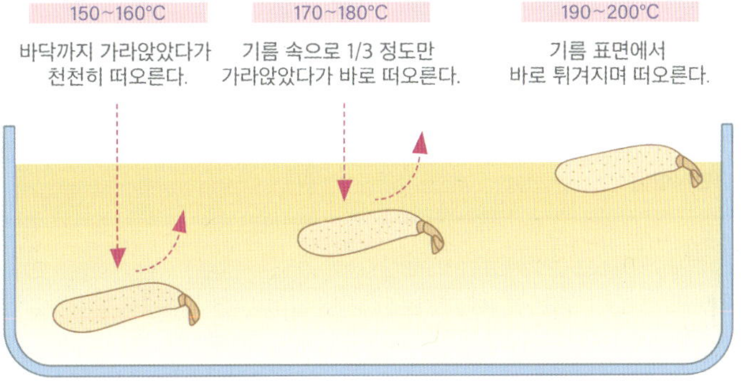

출처: 주나미 외(2020). 이해하기 쉬운 조리원리 및 실험. 파워북.

(4) 발연점

발연점(smoking point)은 기름이나 지방을 가열할 때 푸른 연기가 발생하기 시작하는 온도이다. 발연점에 도달하면 지방은 지방산과 글리세롤로 분해되며, 아크롤레인이 생성된다.

발연점 이상에서 조리하면 풍미 손실, 영양 파괴, 발암물질 등이 생성될 수 있으므로, 튀김에는 발연점이 높은 기름을 선택하고 발연점 저하를 방지해야 한다. 이와 관련하여 조리 과정 중 발생할 수 있는 주요 발연점 저하 원인을 정리하면 표 11-11과 같다.

표 11-11 발연점의 저하 원인

원인	설명
유리지방산 (FFA, Free Fatty Acid)	기름이 오래되거나 산패되면 유리지방산이 증가하고 발연점이 낮아짐
반복 가열	사용 횟수가 증가하거나 고온 조리를 반복하면 산화와 중합물 축적으로 발연점이 낮아짐
불순물, 수분 함유	튀김 찌꺼기, 수분이 섞이면 지방 분해가 촉진되어 발연점이 낮아짐
공기, 빛 노출	산화가 진행되어 발연점이 낮아짐

조리 Tip | 발연점 저하 방지법

- 조리 시 적정 온도를 유지한다.
- 튀김 찌꺼기를 수시로 제거한다.
- 기름은 가능한 한 재사용하지 않는다.
- 수분 유입을 방지한다.

2) 향미 증가

기름을 사용하는 볶음과 튀김은 음식의 향미를 증가시킨다. 참기름, 들기름, 올리브유, 버터 등은 자체 향미를 지닌 기름이다. 나물을 무칠 때 사용하는 참기름과 들기름의 향기성분은 휘발성이 있으므로, 조리의 마지막 단계에 사용하는 것이 바람직하다.

3) 용기 부착 방지

조리 시 용기에 기름을 바르면 막이 형성되어 음식이 용기에 달라붙는 것을 방지할 수 있다.

self summary

1. 유지류의 조리 특성(융점, 쇼트닝성, 크리밍성)

2. 유지류의 산패와 저장

3. 발연점의 저하 원인과 저하 방지법

학습 마무리 문제

1 참기름에 들어 있는 천연 항산화제는?

① 세사몰 ② BHA ③ BHT
④ 캡사이신 ⑤ 아스타잔틴

정답 ①

해설 참기름에는 세사몰(sesamol)과 토코페롤(tocopherol) 등 천연 항산화제가 포함된다. BHA와 BHT는 대표적인 합성 항산화제이다.

2 밀가루를 반죽할 때 지방이 글루텐 형성을 방해하여 바삭한 제품을 만드는 성질은?

① 가소성 ② 유화성 ③ 용해성
④ 크리밍성 ⑤ 쇼트닝성

정답 ⑤

해설 쇼트닝성(shortening power)은 지방이 밀가루 단백질을 둘러싸 글루텐 형성을 방해하여 반죽을 부드럽게 하고 바삭한 식감을 만드는 성질이다.

3 유지를 저장하는 올바른 방법은?

① 뜨거운 곳에 둔다.
② 금속용기에 보관한다.
③ 물과 섞어서 진공포장한다.
④ 공기와의 접촉을 위해 뚜껑을 열어 둔다.
⑤ 빛 차단이 가능한 갈색 용기에 보관한다.

정답 ⑤

해설 유지는 저온, 빛 차단, 산소 최소 접촉, 수분 제거, 금속 접촉 최소화 등의 조건에서 보관하는 것이 바람직하다. 따라서 갈색 용기 사용이 적절하다.

4 튀김용으로 적절한 기름은?

① 발연점이 높은 기름
② 유화제를 첨가한 기름
③ 정제하지 않은 올리브유, 참기름
④ 인지질·단백질 함량이 높은 기름
⑤ 산가가 높고 정제수가 섞인 기름

정답 ①

해설 튀김용 기름은 발연점이 높고, 산화 안정성이 좋으며, 정제유(refined oil)를 사용하는 것이 좋다. 정제되지 않은 올리브유나 참기름은 발연점이 낮아 튀김에 적합하지 않다.

5 기름이나 지방을 가열했을 때 푸른 연기가 발생하기 시작하는 온도는?

① 연소점 ② 발연점 ③ 인화점
④ 융점 ⑤ 비점

정답 ②

해설 발연점(smoke point)은 기름이나 지방을 가열할 때 푸른 연기가 발생하기 시작하는 온도로, 이때 아크롤레인(acrolein)이 생성된다.

학습목표

- 채소류 및 향신료의 주요 종류를 구분하여 제시할 수 있다.
- 채소류 및 향신료의 종류별 특징을 예로 들어 설명할 수 있다.

CHAPTER

12

채소류 및 향신료

채소는 비타민과 무기질이 풍부하고 셀룰로오스, 펙틴 등의 식이섬유를 함유하고 있어 장을 자극하여 배변을 촉진하며, 당과 콜레스테롤의 흡수를 낮추는 데 도움이 된다. 또한 파이토케미컬과 같은 다양한 생리활성물질을 포함하고 있어 건강 증진에 유익하며, 특유의 풍미, 질감, 색깔은 식욕을 돋우는 역할을 한다.

한국인영양소섭취기준에서는 현대인의 건강을 위해 연령별 충분한 채소 섭취를 권장하고 있다.

1. 채소의 구조

채소의 구조를 이해하기 위한 식물세포의 기본 구조는 그림 12-1과 같다.

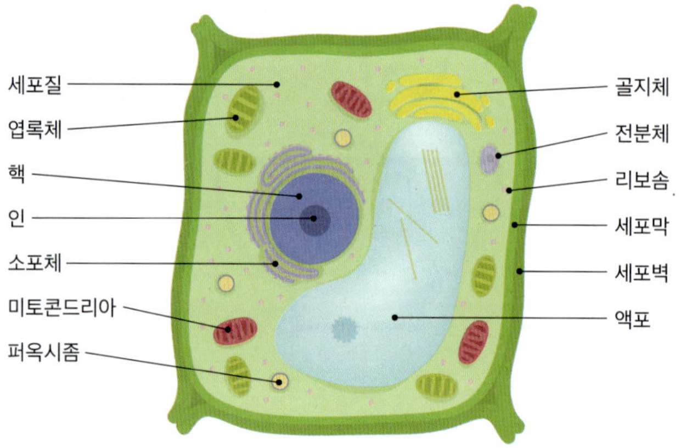

그림 12-1 식물 세포의 구조

1) 세포벽

식물세포의 세포벽은 외부로부터 세포를 보호하고 세포의 형태를 유지하며, 구조를 이루는 역할을 한다. 또한 병원균 침입을 막고 물과 영양성분의 이동 통로 기능을 수행한다.

세포벽은 1차 세포벽과 2차 세포벽으로 구성되며, 1차 세포벽은 셀룰로오스, 헤미셀룰로오스, 펙틴으로 이루어지고, 2차 세포벽은 리그닌 등을 포함한다.

2) 액포

액포는 식물세포의 세포질 안에 존재하는 주머니 모양의 세포소기관으로, 다양한 수용성 성분이 녹아 있다. 액포 내 물질은 채소 특유의 향미와 산도에 기여하며, 액포의 수분량은 채소의 즙이 많고 적음을 결정한다.

더 알아보기	식물의 팽압 유지와 삼투압
채소를 물과 같은 저장액에 넣으면 삼투압 차이로 인해 세포가 물을 흡수하고 액포에 수분이 증가해 더욱 아삭한 식감을 갖는다. 샐러드 채소를 플레이팅하기 전에 얼음물에 담가두는 것은 이러한 원리를 이용한 것이다. 반대로, 고장액에서는 액포의 수분이 빠져나가 시들시들한 질감이 된다. 이러한 삼투압의 원리는 김장 시 배추를 절이는 과정에서도 활용된다.	

2. 채소의 향미성분

1) 황화합물

파, 마늘, 양파에는 황화합물이 함유되어 강한 향미를 나타낸다. 특히, 마늘의 알린(alliin)은 절단 시 공기 중에 노출되거나 효소 알리네이스(알리나아제, enzyme alliinase)와 반응하여 매운맛을 내는 알리신(allicin)이 되며, 이후 디알릴 디설파이드(diallyl disulfide)라는 강한 향미 성분으로 변한다. 양파는 가열 시 n-프로필 메르캅탄(n-propyl mercaptan)이 생성되어 설탕의 약 50배에 달하는 단맛을 나타낸다.

배추, 양배추, 무, 겨자 등 십자화과 채소는 시니그린(sinigrin)을 함유하며, 절단 시 미로시네이스(myrosinase)의 작용으로 알릴 이소티오시아네이트(allyl isothiocyanate)가 생성되어 매운맛을 낸다.

2) 유기산

채소에는 구연산, 사과산, 주석산, 옥살산, 호박산 등의 유기산이 있으나, 과일에 비해서는 산도가 낮은 편이다.

3. 채소의 분류

채소의 구조와 성분적 특성을 이해하면 채소 종류별 영양적 차이를 더 쉽게 파악할 수 있다. 표 12-1은 채소를 분류하고, 각 분류별 대표적인 영양성분을 정리한 것이다.

표 12-1 채소의 영양성분 (가식부 100g당)

종류		에너지(kcal)	수분(g)	단백질(g)	지질(g)
엽채류	상추	14	95.5	1.1	0.3
	배추	15	94.7	1.25	0.06
	양배추	29	91	1.36	0.12
	시금치	29	89.6	3.35	0.39
	케일	26	89.9	3.11	0.24
경채류	아스파라거스	17	94.5	2.02	0.34
	죽순	24	91.6	3.48	0.22
	두릅	33	88.2	4.13	0.22
인경채류	양파	29	92	0.96	0.17
	마늘	128	64.8	7.45	0.16
근채류	무	21	93.8	0.77	0.15
	당근	31	91.1	1.02	0.13
	우엉	69	81	2.61	0.06
	연근	75	80	1.63	0.07
과채류	오이	13	95.7	1.06	0.05
	가지	19	93.9	1.13	0.03
	풋고추	29	91.1	1.71	0.19
화채류	브로콜리	32	89.4	3.08	0.2
	콜리플라워	27	91.4	2.17	0.48

(계속)

종류		무기질			비타민				
		칼슘 (mg)	인 (mg)	철 (mg)	베타카로틴 (μg)	티아민 (mg)	리보플라빈 (mg)	니아신 (mg)	C (mg)
엽채류	상추	41	2.4	16	1034	14.6	–	–	11
	배추	52	41	0.36	171	0.022	0.052	0.405	15.13
	양배추	45	32	0.22	25	0.035	0.028	0.573	28.79
	시금치	66	75	2.49	5164	0.125	0.191	0.707	51.12
	케일	328	61	0.81	3145	0.51	0.178	0.353	–
경채류	아스파라거스	11	55	0.47	207	0.073	0.097	0.083	14
	죽순	14	66	0.39	14	0.043	0.165	0.271	8.03
	두릅	48	123	1.68	2222	0.263	0.358	1.789	23.74
인경채류	양파	16	27	0.2	1	0.024	0.02	0.099	4.93
	마늘	12	156	0.78	0	0.145	0.161	0.498	8.45
근채류	무	22	33	0.16	1	0.059	0.023	0.295	11.89
	당근	24	42	0.28	5516	0.037	0.062	0.882	3.02
	우엉	46	87	0.8	0	0.019	0.11	0.034	0.61
	연근	28	75	0.8	0	0.087	0.124	0.136	28.35
과채류	오이	18	39	0.2	61	0.021	0.034	0.091	11.25
	가지	16	35	0.26	52	0.035	0.163	0.366	0
	풋고추	15	38	0.5	458	0.008	0.076	0.558	43.95
화채류	브로콜리	39	68	0.8	264	0.033	0.143	1.024	29.17
	콜리플라워	14	62	0.33	9	0.212	0.101	0.278	33.44

'–' 표기는 측정되지 않은 결측치를 의미함
출처: 농촌진흥청(2025). 국가표준식품성분 DB 10.3.

1) 엽채류

엽채류(leafy vegetables)는 식물의 잎 또는 줄기를 이용하는 채소류로, 일반적으로 수분 함량이 90% 이상으로 높다. 섬유질과 비타민 B·C가 풍부하고, 칼슘, 철 등 무기질도 많이 포함한다. 다만, 수산성분은 불용성 염을 형성해 칼슘 흡수를 방해할 수 있다.

배추, 상추, 양상추, 쑥갓, 부추, 근대, 루콜라, 로메인, 버터헤드, 케일 등이 여기에 속한다.

(1) 배추

배추(chinese cabbage)는 십자화과 채소*이며 원산지는 중국이다. 한국에서는 김치의 핵심 재료로 가장 많이 사용된다. 주로 저온에서 잘 자라므로 고랭지 재배에 적합하며, 늦가을과 이른 봄에 생육이 좋다.

* 십자화과 채소: 꽃잎 4장이 십자(+) 모양으로 배열된 것이 특징이며, 배추, 양배추, 무, 갓, 유채처럼 대부분 비타민 C와 식이섬유가 풍부한 채소류를 말한다.

그림 12-2 배추

배추는 잎이 여러 겹으로 겹쳐져 속이 드는 형태(포기)의 결구 정도에 따라 결구종, 반결구종, 불결구종으로 구분된다. 최근에는 김장용으로 결구종이 가장 흔하며, 봄에 수확하는 봄동배추는 불결구종으로 주로 겉절이에 이용된다.

영양적으로는 에너지가 낮고 비타민 A·C가 풍부하며, 칼슘, 칼륨 등의 무기질이 많다. 당질 대부분이 당분 형태여서 단맛이 있고, 미량의 전분과 연한 섬유소는 소화를 촉진한다. 삶으면 황화합물이 분해되어 특유의 유황 냄새가 난다.

(2) 양배추

그림 12-3 양배추

양배추(cabbage)는 십자화과 채소로, 원산지는 지중해 연안과 아시아이다. 잎이 두꺼운 편이고 수분 함량이 높다. 배추에 비해 매우 단단하여 데쳐 먹거나 채를 썰어 샐러드로 먹는다. 부재료를 넣어 말아 양배추말이로 조리하거나 양배추김치 등으로 활용이 가능하며, 독일 절임 음식의 일종인 사우어크라우트(sauerkraut)를 만드는 주재료로 쓰인다.

양배추는 비타민 C의 중요한 급원이며 당질, 칼슘, 비타민 A·B_1·B_2, 식이섬유가 풍부하다. 단백질은 약 1.35% 정도로 적으나, 육류와 같은 염기성 아미노산이 고루 함유되어 있다. 양배추는 녹색과 보라색을 띠며, 최근에는 싹양배추(브뤼셀 스프라우트, Brussels sprout)도 많이 사용한다.

녹색 양배추에는 클로로필 색소가, 적색 양배추에는 안토시아닌(anthocyanin) 색소가 많아 항산화효과 등 생리활성 기능을 한다. 양배추는 대표적으로 비타민 U를 많이 함유하는 채소류로, 위궤양 및 십이지장 궤양에 좋은 항궤양 식품이다.

(3) 시금치

그림 12-4 시금치

시금치(spinach)는 우리나라에 조선 초기 중국을 통해 도입되었다. 추위를 잘 견디는 채소로, 연중 재배된다. 우리나라에서는 전국적으로 재배되며 주로 국이나 나물에 이용하지만, 외국에서는 샐러드나 통조림으로 이용한다.

비타민 A와 C, 철분이 풍부하고 비타민 K가 들어 있는 중요한 비타민 급원식품이다. 무기질로는 빈혈 예방에 좋은 철이 많아 조혈작용을 돕는다. 시금치에 들어 있는 수산은 칼슘과 결합하여 칼슘 흡수를 저해하나, 데치면 상당 부분 제거된다. 시금치를 데칠 때 1% 정도의 소금을 넣으면 잎의 색이 선명해진다.

(4) 상추

그림 12-5 상추

상추(lettuce)의 원산지는 유럽, 아시아, 북부 아프리카이다. 품종에 따라 결구상추(잎상추, 양상추, 아이스버그), 반결구상추(버터헤드, 로메인), 줄기상추로 나눌 수 있다. 우리나라에서는 주로 잎상추를 재배하며, 잎상추는 신선한 맛과 아삭한 식감이 좋아 날것으로 샐러드나 쌈, 겉절이로 만들어 먹는다.

상추는 칼슘, 철 등의 무기질과 비타민이 풍부하며, 말산(malic acid)과 시트르산(citric acid) 등을 함유해 상큼한 맛이 난다. 상추의 줄기를 잘랐을 때 나오는 흰색 유액은 락투신(lactucin), 락투카리움(lactucarium)이라고 불리는 알칼로이드로, 진통·최면 효과가 있으며 상추를 많이 먹으면 신경 안정 작용으로 잠이 올 수 있다. 또한 상추의 퀘르세틴(quercetin)은 심장, 소장, 위를 보호해 준다.

(5) 부추

부추(korean leek)는 지역에 따라 전라도에서는 '솔', 경상도·충청도에서는 '정구지'라고 불린다. 황, 철 등의 무기질을 많이 함유하고 있으며, 잎의 당질은 포도당과 과당이다. 베타카로틴(β-carotene), 비타민 B_1·C, 섬유소가 풍부하다. 연한 줄기에서 독특한 향과 산뜻한 맛이 느껴지는 것이 특징이다.

그림 12-6 부추

부추의 냄새성분인 디알릴 설파이드(DAS, diallyl sulfide)는 비타민 B_1의 흡수를 돕고 살균력이 있으며, 신진대사를 촉진해 피로 해소, 항균·항암·항콜레스테롤 작용을 한다.

(6) 들깻잎

들깻잎(perilla leaves)은 기름을 얻기 위해 재배하는 들깨가 자라는 동안 잎을 따서 식용하는 작물로, 원산지는 인도와 중국 등지이며 우리나라 전역에서도 재배된다.

칼슘 함량이 시금치의 2배 이상이며, 철 등의 무기질과 식이섬유가 풍부하다. 들깻잎 특유의 향이 입맛을 돋워 한식에서 널리 활용된다.

그림 12-7 들깻잎

(7) 루콜라

루콜라(rucola)는 지중해산 일년생 식물로, 피자, 스파게티, 샐러드 등 이탈리아 요리에 많이 사용된다. 고소하면서도 약간 쌉싸래한 뒷맛이 특징이며, 가정에서도 요리에

그림 12-8 루콜라

이용하거나 재배한다.

비타민, 칼륨, 칼슘 등의 무기질을 함유해 뼈 건강에 도움을 주며, 비타민 A·C·E가 풍부해 피로 해소와 감기 예방에 효과적이다.

2) 인경채류

인경채류(bulb vegetables)는 땅속의 비늘줄기를 이용하는 채소로 양파, 마늘 등이 있다. 경채류는 땅속줄기를 이용하는 채소류를 말한다. 수분 함량이 95% 내외로 매우 높은 편이며, 대표적인 종류로는 셀러리, 아스파라거스, 죽순, 두릅 등이 있다.

(1) 셀러리

셀러리(celery)는 미나릿과에 속하는 1~2년생 초본식물로, 원산지는 남부 유럽과 북아메리카 등이다. 전체적으로 독특한 향이 있으며 연한 잎과 줄기를 식용한다. 서양 조리에서는 잎을 제거하고, 질긴 줄기는 껍질을 벗겨 생으로 먹거나 육수, 고기 요리 등에 다양하게 활용한다. 세다놀리드(sedanolide)와 세다놀(sedanol)이 셀러리 특유의 방향성분이다.

그림 12-9 셀러리

(2) 아스파라거스

아스파라거스(asparagus)는 백합과에 속하는 다년생 초본식물로, 원산지는 지중해 동부이다. 이 식물에서 아스파라진(asparagine) 성분이 처음 발견되어 이름이 붙었다. 줄기가 연하고 굵으며 수염뿌리가 없는 것이 좋다. 저장 시에는 4~5℃의 저온에서 보관하는 것이 바람직하다.

그림 12-10 아스파라거스

(3) 양파

양파(onion)는 대표적인 백합과 식물로, 우리나라에는 조선 말기에 도입되었다. 양파의 매운맛 성분은 황함유

그림 12-11 양파

화합물인 알릴화합물이며, 가열하면 함황성분이 프로필 메르캅탄(propyl mercaptan)으로 변한다. 이는 설탕보다 약 50배 강한 단맛을 내기 때문에 가열한 양파는 매운맛보다 단맛이 도드라진다. 선명한 적황색을 띠고 육질이 단단한 것이 좋으며, 저장 시 온도 2℃, 습도 70~80%를 유지해 냉장 저장하는 것이 좋다.

양파의 퀘르세틴은 지방 산패를 방지하고 고혈압 예방에 도움을 준다. 또 매운맛 성분인 알리신은 신진대사 촉진, 피로 해소, 콜레스테롤 저하 효과가 있다. 안토시아닌 색소가 들어있는 자색양파는 맵지 않고 달아 주로 샐러드용으로 이용된다.

(4) 마늘

마늘(garlic)은 백합과 채소로, 서부아시아가 주산지이다. 단군신화에도 등장할 만큼 오랜 역사를 지녔다. 땅속의 비늘줄기를 주로 요리에 사용하며, 잎과 줄기도 식용한다.

그림 12-12 마늘

마늘에는 당질과 단백질을 비롯해 비타민 $B_1 \cdot B_2 \cdot C$, 칼륨, 아연, 게르마늄 등의 무기질, 사포닌, 폴리페놀 등 생리활성물질이 풍부하다. 또한 마늘은 썰거나 다지거나 씹으면 알린과 알리네이스가 접촉하여 매운맛을 내는 알리신을 형성한다. 조리 시 풍미를 더해줄 뿐만 아니라 항산화·항혈전·항암·항균 작용과 생활습관병 예방 등 다양한 생리활성 기능을 가진다.

3) 근채류

근채류(root vegetables)는 뿌리 부분을 식용하는 채소로, 뿌리와 알뿌리로 구분할 수 있다. 고구마와 감자 등은 전분질로 탄수화물 함량이 높으나, 비타민과 무기질 함량은 높지 않은 편이다. 다만, 당근은 카로틴이 매우 풍부하고, 고구마와 감자는 비타민 C가 풍부하다. 근채류는 저장 온도와 습도를 조절하면 상당 기간 신선하게 보관할 수 있다.

그림 12-13 무

(1) 무

무(radish)는 십자화과에 속하며, 원산지는 중국이다. 당질, 무기질, 비타민 C 등이 풍부하며, 아밀레이스가 들어 있어 소화를 돕는다. 잎은 무청이라 하며 베타카로틴과 비타민 C가 풍부하다. 최근에는 자색무도 재배·보급되고 있다.

(2) 당근

그림 12-14 당근

당근(carrot)은 미나릿과에 속하는 2년생 초본이며, 주황색을 띠는 것은 베타카로틴 성분 때문이다. 지용성인 베타카로틴은 기름과 함께 조리할 때 생으로 섭취할 때보다 흡수율이 높다.

당근에는 아스코르비네이스(ascorbinase)가 있어 무나 오이와 함께 조리하거나 으깨서 즙을 낼 경우 비타민 C가 파괴된다. 저장 온도 0℃, 상대습도 93~98%에서 약 6개월간 저장 가능하다.

(3) 연근

그림 12-15 연근

연근(lotus root)은 구멍이 많은 연의 뿌리로, 연못이나 저수지에서 자라며 가을에 수확한다. 주성분은 전분이며, 비타민 C가 풍부하다. 아삭한 식감이 특징이며, 주로 조림으로 조리한다. 폴리페놀 함량이 높아 산화효소 작용으로 갈변이 일어나므로, 껍질을 벗긴 후 소금물이나 식초물에 담그거나 즉시 조리한다.

(4) 우엉

그림 12-16 우엉

우엉(burdock root)은 국화과의 2년생 초본식물로 뿌리를 식용한다. 탄수화물 성분 중 대표적인 것은 이눌린(inulin)이다. 절단 시 쉽게 갈변하므로 껍질을 벗기자마자 물이나 식초물에 담가 두는 것이 좋다.

(5) 생강

그림 12-17 생강

생강(ginger)은 생강과에 속하며, 원산지는 인도와 말레이시아 등이다. 황색의 덩이뿌리줄기로 껍질이 잘 벗겨지고 향미가 강한 것이 좋다.

생강의 매운맛 성분은 진저론(zingerone), 진저롤(gingerol), 쇼가올(shogaol)이며, 향기성분은 진기베렌(zingiberene)이다. 향이 강하므로 채를 썰어 고명으로 사용하거나 소량만 첨가해 식욕을 돋우는 데 활용된다.

(6) 비트

비트(beet)는 지중해 연안과 북아프리카에서 주로 생산되며, 우리나라에서는 강원 평창과 제주도에서 재배된다. '빨간 무'라고도 불리며 아삭한 식감을 지닌다.

붉은 색소는 베탈레인(betalain)이며, 항산화 활성이 뛰어나 암 예방 및 염증 완화에 도움을 준다.

그림 12-18 비트

(7) 순무

순무(turnip)는 십자화과 채소로, 우리나라에서는 강화도에서 주로 재배된다. 배추 뿌리와 비슷한 형태이며, 단맛이 특징이다. 색은 흰색, 초록색, 홍색, 적자색 등 다양하다.

무보다 수분 함량이 적어 단단하며, 포도당, 펙틴, 비타민 C, 칼륨, 칼슘, 인 등이 들어 있다.

그림 12-19 순무

4) 과채류

과채류(fruiting vegetables)는 열매 부분을 식용하며, 일반적으로 수분 함량이 90% 이상이다. 섬유질이 풍부하고 탄수화물 함량은 단호박을 제외하면 높지 않다. 오이, 토마토, 가지, 피망, 파프리카, 고추, 단호박, 오크라(okra) 등이 속한다.

(1) 고추

고추(chili pepper)는 풋고추, 홍고추, 청양고추 등 다양한 종류가 있다. 녹색에서 익을수록 붉은색을 띠며, 우리나라

그림 12-20 고추

에는 조선 중기에 전래되었다. 껍질과 씨에 매운맛 성분인 캡사이신이 있으며, 붉은 열매는 건조해 향신료로도 사용한다.

비타민 A와 C 함량이 높고, 적색 색소는 카로티노이드(carotenoids) 계열인 캡산틴(capsanthin)과 카로틴(carotene)이다. 위액 분비 촉진, 혈액순환 증가, 지방 산화 촉진 등의 효과가 있다.

(2) 호박

호박(pumpkin)은 전 세계적으로 널리 재배되며, 애호박, 청둥호박, 주키니(zucchini), 단호박 등이 있다. 잎, 꽃, 씨도 식용 가능하다. 색소는 카로틴과 잔토필(xanthophyll)이며, 기름과 함께 조리하면 흡수율이 높아진다. 또한 비타민 A와 C가 풍부하다.

그림 12-21 호박

(3) 오이

오이(cucumber)는 박과의 일년생 덩굴식물이다. 백오이(백다다기), 조선오이, 취청오이 등이 있으며, 가시가 있는 가시오이는 푸른색을 살리는 요리에 많이 사용한다. 수분 함량은 95% 이상이다. 꼭지 부분의 쿠쿠르비타신(cucurbitacin) 성분은 쓴맛을 낸다.

그림 12-22 오이

(4) 가지

가지(eggplant)는 가짓과에 속하며 모양과 색, 크기가 다양하다. 국내 재배종은 진한 청자색에 긴 장방형이다. 껍질의 자색은 안토시아닌 계열의 나스닌(nasunin) 때문이다. 가열 시 조직 내 프로토펙틴(protopectin)이 펙틴으로 전환되어 쉽게 물러진다.

그림 12-23 가지

(5) 토마토

그림 12-24 토마토

토마토(tomato)는 가짓과의 일년생 식물로, 원산지는 남미이다. 일반 토마토, 방울토마토, 흑토마토 등이 있다. 최근에는 대추토마토, 토망고 등 개량종도 생산된다.

성숙하면서 엽록소는 감소하고 리코펜(lycopene)과 카로틴이 증가한다. 수확 후에도 리코펜 합성이 지속되며 붉은색이 짙어진다. 비타민 A로 전환되지는 않지만 강력한 항산화력을 가진다.

5) 화채류

화채류(flower vegetables)는 꽃이나 꽃봉오리 등을 식용하는 채소로, 브로콜리, 콜리플라워, 아티초크 등이 있다. 비타민 C와 식이섬유가 풍부하며, 항암효과가 뛰어나 슈퍼푸드로 꼽힌다.

(1) 브로콜리

그림 12-25 브로콜리

브로콜리(broccoli)는 배추속에 속하며, 가지 끝에 녹색 꽃봉오리가 빽빽하게 모여 있다. 가식부는 꽃 부분이다. 비타민 A·B·C와 칼슘, 구리 등 무기질이 풍부하다.

유황을 함유한 이소티오시아네이트(isothiocyanate)의 일종인 설포라판(sulforaphane)이 함유되어 해독·항산화·항염·항암 효과가 있다.

(2) 콜리플라워

그림 12-26 콜리플라워

콜리플라워(cauliflower)는 원줄기 끝의 흰색 꽃봉오리를 식용하며, 끝부분이 단단한 것이 좋다.

(3) 아티초크

그림 12-27 아티초크

아티초크(artichoke)는 국화과에 속하며, 개화 직전의 꽃봉오리를 식용한다. 육질이 연하고 맛이 담백하다. 단백질, 비타민 A·C, 칼슘, 철, 이눌린(inulin), 식이섬유가 풍부하다. 조리 시 물에 담가 쓴맛을 제거한 뒤 끓는 물에 살짝 데치거나 절임식품으로 활용한다.

6) 허브와 향신료

허브(herb)는 '푸른 풀'을 의미하는 라틴어 'herba'에서 유래하였으며, 고대부터 향신료나 약초의 의미로 사용되었다. 특히, 유럽에서는 의학적 목적의 약제나 음식의 풍미를 증진하는 식재료로 널리 활용되었으며, 용도에 따라 생것 또는 건조 상태로 사용되었다.

향신료(spice)는 '약품'을 뜻하는 후기 라틴어 'species'에서 유래하였다. 주로 양념을 목적으로 식물을 건조해 사용하며, 강한 향과 맵고 자극적인 맛을 가진다. 식욕 증진, 소화 촉진 등의 효과가 있으며, 육류·어패류·유지식품의 품질 유지와 풍미 향상을 위해 사용되어 왔다. 허브보다 향기가 강하며, 씨, 줄기, 껍질, 과실의 핵 등을 사용한다.

주요 허브와 향신료의 종류와 특징은 표 12-2, 표 12-3과 같다.

표 12-2 허브의 종류와 특징

종류		설명
레몬그라스 (lemongrass)		• '레몬 향이 나는 허브'라는 뜻이니, 실제 향은 강한 레몬 향보다는 풀 냄새에 레몬 향이 섞인 느낌 • 주로 태국 등 동남아시아에서 재배되며, 태국 요리의 수프, 소스, 닭고기, 생선 요리에 사용
레몬밤 (lemon balm)		• 식욕을 돋우고 소화불량 개선에도 도움을 주는 약용효과가 뛰어남 • 차로 마시거나, 동남아 요리 등의 육류 잡내 제거 및 장식용으로 활용
로즈메리 (rosemary)		• 풀과 숲의 시원한 향을 지닌 허브로, 고기의 잡내 제거에 활용 • 말린 로즈메리를 사용한 빵용 스프레드 제조, 고기 연육 단계 및 양념 첨가 등에 사용

(계속)

종류		설명
마조람 (marjoram)		• 허브차로 이용되며, 독일의 햄버거, 소시지 등을 만드는 데 필수적으로 사용 • 고기 특유의 냄새를 없애는 데 사용되나, 너무 높은 온도에서의 조리 또는 장시간 조리에 주의가 필요함 • 달걀, 치즈, 버터 등과도 잘 어울림
바질 (basil)		• 상큼한 향을 내는 허브로, 향이 강하지 않아 생으로 샐러드에 활용. 특히, 토마토를 이용한 샐러드와 파스타에 많이 사용되며, 열을 가하면 향이 약해짐 • 유럽에서는 생바질잎, 잣, 파르메산치즈, 마늘, 오일 등을 이용해 바질페스토를 만듦
박하 (peppermint)		• 상쾌한 향으로 널리 알려져 있으며, 차, 아이스크림, 사탕, 껌, 칵테일 등에 자주 사용 • 박하의 주성분인 멘톨(menthol)은 소화기계 개선 효과가 있음
세이지 (sage)		• 주로 잎을 말려 사용하며, 치즈, 소시지, 가금류 요리에 활용
오레가노 (oregano)		• 이탈리아 요리에 많이 사용되는 허브로, 토마토를 넣어 만드는 피자, 파스타에 자주 쓰여 매우 친숙한 향을 지님 • 향의 지속성이 좋아 수프, 소스 등 오래 끓이는 요리에 적합
월계수잎 (bay leaf)		• 고기의 잡내 제거에 탁월하여, 최근에는 돼지고기 수육 조리 시 한두 잎을 넣어 누린내 제거 용도로 활용 • 보통 말린 잎 형태로 유통되며, 생잎은 쓴맛을 지님. 유럽식 스튜와 소스 등에 널리 사용
타라곤 (tarragon)		• 프랑스 요리에 많이 사용되는 허브로, 육류 조리 시 잡내를 없애는 데 활용. 달콤하면서도 쌉싸름한 맛과 향이 특징 • 쑥의 일종으로, 소화불량, 식욕부진 개선에 효과가 있음
타임 (thyme)		• 로즈메리와 비슷한 상큼한 소나무 향을 지닌 허브로, 열에 강해 끓이거나 구워도 향이 잘 유지됨 • 허브차, 스테이크, 수프, 소스, 소시지 등에 사용되며, 줄기보다 잎을 뜯어 뿌리거나 타임 다발을 붓처럼 사용해 버터를 바르는 조리법 등에 활용
파슬리 (parsley)		• 싱그러운 채소향과 약간의 향을 지니며, 샐러드, 수프, 소스 등에 널리 사용 • 곱슬잎 파슬리는 장식효과가 뛰어나 주로 장식용으로 활용되며, 생잎 또는 말려 가루 형태로도 사용

표 12-3 향신료의 종류와 특징

종류		설명
겨자 (mustard)		• 미로시네이스에 의해 가수분해되면 자극성 있는 이소티오시아네이트 생성 • 가루로 가공하여 물에 개어 사용할 때는 약간 미지근한 물을 사용하여 톡 쏘는 맛을 내게 함 • 매운맛이 강하지 않은 씨겨자를 식초에 숙성하여 홀그레인머스터드로 이용
후추 (pepper)		• 일반적으로 덜 익은 후추 열매를 건조하여 흑후추로 사용하거나, 완전히 익은 열매의 껍질을 벗겨 음식에 색이 나지 않도록 백후추로 사용 • 후추의 매운맛 성분인 차비신(chavicine)이 껍질에 많이 분포함에 따라 흑후추가 백후추보다 매운맛이 강함
계피 (cinnamon)		• 중국, 베트남 등이 원산지이며, 계피나무를 건조시켜 그대로 사용하거나 가루로 만들어 음료와 요리에 사용 • 주 향미성분은 시남알데히드(cinamaldehyde)이며, 단맛과 매운맛을 동시에 가짐
산초 (Chinese pepper)		• 주로 열매를 말려 가루로 사용하며, 상쾌한 향과 매운맛을 냄 • 진통, 진정, 소화 개선, 항염 등의 효능
강황 (turmeric)		• 생강과 식물의 뿌리로, 강황에 풍부한 알칼로이드인 커큐민(curcumin)이 노란색을 띠며 쓴맛을 가짐 • 우리나라 남부 지방에서 생산되는 울금과 기능성분이 유사함 • 카레, 음료, 쿠키 등에 사용
바닐라 (vanilla)		• '작은 꼬투리'를 뜻하는 스페인어 'vainilla'에서 유래했으며, 마다가스카르산을 최상품으로 여김 • 생산 과정이 까다로워 가격이 비싼 편이며, 열매인 바닐라빈을 꼬투리째 데쳐 말린 뒤 발효시켜 향료로 사용 • 바닐라 난초의 열매인 꼬투리를 반으로 갈라 안의 끈적한 검은 알갱이를 음료, 제과·제빵 등에 다양하게 활용
파프리카 (paprika)		• 중앙아메리카가 원산지이며, 튀르키예를 대표하는 향신료로 매운맛보다는 단맛을 냄 • 품종에 따라 단맛부터 매운맛까지 다양하며, 색상 또한 노랑, 초록, 주황, 빨강 등 다양함 • 생선 요리, 육류 요리, 샐러드, 채소 요리 등에 이용
정향 (clove)		• 인도네시아가 원산지인 나무의 꽃봉오리를 말려 향료로 사용하며, 강한 향과 얼얼한 맛을 가짐 • 정향 추출 성분은 진통제로도 사용되며, 주로 육류, 카레, 오향장육 등에 사용
넛맥 (육두구, nutmeg)		• 인도네시아가 원산지이며, 열매의 씨를 감싸는 씨껍데기를 건조한 것은 메이스, 그 알맹이는 육두구임 • 달콤한 맛과 특유의 향을 가지며, 음료, 다진 고기 요리 등에 사용

(계속)

종류		설명
올스파이스 (allspice)		• 덜 익은 과실을 말려 향신료로 사용하거나 기름을 짬 • 계피, 육두구, 정향을 합친 듯한 향을 가져 '올스파이스'라고 부름
캐러웨이 (caraway)		• 유럽과 아시아 전역에서 자라며, 자극적인 향과 매운맛을 가짐 • 제과·제빵에서 단맛을 내기 위해 사용되며, 독일 요리에도 활용
사프란 (saffron)		• 붓꽃과 식물의 암술을 말려 사용하며, 특유의 향과 진노란색을 띰 • 세계에서 가장 비싼 향신료이며, 파에야 등에 사용
팔각 (anise)		• 원산지는 이집트와 지중해 연안이며, 오래전부터 재배됨 • 감초보다 약간 달콤한 맛을 가지며, 열매의 단맛으로 인해 사탕, 과자, 술의 풍미를 돋우는 데 사용

더 알아보기 | 부케가르니(bouquet garni)

프랑스어로 '장식된 꽃다발'을 뜻하며, 셀러리, 릭(서양 대파), 파슬리 줄기, 월계수잎, 타임 등의 향신채와 허브를 실이나 부직포(거즈)에 묶어 사용하는 조리 기법이다. 주로 스톡, 수프, 스튜, 브레이징 요리 등에서 은은한 향과 풍미를 더하기 위해 사용한다. 필요에 따라 로즈메리, 세이지, 통후추 등을 추가하기도 하며, 조리 후 쉽게 제거할 수 있어 깔끔한 맛을 유지하는 데 도움이 된다.

4. 채소의 조리 방법

채소는 가열 조리하거나 생채로 섭취할 수 있다. 한식에서는 볶음, 무침, 선 등과 같은 숙채 조리나 찌개, 국 등의 습열 조리를 많이 이용하며, 생으로 먹기도 한다. 채소는 가열 과정에서 일부 영양소가 파괴되기도 하고 반대로 흡수를 돕기도 하므로, 이를 고려하는 것이 바람직하다.

1) 습열 조리법

(1) 끓이기·데치기

한식에서 채소의 습열 조리 시 주로 끓이기(삶기, boiling)와 데치기(blanching)를 사용하며, 국, 찌개, 나물 조리에 활용된다. 조리수 사용으로 수용성 영양소와 휘발성 향기성분이 손실되기 쉽고, 질감과 색도 변질된다. 특히, 건조 저장했던 건채소(고사리, 고구마순, 시래기, 토란대 등)는 1시간 이상 끓이는 과정에서 영양소 손실이 더 크다.

(2) 찌기

찜(steaming) 조리는 채소 고유의 향미, 질감, 색을 잘 유지하며, 조리수로 인한 영양성분 손실이 적어 가장 건강한 조리법으로 평가된다. 다만, 삶기보다 5~10분 더 소요된다.

감자, 고구마와 같은 전분질 채소는 삶는 과정에서 전분이 호화되어 질감이 부드러워지고 소화가 잘되지만, 시금치와 같이 섬유질이 많은 채소는 과도하게 찌면 질감이 물러진다.

더 알아보기 | 한국의 채소 문화 - 나물과 쌈

삼국시대 이전까지는 채소 이용에 관한 기록이 거의 없으나, 고려시대 이후 숭불사상의 영향으로 채식 요리가 발달하였다. 우리나라 산과 들에 자생하는 각종 푸성귀 중 약 851종이 구황식품으로 사용되었고, 일부는 민간 약재로 쓰이기도 했다. 현재까지 300종 이상이 나물로 식용되고 있으며, 절기·의례식·행사 음식에 활용되어 우리 선조들의 나물 문화를 엿볼 수 있다.

쌈 문화는 생채를 먹는 식습관에 장 문화가 결합되면서 정착되었고, 특히 육식을 금하던 고려시대에 크게 발달하였다. 기록에 따르면 큰 잎채소는 모두 쌈으로 먹었으며, 그중에서도 상추쌈을 으뜸으로 여겼다고 한다. 쌈은 입맛을 돋우고 더위를 이기기 위한 비타민, 무기질, 수분의 공급원으로도 중요한 역할을 하였다.

더 알아보기 | 몸에 좋은 제철 봄나물

- 달래: 알싸한 향이 강하고 비타민과 무기질이 풍부해 무침이나 찌개로 즐긴다.
- 냉이: 구수한 향이 나며 단백질, 칼슘, 비타민 A·C가 풍부해 된장국이나 무침에 잘 어울린다.
- 원추리: 은은한 향과 풍부한 베타카로틴이 특징으로, 데쳐 초무침이나 볶음으로 활용한다.
- 두릅: 향이 뛰어나고 사포닌이 풍부해 데쳐 초장에 찍어 먹거나 구이와 잘 어울린다.

(계속)

- 돌나물: 아삭하고 수분감이 많으며 비타민 C가 풍부해 샐러드나 겉절이로 먹기 좋다.
- 참나물: 깔끔한 향과 풍부한 칼륨이 특징으로, 무침이나 겉절이에 적합하다.
- 취나물: 쌉싸름한 향과 풍부한 항산화성분 덕분에 나물무침이나 비빔밥에 잘 활용된다.
- 쑥: 진한 향이 나며 식이섬유와 클로로필이 풍부해 쑥국, 전, 떡 등에 쓰인다.
- 세발나물: 짭짤하고 아삭한 식감과 풍부한 미네랄이 특징으로, 생채나 샐러드로 즐기기 좋다.

출처: AI 생성 이미지(Gemini).

2) 건열 조리법

(1) 직화구이

직화구이(roasting, broiling)는 서양 조리에서 감자, 토마토, 옥수수, 피망 등을 통째로 직화로나 오븐에 넣어 굽는 조리법이다. 물에 담그지 않기 때문에 수용성 성분의 손실은 적으나, 고온으로 조리할 경우 일부 영양소가 파괴될 수 있다.

(2) 볶음·튀김

볶음(sauteing)과 튀김(deep frying)은 소량의 기름으로 볶거나 다량의 기름으로 튀기는 조리법으로, 기름을 사용하므로 수용성 성분의 손실이 적고 지용성 비타민의 흡수율이 증가한다.

튀김은 향미와 질감이 좋아져 선호된다. 볶을 때는 작게 잘라야 속까지 익으며, 당 함량이 높은 채소를 튀기면 마이야르 반응이 일어나 지나치게 갈변할 수 있다.

5. 채소의 성분과 조리 시 변화

1) 영양성분 변화

채소의 주요 영양성분인 비타민과 무기질은 수용성인 경우가 많아 세척, 담그기, 데치기, 끓이기 과정에서 손실되기 쉽다. 손실을 줄이기 위해서는 껍질째 또는 통째로 조리한 뒤 적당한 크기로 자르는 것이 좋다. 또한 자르기, 산소 노출, 기름, 산·알칼리, 금속 등도 영양소 손실 요인이다.

조리 시 다양한 요인에 의해 나타나는 채소의 영양소 안정성을 표 12-4에 정리하였다.

표 12-4 조리 요인에 따른 채소 영양소의 안정성

<table>
<tr><th colspan="2">요인</th><th>물</th><th>열</th><th>공기(산화)</th><th>기름</th><th>산</th><th>알칼리</th><th>금속</th></tr>
<tr><td rowspan="3">지용성 비타민</td><td>A</td><td rowspan="3">용출되지 않음</td><td rowspan="2">안정</td><td>불안정</td><td rowspan="3">용출됨 (흡수율 증가)</td><td rowspan="3">–</td><td rowspan="3">–</td><td>–</td></tr>
<tr><td>D</td><td>안정</td><td>–</td></tr>
<tr><td>E</td><td>안정하나, 튀기면 파괴됨</td><td>불안정</td><td>불안정</td></tr>
<tr><td rowspan="2">수용성 비타민</td><td>B복합체</td><td rowspan="2">용출됨</td><td>비교적 안정</td><td></td><td rowspan="2">용출되지 않음</td><td>안정</td><td>불안정</td><td></td></tr>
<tr><td>C</td><td>불안정</td><td>불안정</td><td>특히 저온에서 안정</td><td>불안정</td><td>불안정</td></tr>
<tr><td colspan="2">무기질</td><td>수용성 성분이 용출됨</td><td>안정</td><td>안정</td><td>안정</td><td>–</td><td>–</td><td>–</td></tr>
</table>

2) 색 변화

클로로필, 카로티노이드, 안토시아닌, 안토잔틴 등 채소의 색소는 가열, 산화, 삼투압, 양념 등에 의해 변색되며, 영양소 손실을 최소화하는 조리법 적용이 필요하다.

(1) 클로로필

클로로필(chlorophyll)은 지용성 색소로, 세포 내 엽록체에 존재하는 녹색 색소이다. 구조적으로 분자 중심에 마그네슘 원자를 가지고 있으며, 4개의 포르피린 구조를 형성한다. 조리 과정 중 가열, 산, 알칼리, 효소 등의 영향으로 인해 변색된다.

① 가열 또는 산성의 영향

대부분의 채소에 함유된 유기산은 가열 조리 과정이나 피클, 김치 등의 발효 과정에서 산의 작용이 지속될 경우, 클로로필의 중심 마그네슘이 수소 이온으로 대치되어 페오피틴(phaeophytin)으로 변하며 황록색을 띠게 된다.

녹색 채소 가열 시 조리수가 유기산으로 인해 산성화되므로 뚜껑을 열고 가열하면 휘발성 유기산이 날아가 색 변화가 억제된다. 채소의 5배 이상 되는 충분한 조리수를 사용하면 용출된 유기산의 농도가 희석되고, 온도 저하도 막아 단시간에 조리할 수 있다. 또한 조리수에 소금을 첨가하면 어느 정도 변색을 방지할 수 있다.

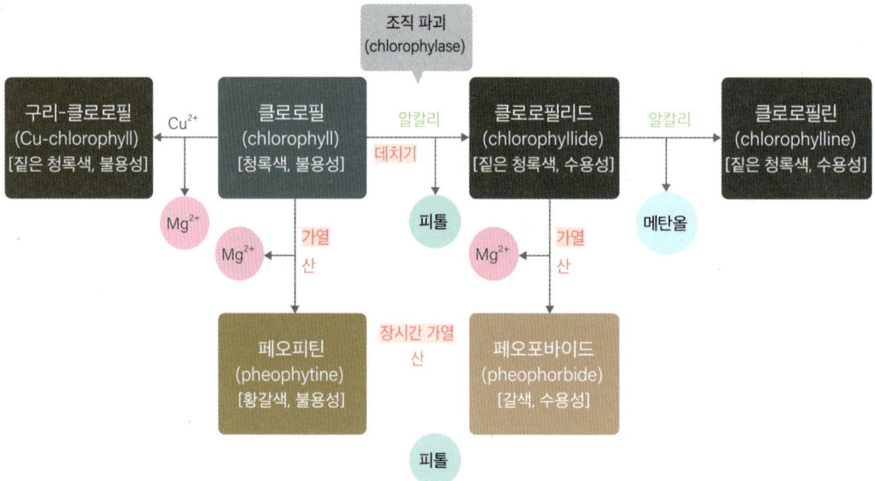

그림 12-28 **조리 시 클로로필의 변화**

출처: 송태희 외(2024). 식품학. 교문사.

② 알칼리의 영향

식소다 등의 첨가로 클로로필의 피톨기가 가수분해되어 제거되면, 클로로필은 짙은 청록색의 클로로필리드(chlorophyllide)로 변하고, 이어 클로로필린(chlorophylline)이 된다. 이로 인해 색은 선명해지지만, 알칼리에 의해 세포벽의 섬유질이 분해되어 조직감이 물러지고 비타민 C 등의 손실이 발생한다.

③ 조직 절단

채소를 자르거나 다질 때 클로로필레이스(클로로필라아제)가 유리되어 클로로필에서 피톨기를 제거하여 수용성 클로로필리드로 분해한다. 클로로필리드는 청록색을 띠므로 채소의 색에는 큰 변화가 없다.

(2) 카로티노이드

카로티노이드(carotenoids)는 클로로필과 함께 엽록체에 존재하는 황색, 주황색, 적색 색소이며, 카로틴류와 잔토필류로 나뉜다. 카로티노이드는 체내에서 비타민 A로 전환되므로 프로비타민 A라고도 하며, 당근 등에 함유된다.

비교적 열에 안정하며, 약산이나 알칼리에 의해 쉽게 파괴되지 않는다. 그러나 장시간 가열하거나 산소와 접촉하면 색소가 산화된다. 특히, 건조 채소에서는 카로티노이드의 이중결합이 산화되어 퇴색이 일어난다.

(3) 플라보노이드

플라보노이드(flavonoids)는 식물에 존재하는 주요 색소성분으로, 안토시아닌, 안토잔틴, 베탈레인 등이 이에 포함된다.

① 안토시아닌

안토시아닌(anthocyanins)은 적지 색 계열의 수용성 색소로 매우 불안정하다. 자색양배추, 가지 등의 적자색 채소에 함유되어 있으며, pH에 따라 색이 달라진다. 페닐기에 결합한 하이드록실기(−OH)의 수가 많아질수록(염기성) 청색이 진해지고, 중성에서는 보라색, 메톡실기(−OCH_3)의 수가 증가할수록(산성) 적색이 강해진다. 따라서 안토시아닌을 함유한 햇생강을 식초에 초절임하면 옅은 분홍빛이 나타나고, 자색양배추 조리 시 사과주스를 첨가하면 선명한 붉은색을 유지할 수 있다.

또한 금속(철, 구리, 주석, 알루미늄 등) 이온과 결합해 안정한 착염을 형성할 경우 청색 또는 녹색 계열로 변색된다. 예를 들어, 가지절임을 만들 때 철이나 못을 넣으면 안정한 청색을 띠게 되고, 검은콩을 조릴 때 철냄비를 사용하면 색을 유지할 수 있다. 그러나 장시간 가열하면 색이 나빠지므로 너무 오래 가열하지 않도록 한다.

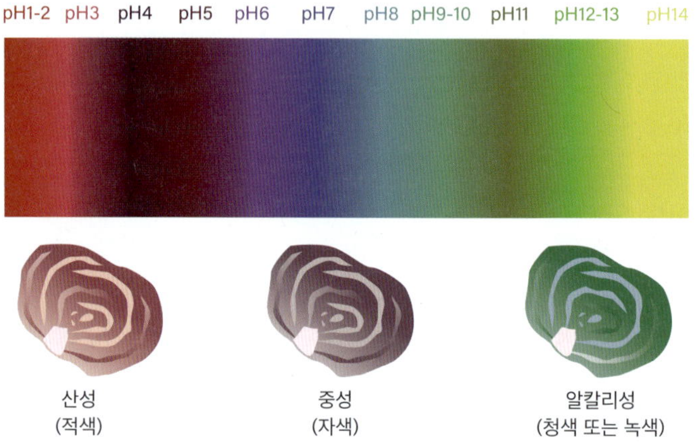

그림 12-29 pH에 따른 안토시아닌의 색 변화

② 안토잔틴

안토잔틴(anthoxanthins)은 백색 또는 담황색을 띠는 플라보노이드 색소로, 안토시아닌을 제외한 플라보노이드를 통칭한다. 수용성 색소이며 플라본(flavone), 플라보놀(flavonol), 플라바논(flavanone), 플라바놀(flavanol) 등이 이에 속한다. 연근, 콜리플라워, 감자, 고구마, 무, 양파, 우엉 등에 포함되어 있다.

안토잔틴은 장시간 가열하면 색이 어두워지며, pH 변화에 따라 가역적인 색 변화를 보인다. 특히, 산성에서는 안정하여 식초를 넣으면 색이 더욱 희어진다. 우엉이나 연근을 조리할 때 식초를 넣는 이유가 여기에 있다. 반대로, 알칼리에서는 황색 또는 갈색으로 변한다.

또한 구리 등의 금속 이온과 결합해 착염을 형성하면 흑갈색으로 변색된다. 감자, 양파, 연근 등을 철제 칼로 썰었을 때 청록색 또는 흑갈색으로 변하는 것도 같은 원인에서 비롯된다.

③ 베탈레인

베탈레인(betalains)은 적자색의 베타시아닌(betacyanin)과 황색의 베타잔틴(betaxanthin)으로 구분되며, 안토시아닌과 달리 질소를 함유하는 특징이 있다. 비트처럼 적색을 띠는 근채류에 함유된 색소가 베탈레인이다. 수용성이며, 조리 과정에서 조리수로 용출될 수 있다. 산성에서는 선명한 적색을 띠고, 알칼리에서는 적자색 또는 청색으로 변한다.

3) 향미 변화

채소의 향미성분은 유기산, 당분, 무기질, 함황물질 등이며, 각 채소는 이러한 성분 조합에 따라 고유의 향을 지닌다. 특히, 썰거나 다질 때 조직이 파괴되면서 효소작용에 의해 생성된 휘발성 저분자 화합물이 강한 냄새를 유발하고, 가열 시 휘발성 성분이 손실되어 본래 향이 약해질 수 있다.

(1) 마늘류

마늘, 양파, 파, 부추, 달래 등의 파과 채소에는 시스테인 유도체인 황화합물이 함유되어 있다. 예를 들어, 마늘에 함유된 알린(alliin)은 썰거나 다질 때 알리네이스(alliinase)라는 효소에 의해 알리신(allicin)으로 전환된다. 알리신은 알릴 설파이드, 디알릴 디설파이드, 디알릴 트리설파이드 등 휘발성 저분자 황화합물로 분해되어 마늘 특유의 매운 향을 낸다. 가열 시 이 매운 향은 사라진다.

그림 12-30과 같이 양파의 자극적 냄새 성분인 프로필 알릴 디설파이드는 가열로 분해되어 단맛이 강한 프로필 메르캅탄으로 변한다.

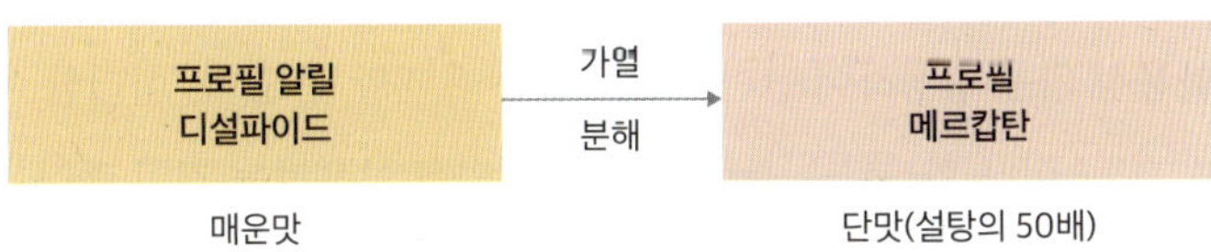

그림 12-30 양파의 단맛 성분 생성 과정

조리 Tip	눈물 없이 양파 손질하는 방법
양파의 티오프로파날-S-옥사이드는 휘발성이며 물에 잘 녹아 눈물샘을 자극한다. 양파 껍질을 벗길 때 물에 담가 두거나, 물에 젖은 상태에서 빨리 썰면 대량 조리 시 눈물 발생을 줄일 수 있다.	

(2) 배추류

배추, 양배추, 갓, 브로콜리, 콜리플라워, 무, 겨자, 고추냉이(와사비) 등 십자화과 채소에는 황화합물이 함유되어 있다. 배추류에는 시니그린(sinigrin)이라는 알릴 이소티오시아네이트 배당체가 들어 있으며, 조직이 손상되면 미로시네이스(myrosinase)의 작용으로 포도당과 $KHSO_4$, 겨자유(mustard oil, allyl isothiocyanate)가 생성되어 톡 쏘는 매운맛과 향을 낸다. 미로시네이스는 30~40℃에서 활성이 높기 때문에 겨자가루를 갤 때 따뜻한 물을 사용하면 매운맛이 강해진다.

배추류를 오래 가열하면 디메틸 디설파이드, 황화수소 등 휘발성 황화합물이 생성되어 불쾌한 냄새가 난다. 이를 줄이기 위해 단시간 가열하거나 다량의 조리수를 사용하여 냄새를 희석한다. 또한 산성 조건에서는 황화합물 배당체가 분해되기 쉬워 불쾌취가 생길 수 있다.

4) 섬유질 변화

채소의 섬유질(fiber)은 주로 식물의 세포벽에 존재하며, 채소와 줄기의 구조를 지지한다. 섬유질에는 불용성 성분인 셀룰로오스(cellulose), 헤미셀룰로오스(hemicellulose), 리그닌(lignin) 등이 포함된다. 셀룰로오스는 산과 염기에 안정해 가열 조리 시 쉽게 분해되지 않는다. 반면, 헤미셀룰로오스는 묽은산이나 염기에 의해 가수분해되므로 조리 과정에서 분해된다.

채소를 절일 때 마그네슘이나 칼슘이 함유된 소금을 사용하면, 세포벽의 펙틴이 이들 염류와 결합해 불용성 염을 형성하여 단단한 조직감을 유지할 수 있다. 이러한 이유로 채소절임에는 염화마그네슘이나 황산칼슘 등이 포함된 호염을 사용하는 것이 좋다. 또한 이 원리를 이용하여, 토마토 통조림이나 오이피클을 제조할 때는 씹는 맛을 개선하기 위해 염화칼슘을 첨가한다.

6. 채소의 저장

채소의 생육기간은 2~10개월 정도이며, 적정 생육 온도는 15~30℃이다. 채소는 수확 후에도 증산작용과 호흡작용이 지속되어 품질이 쉽게 저하된다. 따라서 저장 온도를 낮춰 대사와 호흡을 억제하면 향기성분의 손실을 줄일 수 있다.

수확 후 저장기간 동안 호흡률이 수확 시와 같거나 서서히 감소하면서 조직 내 성분을 소모하면 맛과 질감이 저하된다. 냉장 저장이 유리하지만, 냉장 시 수분 손실, 상한 부위 제거, 호흡 유지 등이 중요하다. 일부 채소(단호박, 양파, 고구마, 감자, 덜 익은 토마토 등)는 실온 저장이 적합하다.

최근에는 공기 중 산소를 질소나 이산화탄소 등으로 대체하여 대사 활동을 억제하는 CA(Controlled Atmosphere) 저장법도 널리 활용되고 있다.

self summary

1. 채소의 종류와 특징

2. 채소 조리의 특징

3. 채소 조리 시 질감, 색, 향미 변화

학습 마무리 문제

1 오이김치가 익어가면서 녹갈색을 띠게 하는 클로로필 유도체는?

① 페오피틴 ② 철 클로로필
③ 클로로필린 ④ 플라보노이드
⑤ 구리 클로로필

정답 ①
해설 클로로필은 산성 조건에서 Mg^{2+}이 수소 이온으로 치환되면 녹갈색의 페오피틴이 형성된다.

2 청경채를 데친 후에 나타나는 변화는?

① 조직 연화
② 쓴맛 증가
③ 티아민 증가
④ 수용성 성분 증가
⑤ 휘발성 유기산 증가

정답 ①
해설 채소를 데칠 때 조리수를 사용하면 수용성 영양소가 많이 손실되고, 휘발성 향기성분이 빠져나가 향미가 달라지며, 질감과 색 역시 크게 변질된다.

3 적양배추를 식초에 절였을 때 용출되는 붉은 색소는?

① 탄닌 ② 루테인 ③ 제아잔틴
④ 안토시아닌 ⑤ 아스타잔틴

정답 ④
해설 안토시아닌은 산성에서 붉은색, 중성에서 보라색, 알칼리에서 푸른색을 띠는 수용성 색소이다.

4 브로콜리를 데칠 때 녹색을 유지하는 방법은?

① 냄비 뚜껑을 닫는다.
② 브로콜리를 잘게 자른다.
③ 조리수에 식초를 넣는다.
④ 소량의 조리수를 사용한다.
⑤ 높은 온도에서 단시간 가열한다.

정답 ⑤
해설 녹색 채소는 충분한 양의 끓는 물에 넣고 뚜껑을 열어 단시간 데치면 색이 잘 유지된다. 소금을 약간 넣어도 색 보존에 도움이 된다.

5 시금치나물을 조리할 때 손실이 가장 적은 비타민은?

① 티아민 ② 판토텐산 ③ 비타민 C
④ 비타민 K ⑤ 리보플라빈

정답 ④
해설 조리 시 수용성 성분은 용출되기 쉽지만, 지용성 비타민인 비타민 K는 손실이 적다.

학습목표

- 과일의 분류를 이해하고 설명할 수 있다.
- 과일류의 주요 영양성분을 설명할 수 있다.
- 과일의 저장 방법을 이해하고 적용할 수 있다.
- 과일 조리 과정에서 나타나는 성분 변화를 설명할 수 있다.

CHAPTER

13

과일류

과일은 식물의 씨앗과 그 주변 조직이 발달하여 형성된 열매로, 아름다운 색과 향기로운 향, 새콤달콤한 맛, 풍부한 과즙 그리고 부드럽거나 아삭한 식감 등으로 인해 매우 매력적인 식품이다. 비타민과 무기질, 식이섬유뿐만 아니라 피토케미컬(phytochemical)을 비롯한 다양한 특수성분을 함유하고 있으며, 열량이 낮고 수분이 풍부하여 건강 유지에 도움을 준다.

에너지의 주요 급원식품은 아니지만 식이섬유가 장운동을 촉진하고, 성숙 과정에서 색·산미·감미·향이 변화하여 식욕을 돋우는 등 영양적·기호적 가치가 높다. 따라서 이 장에서는 과일의 분류, 영양성분, 조리 시 성분 변화, 저장 방법 등에 대해 알아보고자 한다.

1. 과일의 분류

과일은 열매가 자라는 부위에 따라 여러 종류로 나뉜다. 꽃받침이 발달한 인과류, 씨방이 자란 핵과류, 즙이 많은 장과류, 껍질이 단단한 견과류가 대표적이다(표 13-1). 이 외에도 토마토·참외·수박과 같은 과채류와, 바나나·파인애플·키위와 같은 열대과일류도 있다.

표 13-1 과일의 분류와 특징

분류	특징	종류
인과류	• 꽃받침이 비대해져 과육 형성 • 꼭지와 배꼽이 반대쪽에 위치	사과, 배 등
핵과류	• 씨방이 발달하여 형성되고, 중앙에 단단한 핵(씨)이 있으며 그 안에 종자가 들어 있음	복숭아, 자두, 대추, 살구, 매실 등
장과류	• 수분이 많고 과즙이 풍부하며, 중과피와 내과피로 이루어짐	포도, 무화과, 딸기 등
견과류	• 단단한 껍질(외피) 속에 종자가 들어 있는 형태	잣, 호두, 은행, 밤 등

1) 인과류

인과류는 꽃받침이 발달하여 형성된 과일로, 씨방보다 꽃받침 부분이 비대해져 과육을 이루는 과일을 말한다.

(1) 사과

사과(apple)는 대표적인 인과류로, 유기산(특히, 사과산)과 칼륨은 풍부하지만 비타민 C 함량은 높지 않다. 또한 펙틴 함량이 높아 잼, 젤리를 만들기에 적합하다. 사과는 껍질을 벗기거나 자른 뒤 상온에 두면 쉽게 갈변하므로, 소금물이나 설탕물에 담가 효소적 갈변을 억제할 수 있다.

그림 13-1 사과

(2) 배

배(pear)는 수분 함량과 당도가 높으며, 당분 대부분이 과당으로 이루어져 있다. 또한 단백질 분해효소가 함유되어 있어 쇠고기를 재울 때 양념장에 배즙을 넣으면 고기를 부드럽게 만드는 연육효과를 얻을 수 있다.

그림 13-2 배

(3) 감

감(persimmon)은 완숙 시 수확하여 바로 먹을 수 있는 과일이며, 떫은 감은 수확 후 떫은맛을 제거한 뒤 생과로 이용하거나 건조하여 곶감으로 가공한다. 곶감은 생감보다 단맛이 약 4배 높으며, 표면의 흰색 가루는 당알코올인 만니톨로 설탕의 약 60% 수준의 단맛을 낸다.

그림 13-3 감

감에는 비타민 C·A가 풍부하고, 탄닌의 일종인 시부올(sibuol)이 많아 미숙할 때는 떫은맛이 강하다. 시부올은 수용성 상태로 세포 내 존재하여 혀에 닿으면 녹아 떫게 느껴지지만, 감이 숙성되면서 호흡작용을 통해 알데히드와 결합해 불용성 콜로이드로 변화하므로, 혀에 녹지 않아 떫은맛이 줄어든다. 떫은맛을 인위적으로 제거하려면 감을 두꺼운 종이에 싸서 약 10일간 두면 된다.

(4) 감귤류

감귤류에는 귤, 오렌지, 레몬, 자몽 등이 포함되며, 그림 13-4와 같이 비타민 C가 풍부하고, 구연산도 많이 함유되어 있다. 귤은 비타민 C 함량이 높으며, 과육보다 껍질에 약 4배 정도 많이 포함되어 있다. 덜 익은 귤은 구연산 함량이 높고 당분이 적어 신맛이 강하지만, 익으면서 당분이 증가하고 구연산이 감소해 단맛이 높아진다.

레몬은 강한 산성을 띠어 어패류 조리 시 비린내 제거에 효과적이다. 특히, 굴이나 회처럼 신선도가 떨어지기 쉬운 식품에 레몬즙을 사용하면 알칼리성 냄새 물질(아민류)을 중화해 신선한 맛을 유지한다.

일반 감귤류보다 늦게 수확하는 만감류에는 한라봉, 천혜향, 레드향, 황금향 등이 있다. 한라봉은 귤(폰칸)과 오렌지(청견)를, 천혜향은 오렌지와 귤을, 레드향은 한라봉과 귤을, 황금향은 남향과 천초라는 귤을 접목해 만든 개량종이다. 이들은 모두 향이 진하고 당도가 높다.

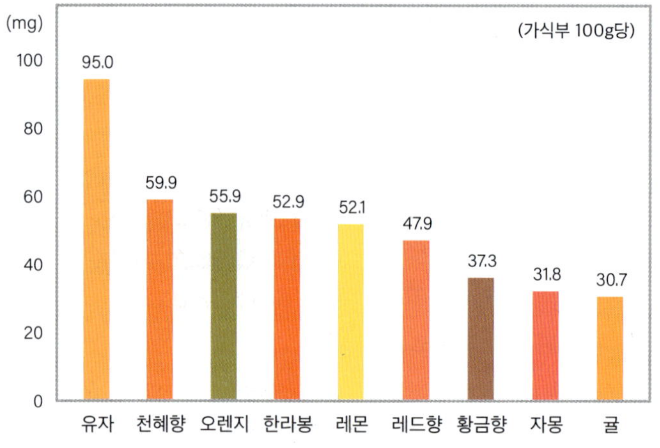

그림 13-4 감귤류의 비타민 C 함량

출처: 농촌진흥청(2025). 국가표준식품성분 DB 10.3.

그림 13-5 감귤류

2) 핵과류

핵과류는 과육의 중앙에 씨방이 발달하여 단단한 핵을 이루고, 그 안에 종자가 들어 있는 과일을 말한다.

(1) 복숭아

그림 13-6 복숭아

복숭아(peach)는 비타민 C, 베타카로틴, 펙틴질이 풍부하며, 과육의 색에 따라 백도와 황도로 구분한다.

백도는 부드럽고 과즙이 많으며 단맛이 강고, 황도는 과육이 단단하고 맛이 진하다. 백도와 황도의 껍질에는 미세한 털이 있는데, 이 털에 포함된 단백질이 일부 사람들에게 알레르기 반응을 유발하기도 한다. 천도복숭아는 껍질에 털이 없고 표면이 매끈하며 광택이 있는 품종으로, 과육이 단단하고 신맛이 강한 것이 특징이다.

복숭아는 수확 후 저장기간이 짧고 연화 속도가 빠르므로 가능한 한 빠르게 저온 유통하는 것이 바람직하다. 다만, 5℃ 미만의 온도에 노출되면 단맛과 향이 저하될 수 있으므로 5℃ 이상에서 저장·유통하는 것이 좋다.

(2) 자두

그림 13-7 자두

자두(plum)는 비타민 C와 특히 사과산을 비롯한 유기산이 풍부하며, 새콤달콤한 맛과 높은 수분 함량이 특징이다. 과육에는 카로티노이드 색소가 많아 노란색을 띠고, 펙틴이 풍부하여 변비 예방과 소화 촉진에 도움을 준다.

서양자두를 건조한 프룬(prune)은 식이섬유가 풍부해 장 건강에 유익하다. 자두는 과숙 시 쉽게 물러지고 저장기간이 짧으므로 충격을 피하고 5~10℃의 저온에서 단기간 저장하는 것이 좋다.

(3) 대추

그림 13-8 대추

대추(jujube)는 포도당과 과당이 풍부하여 단맛이 강하고, 특유의 향이 있는 과일이다. 항산화물질(폴리페놀)과 사포닌을 함유하고 있으며, 9월경 수확해 건조한 형태로 주로 이용된다.

건조 과정에서 비타민 C는 대부분 파괴되지만, 당도가

높아지고 저장성이 향상되어 대추차, 약식, 한과 등 다양한 요리에 활용된다.

(4) 매실

그림 13-9 매실

매실(Japanese apricot)은 매화나무의 열매로, 봄에 매화꽃이 핀 뒤 5~6월경에 맺히는 과일이다. 구연산과 사과산 등의 유기산이 풍부하여 신맛이 강하고, 펙틴과 폴리페놀이 함유되어 있어 항균작용과 산화방지효과가 있다. 덜 익은 매실에는 청산배당체(amygdalin)가 들어 있어, 생으로 섭취하면 독성이 있으므로 반드시 가공 후 섭취해야 한다.

매실은 설탕이나 소금에 절여 매실청, 매실장아찌, 매실액 등으로 가공되며, 가공·발효 과정에서 유기산 함량이 증가하고 신맛이 완화된다. 숙성된 매실청은 특유의 향과 풍미가 높아 조미료나 음료의 재료로 활용된다.

3) 장과류

장과류는 씨방 전체가 발달하여 과육이 되는 과일로, 과피가 얇고 과육이 부드러우며 씨가 다수 포함된 것이 특징이다.

(1) 포도

그림 13-10 포도

포도(grape)는 품종과 성숙도에 따라 성분과 맛이 달라진다. 당분(포도당, 과당)과 유기산(주로 주석산, 사과산)이 풍부해 단맛과 산미의 조화가 좋고, 즙이 많아 생과, 주스, 와인 등으로 이용된다.

껍질에는 폴리페놀계 항산화물질(레스베라트롤, 안토시아닌)이 함유되어 있으며, 특히 레드·블랙 품종에 많이 들어 있다. 반면, 청포도는 플라보노이드 함량이 높고 향이 은은하다. 포도는 건조와 온도 변화에 약하므로 0~5℃의 저온 저장이 필요하다.

(2) 딸기

그림 13-11 딸기

딸기(strawberry)는 비타민 C 함량이 매우 높아 사과의 약 10배 수준이며, 유기산(사과산, 구연산)과 당분(과당, 포도당)이 조화를 이루어 상큼한 맛을 낸다.

붉은색은 안토시아닌 색소에 의한 것이며, 폴리페놀류가 풍부해 항산화 작용과 색 안정성을 높인다. 딸기는 향기성분인 에틸부티레이트(ethyl butyrate) 등 휘발성 에스터류가 특유의 달콤한 향을 만든다.

(3) 무화과

그림 13-12 무화과

무화과(fig)는 씨방이 발달하지 않고 꽃이 열매 속에 들어있는 독특한 구조를 가진 과일로, '꽃이 없는 과일'이라는 뜻에서 이름이 붙었다. 당분(포도당, 과당)과 식이섬유, 칼륨이 풍부하며, 부드럽고 단맛이 강한 것이 특징이다.

또한 단백질 분해효소인 피신(ficin)을 함유해 고기 연육 작용에도 사용된다. 무화과는 과피가 얇고 수분이 많아 상하기 쉬우므로 즉시 섭취하거나 건조하여 이용하는 것이 좋다. 건조 무화과는 당도가 높고 저장성이 뛰어나, 차와 디저트 재료로 활용된다.

4) 견과류

견과류는 단단한 껍질 속에 씨를 포함한 과실로 밤, 호두, 잣, 은행 등이 이에 해당한다.

(1) 밤

그림 13-13 밤

밤(chestnut)은 지방이 적고 전분이 30% 이상으로 풍부하며, 밤의 껍질, 특히 내피에는 탄닌(tannin)과 엘라직산(ellagic acid)이 함유되어 약간의 떫은맛을 낸다. 엘라직산은 탄닌이 분해되어 생성된 유도체로, 가열하면 떫은맛이 줄고 단맛이 증가한다.

생밤은 수분이 많아 저장성이 낮으므로 껍질째 냉장 보관하거나, 삶거나 구워 건조·냉동 형태로 보관하는 것이 좋다. 조리에는 삶기, 굽기, 조림, 떡·빵·한과 재료 등으로 널리 활용된다.

(2) 호두

호두(walnut)는 불포화지방산 중 특히 리놀렌산과 오메가-3 지방산이 풍부한 견과류로, 기름 성분이 많아 공기나 빛에 오래 노출되면 산패되기 쉽다. 따라서 밀폐하여 냉장 보관하는 것이 좋다.

그림 13-14 호두

조리 Tip	호두 속껍질 제거

호두의 속껍질(갈색 피막)은 약간의 떫은맛을 내므로, 조리 전에 제거하면 맛이 더욱 부드럽고 고소해진다. 이때 호두를 뜨거운 식초물에 잠시 담가두면 속껍질이 쉽게 불려져 보다 손쉽게 벗길 수 있다.

(3) 잣

잣(pine nut)은 불포화지방산, 단백질, 비타민 E가 풍부해 고소하고 부드러운 맛이 난다. 기름성분이 많아 공기·빛·열에 노출되면 산패되기 쉬우므로 밀폐 용기에 담아 냉장 또는 냉동 보관한다.

그림 13-15 잣

생잣에는 아밀레이스가 들어 있어 잣죽이 묽어질 수 있으므로 사용 전 살짝 볶아 사용하는 것이 좋다. 잣을 다질 때는 기름기가 많아 미끄러우므로 도마 위에 한지 등의 종이를 깔고 칼로 잘게 다져 종이에 기름을 흡수시키면 수월하다.

(4) 은행

은행(ginkgo nut)은 딱딱한 껍질을 제거한 알맹이를 사용한다. 은행에는 메틸피리독신(ginkgotoxin, 4′-O-methylpyr-

그림 13-16 은행

idoxine)이 함유되어 있어 생으로 섭취하면 오심·구토·설사·복통 등을 유발할 수 있으며, 심한 경우 신경독성을 일으킬 수 있으므로 반드시 가열 후 섭취해야 한다.

속껍질은 팬에 기름을 약간 두르고 약불에서 굴려가며 볶은 뒤, 뜨거울 때 문질러 벗기면 비교적 쉽게 제거된다.

5) 열대과일류

열대지방은 햇빛이 강해 광합성이 활발히 이루어지므로 우리나라 과일보다 단맛이 강한 편이다. 대부분의 열대과일은 냉장고보다 실온 보관이 적합하다.

(1) 바나나

그림 13-17 바나나

바나나(banana)는 후숙과일로, 수확 후 에틸렌에 의해 전분이 포도당·과당·자당으로 전환되며, 단맛과 향이 빠르게 증가한다. 13°C 이하에서는 저온장해가 발생해 껍질이 흑갈변하고, 과육이 물러지므로 상온 보관이 원칙이다.

바나나의 숙성을 가속화하려면 사과와 같이 에틸렌을 발생시키는 과일과 함께 보관하는 것이 효과적이다. 절단 시 효소적 갈변(PPO)이 일어나므로 레몬즙 등 산을 약간 더하면 색 보존에 도움이 된다.

(2) 파인애플

그림 13-18 파인애플

파인애플(pineapple)은 산미와 향이 강하고 수분이 많은 열대과일이다. 단백질 분해효소인 브로멜라인(bromelain)을 함유해 고기 연육에 활용되며, 생과 상태에서는 젤라틴의 젤 형성을 방해하므로 젤리나 젤라틴 디저트에는 가열 후 사용하는 것이 좋다.

저장 시에는 단기간 냉장 보관이 가능하나, 8~10°C 이하의 저온에서는 저온장해가 발생할 수 있으므로 적정 온도 관리가 요구된다.

(3) 키위

그림 13-19 키위

키위(kiwi)는 후숙과일로 상온에서 숙성시키고, 먹기 좋은 상태가 되면 0~4°C에서 냉장 보관한다. 비타민 C가 풍부하고 유기산과 펙틴 함량이 높다. 액티니딘(actinidin)이라는 단백질 분해효소를 함유해 고기 연육에 활용된다.

빠른 후숙이 필요하면 사과·바나나와 함께 봉지에 넣어 에틸렌을 활용하고, 다른 과채의 과숙을 막기 위해 장기 보관 시에는 분리한다. 그린키위는 산미가 도드라져 더 상큼하고, 골드(옐로)키위는 산미가 낮아 더 달콤하다.

(4) 파파야

그림 13-20 파파야

파파야(papaya)는 후숙과일로 상온에서 익히고, 알맞게 익으면 10~13°C에서 단기 냉장한다. 파파인(papain)이라는 단백질 분해효소를 포함해 고기 연육에 쓰인다. 생과는 젤라틴 젤과 우유 단백질을 분해하므로 디저트에는 가열 후 사용하는 것이 좋다.

미숙과실은 아삭하고 풋내가 적어 샐러드·볶음 등 채소처럼 사용하며, 완숙과실은 과즙이 풍부하고 달아 생과·스무디·디저트로 이용한다. 껍질과 씨를 제거해 먹으며, 절단 후에는 갈변과 수분 손실을 막기 위해 레몬즙을 첨가하거나 밀폐 냉장하는 것이 좋다.

(5) 아보카도

그림 13-21 아보카도

아보카도(avocado)는 지방 함량이 높아 열량도 다소 높지만, 대부분 불포화지방으로 포만감과 심혈관 건강에 유익하며 크리미한 식감이 특징이다. 절단 시 효소적 갈변이 일어나므로 레몬·라임즙 등 산을 첨가해 밀폐하면 색을 잘 보존할 수 있다. 손으로 살짝 눌렀을 때 부드럽게 들어가면 잘 익은 상태이며, 사과나 바나나와 함께 두면 에틸렌 작용으로 후숙이 빨라진다.

(6) 코코넛

그림 13-22 코코넛

코코넛(coconut)은 미숙과실의 코코넛 워터(수분·칼륨 풍부, 저지방)와 성숙과실의 과육을 이용한다. 과육은 지방이 많아 열량이 높고 포화지방산 비율이 높다.

과육을 갈아 물과 함께 짜면 코코넛 밀크와 크림을 얻으며, 건조 코코넛은 제과·카레 등 여러 조리에 사용된다. 과육을 수분 7% 미만까지 건조해 만든 코코넛은 오일의 원료가 된다.

껍질째 보관할 때는 서늘하고 건조한 곳에 두면 되지만, 깐 과육·밀크 등은 지방 함량이 많아 산패되기 쉬우므로 개봉 후 냉장 보관하고 빠르게 소비해야 한다.

(7) 망고

망고(mango)는 후숙과일로 상온에서 익히며, 적숙 후에는 10~13°C에 단기 냉장한다. 베타카로틴 등 카로티노이드와 비타민 C가 풍부해 황색·주황색을 띠며 향이 강하다. 생과, 라씨·스무디, 살사, 디저트·잼 등 다양한 용도로 활용된다.

그림 13-23 망고

(8) 망고스틴

망고스틴(mangosteen)은 두꺼운 자주색 과피 속에 4~8쪽의 흰색 과육이 들어 있으며, 달콤한 맛과 은은한 산미가 특징이다. 비후숙과일로, 수확 후 크게 익지 않으므로 신선한 상태로 구매하는 것이 중요하다.

그림 13-24 망고스틴

(9) 두리안

두리안(durian)은 후숙과일로 과육이 크리미한 커스터드처럼 부드럽고 진한 단맛과 바닐라·캐러멜·아몬드 향이 어우러지며, 끝맛에 약간의 씁쓸함이 있다. 강한 유황계 향 때문

그림 13-25 두리안

에 호불호가 크다.

보관은 12~15°C 정도의 온화한 저온이 적당하며, 과도한 저온은 저온장해를 일으킬 수 있다. 과피에 자연스러운 갈라짐이 생기고 흔들 때 씨가 달그락하면 잘 숙성된 상태이다.

더 알아보기	토마토는 과일일까? 채소일까?

19세기 말 미국에서는 수입식품에 품목별로 세금을 부과하였다. 당시 관세법(Tariff Act of 1883)은 채소에는 세금을 부과하고, 과일은 면세하도록 규정하고 있었다. 뉴욕의 수입상 존 닉스(John Nix)는 토마토 수입 시 세금이 부과되자, "토마토는 씨앗을 가진 열매이므로 과일"이라 주장하며 소송을 제기하였다.

미국 대법원은 1893년 5월 10일 판결에서, 식물학적으로 토마토가 과일임을 인정하면서도, 관세 부과와 같은 법률·상업적 목적에서는 일상 언어와 사용 관행을 기준으로 해야 한다고 판단하였다.

토마토는 주로 메인 요리, 샐러드, 수프 등에서 채소처럼 사용되며, 디저트로 먹는 달콤한 과일과 용도가 다르다는 점이 그 이유였으며, 그 결과 토마토는 관세법상 채소로 분류되었다.

2. 과일의 구성성분

1) 과일의 영양성분

과일은 열량, 단백질, 지질 함량이 낮고, 당질 함량이 약 10% 내외로 단맛을 낸다. 예를 들어, 포도는 당질 함량이 14~17%로 비교적 높아 좋은 열량원이 된다. 미숙한 과일은 전분 함량이 높지만, 성숙 과정에서 전분이 당류로 가수분해되어 당도가 증가하고 맛이 향상된다. 일반적으로 과일의 지질 함량은 낮으나, 아보카도와 코코넛은 지질이 풍부하다.

과일에는 플라보노이드, 탄닌, 카테킨 등 다양한 폴리페놀류와 비타민·무기질이 풍부하다. 특히, 비타민 C, 인, 철 등이 많아 알칼리성 식품으로 분류되며, 건강 유지에 중요한 역할을 한다. 또한 셀룰로오스·펙틴 등 식이섬유가 풍부해 장운동을 촉진하고 배변을 원활하게 하며, 혈당과 혈중 콜레스테롤을 낮추는 데 도움을 준다.

과일의 주요 영양소 구성과 그 특성을 표 13-2에 체계적으로 정리하였다.

표 13-2 과일의 영양성분 (가식부 100g당)

구분	열량 (kcal)	수분 (g)	단백질 (g)	지방 (g)	탄수화물 (g)	당류 (g)	총 식이섬유 (g)
감, 단감	57	84.1	0.38	0.12	15.13	11.42	1.9
귤	39	89.1	0.53	0.10	10.04	7.99	1.6
대추	105	70.2	1.45	0.10	27.56	24.34	3.0
딸기	33	90.6	0.75	0.14	8.15	6.14	1.5
레몬	36	89.6	0.71	0.08	9.27	2.25	1.1
망고	59	83.5	0.73	0.12	15.36	13.65	1.5
멜론, 머스크	40	88.1	1.50	0.04	9.64	8.08	2.0
바나나	77	78.0	1.11	0.20	20.00	14.40	2.2
배	45	86.9	0.29	0.04	12.24	8.30	1.1
복숭아, 백도	49	85.8	0.59	0.04	13.10	9.45	2.6
복숭아, 황도	49	86.1	0.40	0.04	13.03	9.29	4.3
블루베리	43	88.1	0.50	0.12	11.11	7.86	2.4
사과, 부사	53	85.2	0.20	0.07	14.28	11.13	1.7
수박	31	91.1	0.79	0.05	7.83	5.06	0.2
오렌지	47	86.5	1.15	0.11	11.86	9.16	1.3
자두	44	87.3	0.64	0.05	11.47	8.92	2.0
자몽	32	90.8	0.84	0.05	7.93	5.44	1.2
참외	43	87.6	1.00	0.40	10.15	8.29	1.6
체리	57	83.6	1.36	0.15	14.35	8.01	2.3
키위, 골드	54	84.6	0.77	0.26	13.73	7.07	2.0
키위, 그린	66	81.6	0.93	0.63	16.08	6.73	2.6
파인애플	53	85.1	0.48	0.06	14.05	10.92	1.3
포도, 레드글로브	57	84.2	0.40	0.24	14.91	11.42	1.4
포도, 샤인머스캣	66	81.4	0.38	0.10	17.66	15.29	2.4

구분	무기질			비타민		폐기율 (%)
	마그네슘(mg)	인(mg)	칼륨(mg)	A(μg)	C(mg)	
감, 단감	6	19	157	6	28.84	19
귤	9	12	101	4	30.69	20

(계속)

구분	무기질			비타민		폐기율 (%)
	마그네슘(mg)	인(mg)	칼륨(mg)	A(μg)	C(mg)	
대추	14	42	310	2	85.99	3
딸기	12	28	179	1	62.95	3
레몬	8	22	122	0	52.07	37
망고	10	16	142	47	21.62	29
멜론, 머스크	11	19	374	2	2.02	38
바나나	32	23	355	2	6.60	48
배	6	13	124	0	2.65	17
복숭아, 백도	7	24	216	0	2.10	19
복숭아, 황도	6	20	188	9	1.67	16
블루베리	6	12	70	2	6.90	0
사과, 부사	3	11	107	1	1.41	12
수박	11	12	109	71	–	28
오렌지	11	23	152	3	55.90	28
자두	7	18	176	7	4.07	미측정
자몽	10	19	164	46	31.75	18
참외	16	45	394	0	22.00	10
체리	13	25	231	9	11.79	13
키위, 골드	13	27	262	4	90.94	13
키위, 그린	17	33	284	7	86.51	10
파인애플	15	6	113	5	40.50	45
포도, 레드글로브	5	20	146	1	1.24	12
포도, 샤인머스캣	7	20	205	3	3.24	9

'–' 표시는 측정되지 않은 결측치를 의미함
출처: 농촌진흥청(2025). 국가표준식품성분 DB 10.3.

2) 과일의 질감

과일의 질감은 섬유소(cellulose), 헤미셀룰로오스(hemicellulose), 프로토펙틴(protopectin)의 함량과 상태에 따라 달라진다. 신선한 과일은 세포 내 수분이 많아 탄력 있고 아삭한 식감을 보이지만, 저장이나 가열 과정에서 수분이 감소하면 조직이 연화된다.

불용성 프로토펙틴은 숙성 또는 가열 시 수용성 펙틴으로 전환되어 조직이 부드러워지고, 식소다($NaHCO_3$)와 같은 알칼리성 물질은 헤미셀룰로오스를 분해해 연화를 더욱 촉진한다. 수용성 펙틴은 강한 점성과 젤 형성 능력이 있어 잼·젤리 제조에 활용된다.

3) 과일의 향미성분

과일의 향은 주로 에스터류 휘발성 화합물에 의해 형성되며, 숙성 과정에서 유기산과 알코올이 에스터화 반응을 일으켜 과일 특유의 달콤하고 상쾌한 향을 만든다. 과일의 맛은 당류, 유기산, 탄닌의 조화로 결정되며, 유기산은 신맛을, 당류는 단맛을, 탄닌은 떫은맛을 낸다.

숙성 중에는 산 함량이 감소하고 향기성분이 증가하여 맛이 부드러워지고 향이 깊어진다. 가열 시 일부 유기산이 분해되어 산미가 약해지고 단맛이 상대적으로 강조되며, 산미를 유지하려면 조리시간을 단축하거나 저온에서 가열하는 것이 좋다.

과일의 맛과 향미 형성에 중요한 역할을 하는 유기산의 종류와 특징을 표 13-3에 정리하였다.

표 13-3 유기산의 종류

종류	내용
구연산(citric acid)	과일에 가장 많이 함유되어 있으며, 감귤류, 토마토에 풍부함
사과산(malic acid, 말산)	사과, 살구, 체리, 복숭아, 배, 딸기에 풍부함
주석산(tartaric acid)	포도에 풍부함

3. 과일의 저장 및 숙성

과일은 수확 후에도 호흡작용이 지속되며, 이 과정에서 전분이 분해되어 당이 증가하고 유기산 함량이 감소하여 맛이 부드러워진다. 숙성이 진행되면 일부 유기산이 에스터류로 전환되어 향이 강화된다.

바나나, 키위 등 후숙과일은 에틸렌작용으로 실온에서 완숙되며, 필요한 경우 에틸렌 가스를 처리하여 숙성을 촉진할 수 있다. 후숙과일을 사과와 함께 보관하면 사과에서 방출되는 에틸렌가스에 의해 숙성이 빨라진다.

숙성 후에는 수분 손실, 무게 감소, 변색, 산도 변화 등으로 품질이 저하된다. CA(Controlled Atmosphere) 저장은 온도와 산소·이산화탄소 농도를 조절하여 호흡과 에틸렌 생성을 억제하고, 후숙과 노화를 지연시켜 저장성을 향상한다.

이러한 과일의 숙성 유형과 특징 그리고 각 유형에 속하는 과일을 표 13-4에 정리하였다.

표 13-4 과일의 숙성 유형

구분	특징	종류
후숙과일 (호흡기 과일)	• 수확 후 호흡률 증가 • 약간 덜 익었을 때 수확	바나나, 토마토, 키위, 살구, 자두, 감, 한라봉, 망고, 아보카도 등
완숙과일 (비호흡기 과일)	• 수확 후 호흡률 저하 • 완전히 익은 후 수확	딸기, 포도, 수박, 귤, 오렌지, 레몬, 체리, 블루베리 등

4. 과일의 조리원리

1) 영양성분의 변화

과일은 조리 시 온도, 시간, pH, 산소 노출 정도에 따라 영양성분이 변화한다. 비타민 C는 열과 산소에 매우 민감하여 가열시간이 길거나 절단으로 표면적이 넓을수록 손실이 크다. 또한 수용성 비타민과 무기질은 조리수에 용출될 수 있으므로 삶기보다는 찌기나 전자레인지 조리가 손실을 줄이는 데 효과적이다. 유기산은 장시간 가열 시 일부가 분해·휘발되어 산미가 감소한다.

2) 향기성분의 변화

과일의 향은 에스터, 알데히드, 알코올 등의 휘발성 화합물에 의해 형성된다. 숙성과 저장 중에는 유기산과 알코올이 결합해 에스터가 증가하면서 향이 강화된다. 그러나 고온 조리에서는 휘발성 향 성분이 증발해 향이 약해진다.

반면, 잼·젤리 제조와 같은 농축 조리에서는 당, 유기산, 아미노산이 반응하여 마이야르 반응·캐러멜화 등이 일어나 새로운 향미가 형성된다.

3) 질감의 변화

조리 중 과일의 세포벽 구조는 열과 pH 변화로 인해 변형되며 질감이 부드러워진다. 펙틴은 가열·산·당의 영향을 받아 젤을 형성하거나 분해되며, 조리 조건에 따라 조직감이 달라진다. 산성 환경에서는 조직이 단단하게 유지되지만 알칼리성 조건에서는 헤미셀룰로오스 분해가 촉진되어 연화가 빨라진다. 또한 냉동 과정에서는 얼음 결정이 세포벽을 파괴하여 해동 후 질감이 무르게 변화한다.

4) 맛의 변화

과일의 맛은 단맛, 신맛, 쓴맛, 떫은맛의 균형에 의해 결정된다. 숙성 중 전분이 당으로 분해되면서 단맛이 증가하고, 유기산 감소로 신맛이 완화된다. 조리 시 설탕을 첨가하면 단맛이 강조되며, 탄닌 함량이 감소해 떫은맛이 줄어 기호성이 향상된다.

5) 과일의 효소적 갈변

과일의 효소적 갈변은 폴리페놀옥시데이스(PPO)가 폴리페놀을 산화해 멜라닌 색소를 생성하는 반응이다. 사과, 배, 바나나 등은 절단 후 공기와 접촉하면 갈색 변색이 나타난다

갈변을 방지하기 위해서는 표 13-5와 같이 가열로 효소를 불활성화하거나, 산을 첨가하여 최적 pH를 조절하며, 비타민 C와 같은 환원제나 저해제를 사용하여 산화반응을 억제한다. 또한 금속 이온과의 접촉을 피하고, 침지나 진공포장을 통해 산소 접촉을 물리적으로 차단하는 방법이 활용된다.

표 13-5 효소적 갈변 방지법

종류	방법과 원리	예시
가열 처리	폴리페놀옥시데이스, 티로시네이스 등 효소를 가열하여 불활성화	과일 통조림·병조림 제조 시 데치기 또는 끓이기
pH 조절	식품의 pH를 산성화(최적 pH 5.8~6.8)하여 폴리페놀옥시데이스 활성 억제	구연산, 레몬즙 등 산 용액에 담그기
온도 조절	–10℃ 이하로 냉동하여 효소 활성 억제	동결 저장
효소 촉진제 제거	폴리페놀옥시데이스, 티로시네이스는 구리를 가진 금속 효소로, 철·구리 등에 의해 활성 촉진 → 촉진 금속과의 접촉 방지	철제 칼, 금속 그릇 사용 제한
효소 저해제 사용	아황산가스, 아황산염, 염소 등은 폴리페놀옥시데이스, 티로시네이스에 대해 강한 저해작용	아황산, 아황산염, 소금 첨가
효소 및 기질 제거	갈변 기질·효소가 수용성이면 물에 침출하여 제거, 동시에 산소 접촉 차단	껍질을 벗긴 후 물에 담그기
산소 제거	효소적·비효소적 갈변 모두 산소 필요 → 산소 제거로 억제	진공포장, 물·소금물·설탕물에 담가 산소 차단
환원성 물질 첨가	갈변은 산화반응이므로 환원성 물질 첨가로 억제	아스코르빈산(비타민 C) 첨가

6) 과일의 조리 및 이용

과일은 대부분 생과일 그대로 섭취하지만, 주스·건과·통조림·냉동식품 등 다양한 형태로 활용된다. 조리 목적에 따라 설탕에 졸이거나 찌고, 굽고, 튀기는 방법을 적용할 수 있으며, 건조과일은 사용 전에 물에 불려 수분을 보충한 뒤 활용한다.

(1) 생과일

생과일은 선명한 색, 형태, 달고 상큼한 맛, 특유의 향을 지니므로 그대로 섭취하는 것이 가장 좋다. 구입 시에는 신선하고 잔류농약 위험이 낮은 것을 선택하며, 일반적으로 제철 수확 과일이 단기간 재배된 하우스 과일보다 비타민과 무기질 함량이 높다.

또한 배, 파인애플(브로멜라인), 키위(액티니딘), 파파야(파파인), 무화과(피신)처럼 단백질 분해효소를 지닌 과일은 고기 연육에도 활용된다.

(2) 건조과일

건조과일은 저장성을 높이기 위해 수분을 줄인 것으로, 대추와 건포도의 수분은 15~18%, 곶감은 28~30% 정도이다. 건조 과정에서 일부 향기성분은 감소하지만, 섬유질이 부드러워지고 당분이 농축되어 맛이 진해진다.

(3) 냉동과일

냉동은 과일을 오래 보존하는 효과적인 방법이다. 그대로 얼리거나 효소 불활성화를 위해 데친 뒤 냉동하기도 한다. 배, 사과, 복숭아처럼 변색이 쉬운 과일은 아스코르빈산, 구연산 등을 사용해 산화를 억제할 수 있으며, 냉동 전 설탕이나 시럽에 절여 두면 모양과 질감 보존에 도움이 된다. 다만, 냉동 시 형성되는 얼음 결정이 해동 과정에서 세포를 손상시켜 과육이 무르게 될 수 있으므로, 조리 용도에 맞게 활용해야 한다.

7) 펙틴 젤의 형성

(1) 펙틴

펙틴(pectin)은 식물 세포벽과 중간층에 존재하는 수용성 식이섬유로, 갈락투론산이 α-(1 → 4) 결합으로 연결된 다당류이다. 사과, 감귤류, 자두 등 과일 껍질과 과육에 풍부하며, 세포 간 결합과 구조 유지에 중요한 역할을 한다.

미숙한 과일에는 불용성 프로토펙틴이 많아 조직이 단단하나, 숙성 또는 가열 시 수용성 펙틴으로 전환되어 연화와 젤 형성 능력이 증가한다. 과숙한 과일에서는 펙틴이 펙틴산으로 분해되어 젤 형성 능력이 감소한다.

펙틴은 그림 13-26과 같이 산과 당이 함께 존재할 때 가열되면 3차원 망상구조를 이루어 젤을 형성하며, 이는 잼·젤리·마멀레이드 제조에 필수적이다. 젤 형성을 위한 적정 조건은 펙틴 약 1%, 설탕 약 65%, pH 3.0~3.3이다.

(2) 당

젤 형성에는 주로 설탕이 사용되며, 수분 활성을 낮춰 미생물 증식을 억제하고 펙틴 주변의 물을 제거해 사슬 간 응집과 젤화를 촉진한다. 또한 단맛과 저장성을 높이며, 안정된 젤 형성을 위한 설탕 농도는 약 65%가 적당하다.

(3) 산

산은 펙틴 분자의 음전하를 중화하여 사슬 간 결합을 촉진하고 젤 구조의 형성을 돕는다. 젤화에 적합한 pH는 3.0~3.3이며, 산도가 낮은 과일은 레몬즙 등을 첨가하여 산도를 보정하면 젤화와 풍미가 향상된다. 젤 형성을 위해서는 미숙과보다 충분히 성숙한 과일 사용이 바람직하다.

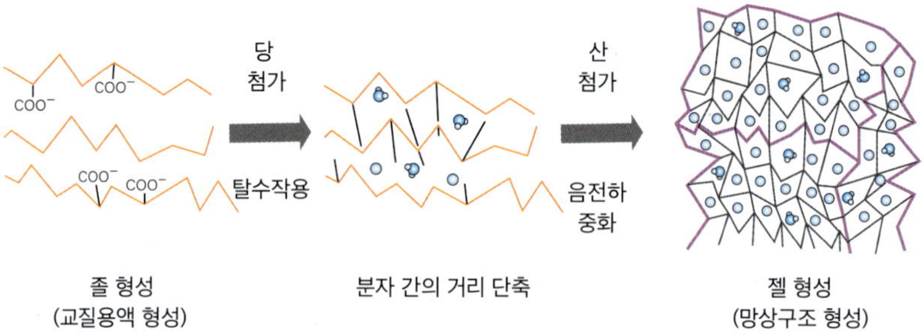

그림 13-26 펙틴의 젤 형성 과정

출처: 송태희 외(2020). 이해하기 쉬운 조리과학. 교문사.

더 알아보기 | 젤리점 측정 방법

젤리나 잼을 조리할 때, 펙틴 젤이 적절히 형성되어 졸이는 것을 마무리하는 시점을 젤리점이라고 하며, 측정 방법으로 스푼법, 컵법, 온도계법, 당도계법 등이 있다.

측정 방법		설명	젤리점 도달 판정 기준
스푼법	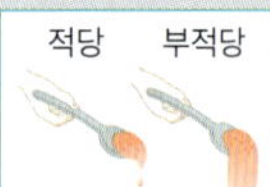	끓는 과즙을 스푼으로 떠서 가장자리에 떨어뜨려 흐르는 모양 관찰	• 미도달: 묽은 시럽처럼 한 방울씩 떨어짐 • 도달: 스푼 끝에서 막을 형성하며 한꺼번에 넓게 떨어짐
컵법		냉수를 담은 컵 속에 떨어뜨려 뭉쳐지는 모양 관찰	• 미도달: 물속에서 풀어짐 • 도달: 물속에서 덩어리를 형성하거나 주름이 생김
온도계법		온도계를 넣어 끓는 과즙의 온도 확인	• 미도달: 102℃ 이하 • 도달: 103~104℃ 유지
당도계법	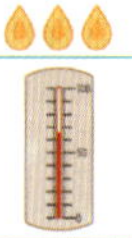	당도계로 당도를 측정하여 65° Brix가 될 때까지 농축	• 미도달: 65° Brix 미만 • 도달: 65~68° Brix 유지

self summary

1. 과일 숙성 과정 중 변화

- 크기, 조직, 색, 유기산, 당, 탄닌 등

2. 효소적 갈변 방지법

학습 마무리 문제

1 과일의 숙성 과정에서 일어나는 변화로 옳은 것은?

① 과일 고유의 색이 옅어진다.
② 탄닌이 증가하여 떫은맛이 강해진다.
③ 전분이 당으로 전환되어 단맛이 감소한다.
④ 유기산 함량이 증가하여 신맛이 강해진다.
⑤ 불용성 펙틴이 가용성 펙틴으로 변하여 조직이 부드러워진다.

정답 ⑤
해설 숙성·가열 과정에서 프로토펙틴(불용성)이 펙틴(수용성)으로 전환되어 조직이 연화된다.

2 다음 중 과일에 함유된 대표적인 유기산으로 알맞은 것은?

① 구연산(citric acid)
② 올레산(oleic acid)
③ 피틴산(phytic acid)
④ 리놀레산(linoleic acid)
⑤ 팔미트산(palmitic acid)

정답 ①
해설 구연산은 감귤류와 딸기 등 과일에 흔히 함유된 대표적인 유기산이다.

3 펙틴질에 대한 설명으로 옳은 것은?

① 펙틴은 불용성 식이섬유이다.
② 펙틴산은 젤 형성 능력이 뛰어나다.
③ 프로토펙틴은 가열되면 펙틴과 펙틴산으로 분해된다.
④ 과숙한 과일에는 프로토펙틴이 많아 젤 형성이 잘된다.
⑤ 미숙한 과일의 펙틴은 이미 분해되어 젤 형성이 어렵다.

정답 ③
해설 프로토펙틴(불용성)은 가열 시 펙틴(수용성)으로 전환되며, 과숙하거나 과열된 과일에서는 펙틴산으로 더 분해되어 젤 형성 능력이 감소한다.

4 다음 중 과일의 성숙 과정에서 함량이 감소하는 성분은?

① 전분 ② 펙틴 ③ 단당류
④ 당알코올 ⑤ 수분

정답 ②
해설 총 펙틴, 특히 프로토펙틴은 숙성 진행·가열·과숙 과정에서 분해되어 함량이 감소한다.

5 저온에 민감하여 냉장 보관 시 껍질이 갈변하는 과일은?

① 배 ② 귤 ③ 사과
④ 포도 ⑤ 바나나

정답 ⑤
해설 바나나는 저온장해에 민감하여, 일반적으로 13℃ 이하에서 껍질이 갈변한다.

학습목표

- 해조류의 종류와 특징을 설명할 수 있다.
- 한천의 제조 과정과 조리원리를 이해하고 설명할 수 있다.
- 버섯의 종류를 구분하고 적절한 조리법을 적용할 수 있다.

CHAPTER

14

해조류 및 버섯류

1. 해조류

해조류는 바다에서 자라는 식물로, 광합성을 통해 영양분을 생성한다. 해조류는 저장성과 가공성 향상을 위해 건조 처리되며, 식용뿐만 아니라 약용, 산업용으로도 활용되고 있다.

1) 해조류의 분류

해조류는 바다의 깊이에 따라 녹조류, 갈조류, 홍조류로 구분된다. 녹조류는 해수면 가까이에 분포하며, 갈조류는 중간 깊이의 바다, 홍조류는 깊은 바다에서 주로 서식한다.

그림 14-1은 이러한 해조류의 분포를 나타낸 것이며, 표 14-1에는 각 분류에 속하는 대표적인 해조류의 종류를 정리하였다.

그림 14-1 해조류의 분류

출처: 주나미 외(2020). 이해하기 쉬운 조리원리 및 실험. 파워북.

표 14-1 해조류의 종류

구분	종류		특징 및 이용
녹조류	파래		• 늦가을부터 초여름까지 번식 • 신선한 것일수록 진한 초록색을 지님 • 디메틸설파이드 함유로 고유의 향이 있음 • 비타민, 철, 칼슘 등의 무기질 다량 함유, 상대적으로 요오드 적음 • 생채나 무침 등
	청각		• 사슴뿔 모양으로 매끄러운 촉감을 지님 • 칼슘, 요오드 다량 함유 • 무침, 국, 김치속, 물김치, 냉국 등
	매생이		• 청정지역에서만 서식, 겨울철 채취 • 파래보다 가늘고 부드러움 • 특유의 향과 맛을 지님 • 칼륨과 철 풍부 • 국, 전, 죽 등
	클로렐라		• 단백질 풍부 • 건강기능식품에 사용
갈조류	미역		• 알긴산, 만니톨, 라미나린, 헤미셀룰로오스 등의 다당류 풍부 • 칼슘, 철, 요오드 풍부 • 국, 무침, 쌈 등
	다시마		• 건조 다시마의 흰색 가루는 만니톨 성분으로 단맛이 있음 • 감칠맛의 주성분은 글루탐산나트륨 • 주로 육수 낼 때 사용 • 쌈, 부각, 튀각, 조림, 국, 차 등
	톳		• 봄부터 초여름이 가장 연하고 맛이 좋음 • 검고 광택이 있는 것이 좋음 • 칼슘, 철, 요오드 풍부 • 밥, 냉국, 무침, 샐러드 등
	모자반		• 남해안과 제주도에서 주로 자생. 제주도에서는 '몸'이라고 부름 • 칼슘, 알긴산 풍부 • 겨울철에 주로 채취 • 국, 무침, 전 등
홍조류	김		• 겨울철에 가장 맛이 좋음 • 검고 윤이 나는 것이 상품(上品) • 탄수화물, 단백질, 무기질, 비타민 풍부 • 생김은 비타민 C 풍부 • 방향성 물질인 디메틸설파이드 함유 • 구이, 부각, 고명 등
	우뭇가사리		• 아가로오스, 아가로펙틴이 있어 한천 소재로 사용 • 저열량 다이어트 식품 • 우무, 양갱, 잼, 젤리, 천사채 등

출처: AI 생성 이미지(OpenAI ChatGPT, Gemini).

더 알아보기	김의 색
김에는 붉은색의 피코에리트린, 녹색의 클로로필, 노란색의 카로티노이드 등의 색소가 함유되어 있다. 구운 김이 청록색으로 변하는 것은 붉은색 피코에리트린이 탈수소화되어 피코시아닌으로 변하기 때문이다. 다만, 오래 보관한 김은 빛과 공기로 인해 피코에리트린이 파괴되어 구워도 청록색으로 변하지 않는다.	

2) 해조류의 영양성분

대부분의 해조류는 80~90%가 수분으로 구성되어 있으며, 식이섬유, 다당류 형태의 탄수화물, 단백질, 비타민, 무기질 등으로 이루어져 있다(표 14-2).

표 14-2 해조류의 영양성분 (가식부 100g당)

성분	에너지 (kcal)	수분 (%)	단백질 (g)	지방 (g)	탄수화물 (g)	총 식이 섬유 (g)	무기질							
							칼슘 (mg)	철 (mg)	마그네슘 (mg)	인 (mg)	칼륨 (mg)	나트륨 (mg)	아연 (mg)	요오드 (μg)
파래, 생것	11	93.8	2.18	0.15	2.95	2.1	55	4.1	48	38	131	122	0.13	1.26
청각, 생것	8	92.1	1.4	0.4	1.6	0	37	2.5	—	12	—	—	—	—
매생이, 생것	39	84.3	3.88	3.29	8.19	6.5	91	18.3	40	97	263	104	1.01	0
클로렐라, 말린 것	174	10.3	45.3	7.2	25.7	—	117	73.4	—	1536	—	—	—	—
미역, 말린 것	150	6.3	20.31	4.83	43.65	35.6	1109	6.1	901	355	432	7535	2.97	14458.763
다시마, 말린 것	110	12.3	7.4	1.1	45.2	—	708	6.3	—	186	7500	3100	—	—
톳, 생것	16	88.1	1.9	0.4	5	0	157	3.9	—	32	—	—	—	—
모자반, 생것	18	86.2	1.8	0.2	6.7	0	209	2.1	—	61	—	—	—	—
김, 참김, 말린 것	165	11.4	38.6	1.7	40.3	—	325	17.6	—	762	3503	1294	—	—
우뭇가사리, 생것	46	70.3	4.2	0.2	18.5	0	183	3.9	—	47	—	—	—	—
한천	154	20.1	2.3	0.1	74.6	0	523	7.8	—	16	—	—	—	—

(계속)

성분	비타민							
	A (μg)	베타카로틴 (μg)	티아민 (mg)	리보플라빈 (mg)	니아신 (mg)	B_{12} (μg)	C (mg)	E (mg)
파래, 생것	–	–	0.29	0.14	–	2.99	36	0.08
청각, 생것	23	270	0.01	0.05	1.4	–	9	–
매생이, 생것	–	–	0	0.03	–	10.27	0	0.35
클로렐라, 말린 것	–	–	–	–	–	–	–	–
미역, 말린 것	515	6185	0	0.101	3.8	0	0	1.03
다시마, 말린 것	48	576	0.22	0.45	4.5	–	18	–
톳, 생것	32	378	0.01	0.07	1.9	–	4	–
모자반, 생것	–	–	–	–	–	–	–	–
김, 참김, 말린 것	1875	22500	1.2	2.95	10.4	–	93	–
우뭇가사리, 생것	180	2160	0.04	0.43	1.1	–	15	–
한천	0	–	0	0	0	–	0	–

'–' 표기는 측정되지 않은 결측치를 의미함
출처: 농촌진흥청(2025). 국가표준식품성분 DB 10.3.

(1) 탄수화물

해조류의 탄수화물은 건조 중량의 30~60%를 차지한다. 미역, 다시마 등의 갈조류는 알긴산이 풍부하며, 이는 점성과 젤을 형성하는 성질이 있다. 그 외에도 푸코이단(fucoidan), 카라기난(carrageenan), 한천(agar) 등이 있으며, 소화가 어려운 식이섬유로서 포만감을 제공하고 장 건강에 도움을 준다.

더 알아보기	알긴산
알긴산(alginate, alginic acid)은 점질다당류(식이섬유)로 미역, 다시마 등에 함유되어 있으며, 노폐물·중금속 배출, 콜레스테롤 감소에 도움을 주고 포만감을 증진시킨다. 칼슘과 같은 2가 양이온과 반응하여 젤을 형성한다. 아이스크림, 소스, 분자요리의 증점제나 의약품 등에 활용된다.	

(2) 단백질

건조된 해조류의 단백질 함량은 약 10~30%이며, 아미노산 조성이 우수하다. 필수아미노산도 포함되어 있지만, 메티오닌, 이소류신, 라이신 등의 함량은 부족한 편이다.

(3) 비타민과 무기질

해조류에는 티아민, 리보플라빈, 니아신 등의 비타민 B군이 풍부하며, β-카로틴 함량도 높아 비타민 A의 좋은 급원식품이다. 특히, 파래에는 위궤양에 효과가 좋은 비타민 U가 함유되어 있다. 또한 요오드, 칼슘, 철, 마그네슘 등의 무기질도 풍부하다.

조리 Tip	미역국에 파를 넣지 않는 이유
미역국을 끓일 때 파의 인과 황 성분이 미역의 칼슘과 결합해 흡수를 방해하므로, 파는 넣지 않는 것이 좋다.	

(4) 특수성분

녹조류는 클로로필이 함유되어 있어 녹색을 띠며, 갈조류는 β-카로틴과 푸코잔틴 등의 카로티노이드 색소로 인해 갈색을 나타낸다. 홍조류는 피코에리트린, 피코시아닌, 클로로필, 카로티노이드 등의 색소를 지니고 있다.

해조류 특유의 냄새는 테르펜계와 황함유 화합물에 의한 것이며, 특히 김의 향은 디메틸설파이드 때문이다. 해조류의 구수한 맛은 글리신, 알라닌 등에 의한 것이다.

3) 해조류의 조리 특성

(1) 흡수와 팽윤

건조 상태의 해조류는 물에 담그면 수분을 흡수하고 팽윤하여 부피가 커진다. 건미역은 찬물에서 대략 10~20분이면 불어나며, 부피는 보통 5~6배 증가한다. 물에 불린 해조류는 수분을 흡수하는 과정에서 원래의 모양과 식감을 회복한다.

(2) 열처리

불린 미역, 다시마, 톳 등은 끓는 물에 데치면 색이 선명해지고 부드러워진다. 그러나 과한 열처리는 영양소 파괴와 질감 손실을 초래할 수 있다.

(3) 감칠맛 추출

다시마의 글루탐산은 감칠맛이 뛰어나지만, 끓는 물에 바로 넣거나 오래 끓이면 점액질이 추출되면서 쓴맛이 나므로 저온에서 천천히 우려내고, 끓기 시작하면 건져낸다. 마른 다시마는 씻지 않고 깨끗한 행주로 표면을 닦은 후 사용하는 것이 좋다.

4) 한천의 제조 및 조리원리

(1) 한천의 제조

한천은 홍조류인 우뭇가사리에 물을 넣고 가열하여 용해한 후 냉각시켜 젤 상태로 응고시키고, 이를 건조하여 만든다. 한천의 주성분은 다당류인 갈락탄(galactan)으로, 아가로오스(agarose)와 아가로펙틴(agaropectin)으로 구성된다. 아가로오스는 젤을 형성하는 능력을, 아가로펙틴은 젤 강도를 조절하는 역할을 한다.

한천은 식품의 젤화제, 증점제로 사용되며, 미생물 배지, 약품 캡슐 원료, 화장품 제형의 증점제, 안정제로도 이용된다.

(2) 한천의 조리원리

한천은 물에 담가 팽윤시킨 후 80~100℃로 가열하면 액체 상태로 용해된다. 이를 약 28~35℃ 정도에서 냉각시키면 점도가 증가하고 3차원의 망상구조를 이루어 젤을 형성한다.

조리에 사용하는 한천 농도는 일반적으로 0.5~1.5%이며, 농도가 높을수록 더 단단한 젤이 만들어진다. 한천의 응고에는 표 14-3과 같이 여러 요인이 영향을 준다.

또한 한천은 높은 온도에서 용해되고 낮은 온도에서 빠르게 응고하는 특성을 지니며, 이는 젤라틴과 대조적인 점이다. 두 젤화제의 주요 특성은 표 14-4에 정리하였다.

표 14-3 한천의 젤 형성에 영향을 미치는 요인

요인	젤 형성에 미치는 영향
응고 온도	• 약 28~35℃에서 응고 • 응고 온도가 낮을수록 응고 속도가 빠르고 강도 증가 • 응고 온도가 높으면 투명한 젤 형성
한천 농도	• 농도가 높을수록 응고 속도와 젤 강도 증가 • 2% 이상인 경우는 용해가 어려움
설탕	• 설탕량이 많을수록 젤 강도, 점성, 탄성, 투명도 증가 • 설탕 75% 이상에서는 망상구조 형성이 어려워 강도 저하
소금	• 3~5% 소금 첨가 시 젤 강도 증가 및 이장현상 감소
pH	• 과즙의 유기산은 한천을 가수분해하여 젤 강도 저하 • 과즙 첨가 시 한천용액을 완전히 용해한 후 넣어야 함 • 알칼리 상태에서는 젤 강도 증가
우유	• 우유의 지방과 단백질이 한천 젤의 망상구조 형성을 저해하여 강도 저하 • 우유량이 많을수록 한천 농도를 높여야 함

표 14-4 한천과 젤라틴 젤의 특성 비교

구분	한천	젤라틴
원료	우뭇가사리(식물성, 홍조류)	동물의 가죽, 껍질 등에서 추출한 콜라겐(동물성)
성분	갈락탄(다당류)	콜라겐(단백질)
사용 농도	0.2~1.5%(1~2% 견고한 조직감)	3~4%
물 흡수량	20배	6~10배(분말은 5분, 판상은 20~30분)
응고 온도	28~35℃(실온 응고)	3~10℃(냉장 응고)
젤리의 성질	투명도가 낮고 부착성이 없음	투명도가 높고 부착성이 있음
용해 방법	팽윤 후 80~100℃에서 끓여 용해	팽윤 후 35~40℃의 뜨거운 물로 용해

(계속)

구분		한천	젤라틴
첨가물	설탕	강도 증가	응고 방해
	산	강도 저하	소량은 부드러운 응고, 강산은 응고 방해
	소금	강도 증가	강도 증가
사용 예		양갱, 과일젤리, 아이스크림, 셔벗, 약품 캡슐, 연고제의 원료, 화장품, 미생물 배지 등	무스케이크, 마시멜로, 아이스크림, 족편 등
종류		 실 한천  한천 분말	판 젤라틴  가루 젤라틴

출처: AI 생성 이미지(OpenAI ChatGPT).

조리 Tip 한천을 녹일 때 설탕을 넣는 시점

한천이 완전히 용해되기 전에 설탕을 넣으면 설탕이 물을 먼저 흡수해 한천이 잘 녹지 않는다. 따라서 한천이 모두 용해된 후 설탕을 넣는 것이 좋다.

젤은 시간이 경과할수록 그림 14-2와 같이 망상구조가 수축하면서 내부의 액체가 빠져나가 부피가 줄어드는 현상이 발생한다. 이를 이장현상(syneresis)이라고 한다.

한천 농도를 1% 이상 사용하거나 설탕 농도를 60% 이상으로 높이면 이장현상을 줄일 수 있다. 또한 가열시간을 길게 하거나, 형성된 젤의 저장 온도를 낮추면 이장현상이 덜 발생할 수 있다.

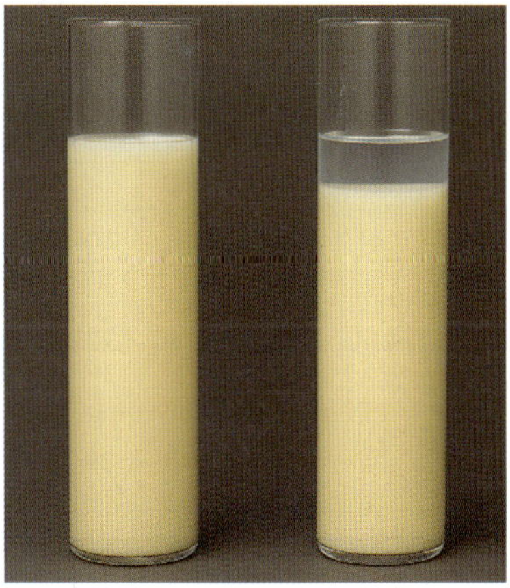

층 분리 전 층 분리 후

그림 14-2 이장현상

출처: AI 생성 이미지(OpenAI ChatGPT).

2. 버섯류

버섯류는 자실체를 통해 번식하는 균류의 일종으로, 그늘지고 습한 곳에서 잘 자라며 포자로 번식한다. 버섯은 독성이 없는 것을 식용으로 사용하며, 약용으로도 활용되고 있다. 우리가 주로 식용으로 사용하는 버섯은 표고버섯, 송이버섯, 양송이버섯, 느타리버섯, 팽이버섯 등이다.

1) 버섯의 영양성분

버섯(생)은 표 14-5와 같이 수분 함량이 90% 이상을 차지하고, 탄수화물 2~8%, 단백질 2~4%, 지질 0.2~0.4% 정도를 함유하고 있다. 식이섬유, 비타민 $B_1 \cdot B_2$, 니아신, 비타민 D의 전구체인 에르고스테롤이 0.2~0.3% 들어 있다. 버섯의 감칠맛 성분으로는 글루탐산, 루신, 알라닌 등이 있다.

표 14-5 버섯류의 영양성분 (가식부 100g당)

성분	에너지 (kcal)	수분 (%)	단백질 (g)	지방 (g)	탄수화물 (g)	총식이섬유 (g)	무기질					
							칼슘 (mg)	철 (mg)	마그네슘 (mg)	인 (mg)	칼륨 (mg)	나트륨 (mg)
표고버섯, 배지재배, 말린 것	180	8.3	21.37	2.49	62.88	42.2	20	1.92	109	448	1885	12
송이버섯, 생것	21	89	2.05	0.15	8.12	4.6	1	1.85	6	33	317	1
양송이버섯, 갈색양송이, 생것	15	91.9	3.73	0.2	3.24	3	2	0.33	10	119	404	5
느타리버섯, 생것	15	91.9	2.6	0.14	4.7	2.9	0	0.78	14	100	256	2
팽이버섯, 생것	21	89	2.48	0.52	7.08	3.8	1	1.1	12	83	364	3
목이버섯, 말린 것	169	12.9	11.88	1.26	69.66	43.5	694	5.1	216	319	1085	108
석이버섯, 말린 것	165	12.9	11.75	0.96	68.47	60.9	47	54.6	85	89	403	6

(계속)

성분	비타민								폐기율 (%)
	A (μg)	티아민 (mg)	리보플라빈 (mg)	니아신 (mg)	B_{12} (μg)	C (mg)	D (μg)	E (mg)	
표고버섯, 배지재배, 말린 것	0	0.837	1.327	17.512	0	0	71.09	0	0
송이버섯, 생것	0	0.016	0.402	3.758	0	1.18	0	0.04	5
양송이버섯, 갈색양송이, 생것	0	0.075	0.304	3.116	0	0	0	0	0
느타리버섯, 생것	0	0.134	0.15	5.127	0	0.21	0	0.03	1
팽이버섯, 생것	0	0.22	0.237	1.277	0	0	0	0	17
목이버섯, 말린 것	0	0.147	0.897	2.047	0.88	0	4.04	0	0
석이버섯, 말린 것	99	0	0.284	2.277	2.17	0	0	4.54	0

출처: 농촌진흥청(2025). 국가표준식품성분 DB 10.3.

2) 버섯의 종류 및 조리 특성

(1) 표고버섯

표고버섯(oak mushroom)은 우리나라에서 가장 많이 재배되는 버섯으로, 특유의 깊고 진한 향을 지니고 있다. 건조 시 에르고스테롤이 자외선에 의해 비타민 D로 전환되고 향이 더 강해진다. 표고버섯의 향미성분은 렌티오닌(lenthionine), 5′-GMP, 만니톨, 트레할로오스(trehalose) 등에 의한 것이다.

말린 표고버섯은 갓의 펴짐 정도, 두께와 무늬, 색상과 건조 상태 등에 따라 표 14-6과 같이 등급이 구분되며, 종류는 그림 14-3에서 볼 수 있다. 표고버섯은 육수를 내거나 국물 요리에 많이 사용되며, 튀김, 전, 볶음 등에 이용된다.

표 14-6 표고버섯의 등급

등급	특징
화고(花菇)	• 최고급 등급으로, 갓의 펴짐 정도가 거의 없고 거북이 등처럼 갈라져 있으며 사이에 하얀 꽃무늬가 있음 • 육질이 두껍고 향이 강함 • 백화고, 흑화고가 있음
동고(冬菇)	• 갓이 완전히 펴지지 않고 두꺼움 • 향과 식감 우수
향고(香菇)	• 갓이 어느 정도 펴진 상태 • 동고와 향신의 중간 등급
향신(香信)	• 갓이 80~90% 이상 펴진 상태 • 육질이 얇고 중량이 가벼움

그림 14-3 표고버섯의 종류

출처: AI 생성 이미지(Gemini).

(2) 송이버섯

송이버섯(pine mushroom)은 고급 식재료로, 향, 식감, 효능이 우수하다. 살아 있는 소나무 뿌리 주변에서 자라며, 인공 재배가 어려워 대부분 자연산이다. 9월 중순~10월 초, 특히 추석 무렵에 집중 출하된다. 특유의 진한 송진 향은 메틸시나메이트(methyl cinnamate)와 마츠타케올(matsutakeol)에 의한 것이다. 향을 살리기 위해서는 양념을 최소화하고 살짝 가열해 먹는 것이 좋다. 송이버섯은 주로 구이, 산적, 덮밥, 전 등에 이용된다.

(3) 양송이버섯

양송이버섯(button mushroom)은 전 세계에서 가장 많이 소비되는 버섯으로, 갓이 균일한 크림색을 띠며 갓 표면에 점무늬나 갈변, 얼룩이 없는 것이 신선하다. 양송이버섯은 티로시네이스가 함유되어 있어 쉽게 갈변되므로 살짝 데쳐서 사용하고, 보관 시에는 저온 저장하거나 공기를 차단하는 것이 좋다. 양송이버섯은 육류 요리에 곁들이거나 구이, 수프 등에 이용되며, 통조림으로도 가공해 사용된다.

(4) 느타리버섯

느타리버섯(agaric mushroom)은 부드러운 식감과 은은한 감칠맛을 지니고 있다. 갓 표면이 매끄럽고 균일한 연회색이나 담황색을 띠는 것을 선택하며, 가장자리가 말리거나 갈라지지 않은 것이 좋다. 흐르는 물에 살짝 헹군 뒤 가볍게 눌러 물기를 제거한다. 부서지기 쉬워 살짝 데친 후 씻어 사용하기도 한다. 국, 찌개, 전골, 잡채, 볶음 등에 이용된다.

(5) 팽이버섯

팽이버섯(winter mushroom)은 아삭하고 탄력 있는 식감을 지니고 있다. 갓이 희고 얼룩이 없는 깨끗한 것을 선택하고, 뿌리 부분이 마르지 않고 단단하게 묶여 있는 것이 신선하다. 톱밥이 있는 밑동을 잘라 사용하며, 국, 전골, 볶음, 튀김 등에 이용된다.

(6) 목이버섯

목이버섯(ear mushroom)은 활엽수 고사목에서 주로 자라는 귀 모양의 흑갈색 버섯이다. 보통 건조된 상태로 유통되며 쫄깃한 촉감을 지닌다. 마른 목이버섯은 찬물에 불린 후 밑동을 잘라 사용한다. 잡채, 중국 음식에 많이 이용된다.

(7) 석이버섯

석이버섯(stone mushroom)은 바위에 자생하는 검은색 버섯으로, 버섯류 중 식이섬유와 철 함량이 가장 높다. 주로 건조 상태로 유통되므로 물에 불려 부드럽게 만든 뒤, 비벼가며 이물질과 뒷면의 이끼를 제거한다. 물기를 닦아내고 중앙의 움푹 들어간 부분(배꼽)을 제거한 뒤 돌돌 말아 곱게 채썰어 볶아 고명으로 쓰거나 가루를 내어 떡에 사용하기도 한다.

(8) 송로버섯

송로버섯(truffle)은 땅속에서 자라는 버섯으로, 세계 3대 진미 중 하나로 알려져 있다. 표면이 거칠고 짙은 갈색에서 검은색을 띠는 흑송로는 풍부한 흙 내음과 견과류 향이 있다. 매끄러운 표면의 크림색에서 연한 갈색을 띠는 백송로는 마늘, 샬롯, 양파, 허니, 머스크 등 강하고 복합적인 향이 난다.

송로버섯은 향을 살리는 것이 주된 목적이므로, 조리 마지막에 얇게 썰거나 갈아 생으로 사용한다. 흐르는 물에 씻지 않고 부드러운 솔로 흙만 털어내며, 보관할 때는 키친타월로 감싸 밀폐용기에 넣어 냉장 보관한다. 주로 애피타이저, 샐러드, 파스타에 사용된다.

그림 14-4 버섯의 종류

출처: AI 생성 이미지(Gemini).

조리 Tip 버섯류의 세척 및 조리

- 버섯류는 다공성 조직으로 물을 쉽게 흡수한다. 세척 시 마른 솔이나 키친타월로 흙이나 먼지만 털어내고, 필요한 경우 흐르는 물에 짧게 헹군 뒤 즉시 조리한다.
- 버섯의 향기성분은 열에 휘발되기 쉬우므로 센 불에서 짧게 조리하는 것이 좋다. 간을 할 때는 조리 마지막에 첨가해야 식감을 무르지 않게 하고, 향과 색을 잘 유지할 수 있다.

self summary

1. 한천의 젤 형성에 미치는 영향

2. 한천과 젤라틴 젤의 특성 비교

3. 버섯의 종류 및 조리법

학습 마무리 문제

1 다음 중 갈조류에 속하는 것은?

① 김 ② 미역 ③ 파래
④ 매생이 ⑤ 우뭇가사리

정답 ②

해설 갈조류에는 미역, 다시마, 톳, 모자반 등이 속한다. 파래와 매생이는 녹조류이며, 김과 우뭇가사리는 홍조류이다.

2 구운 김의 청록색 성분은?

① 클로로필 ② 카로티노이드
③ 피코에리트린 ④ 피코시아닌
⑤ 안토시아닌

정답 ④

해설 김에 포함된 붉은 색소인 피코에리트린은 가열 과정에서 탈수소 반응을 거쳐 청록색 계열의 피코시아닌으로 변한다. 이 때문에 구운 김이 청록색을 띤다.

3 한천 제조에 사용되는 해조류는?

① 톳 ② 미역 ③ 다시마
④ 모자반 ⑤ 우뭇가사리

정답 ⑤

해설 우뭇가사리는 강한 젤 형성 능력을 가진 홍조류로, 한천(agar)의 주원료로 사용된다.

4 한천의 젤 형성에 대한 설명으로 옳은 것은?

① 응고 온도가 높을수록 응고 속도가 빠르다.
② 설탕량이 많을수록 젤 강도가 감소한다.
③ 과즙의 유기산은 젤 강도를 증가시킨다.
④ 10% 이상의 소금을 첨가하면 젤 강도가 높아진다.
⑤ 우유를 많이 사용할수록 한천 농도도 높여야 한다.

정답 ⑤

해설 한천 젤은 응고 온도가 높을수록 응고 속도가 느려진다. 설탕은 한천 분자 간 결합을 강화하여 젤 강도를 증가시킨다. 과즙의 유기산은 한천을 부분적으로 가수분해해 젤 강도를 약화시키며, 소금은 3~5% 범위에서 젤 강도를 다소 증가시키지만, 과량의 소금은 오히려 젤 강도를 약화시킬 수 있다.

5 세계 3대 진미 중 하나로 향이 뛰어나며, 주로 생으로 사용하는 버섯은?

① 송로버섯 ② 양송이버섯
③ 느타리버섯 ④ 영지버섯
⑤ 표고버섯

정답 ①

해설 송로버섯(truffle)은 캐비아, 푸아그라와 함께 세계 3대 진미로 꼽히며, 땅속에서 자라기 때문에 '땅속의 보석'이라고 불린다. 독특하고 강렬한 향이 특징이다.

참고문헌

국내문헌

농촌진흥청 (2012). FTA 대응 품목별 경쟁력 제고 대책 ③ (감자).

농촌진흥청 (2025). 국가표준식품성분 DB 10.3.

배영희 외 (2002). 조리응용을 위한 식품과 조리과학. 교문사.

변진원 외 (2021). 조리원리. 파워북.

손정우 외 (2018). 한국조리. 파워북.

송태희 외 (2020). 이해하기 쉬운 조리과학. 교문사.

송태희 외 (2024). 식품학. 교문사.

신말식 외 (2021). 이해하기 쉬운 조리과학. 파워북.

안선정 외 (2024). 새로운 감각으로 새로 쓴 조리원리. 백산출판사.

이경애 외 (2021). 쉽게 풀어 쓴 식품가공저장학. 교문사.

이경애 외 (2023). 이해하기 쉬운 조리원리. 파워북.

이주희 외 (2019). 과학으로 풀어 쓴 식품과 조리원리. 교문사.

이지현, 이신정 (2023). 조리원리. 백산출판사.

주나미 외 (2020). 이해하기 쉬운 조리원리 및 실험. 파워북.

한국식품영양관련학과 교수협의회 (2025). 문운당 영양사 요점정리 제3권 식품학 및 조리원리. 문운당.

홍진숙 외 (2025). 식품재료학. 교문사.

황인경 외 (2018). 스마트 식품학. 수학사.

국외문헌

Boukid, F. (2021). Plant-based meat analogues: from niche to mainstream. European Food Research and Technology, 1-12.

인터넷 사이트

농림축산식품부 축산물이력제. https://www.mtrace.go.kr/sense/tipList.do?mid=KO03030200

농식품올바로. https://koreanfood.rda.go.kr/kfi/fct/fctFoodSrch/list?menuId=PS03563#

농촌진흥청. https://www.rda.go.kr

법제처 국가법령정보센터. https://www.law.go.kr

삼성전자 뉴스룸. https://news.samsung.com/kr

삼성전자서비스. https://www.samsungsvc.co.kr/solution/1025831

새미네 부엌(샘표). https://semie.cooking/recipe-lab/archive/vinegar-types-and-uses

㈜생물나라. https://www.biozoa.co.kr/data/board/support/60d55f2bf86f0e-fa111048064e6a6f271637574.png

식품안전나라. https://www.foodsafetykorea.go.kr

식품의약품안전처 식품분야 공전 온라인 서비스. https://various.foodsafetykorea.go.kr/fsd/#/ext/Document/FC

에이젯플러스. https://azplus.co.kr

축산물품질평가원. https://www.ekape.or.kr

퓨어워터텍. https://www.pwt.co.kr

한나기계. https://hannainst.co.kr

AFRISO. https://www.afriso.com

amazon. https://www.amazon.com/Capillary-viscometer-Measuring-Coefficient-Laboratory/dp/B0DQ8CB26J?th=1

amazon. https://www.amazon.com/Saladulce-Viscometer-Viscosity-Varnish-Lacquer/dp/B0CC25SR3K

Fluke. https://www.fluke.com/ko-kr

LEYBOLD. https://www.leybold-shop.com

nichirei. https://circle.nichirei.co.jp/en/feature/hiyashi-chuka/106

Qualitest. https://www.worldoftest.com

찾아보기

ㄱ

가공유 244
가공 유지 283
가금류 150
가소성 289
가열 239
가열 조리 57
갈락탄 359
갈변 309, 318
갈변반응 122
갈비 169, 170
갈조류 354, 355
감미도 120
감자 95
감칠맛 156
갑각류 182
강낭콩 262
강력분 135
강황 315
건열 조리법 60, 171
견과류 335
결정형 캔디 124
결정화 121
결합조직 150, 151
결합조직 단백질 152
계피 315
고구마 96
고깃국 174
곤약 99
골격 150
과당 117
구아닌 194
구운 달걀 221
구이 171
국수 92
굽기 60
귀리 84
균질화 242
근내지방 152
근섬유 150
근원섬유 150
근원섬유 단백질 152
근육 150
근육조직 150
글루탐산 193
글루탐산나트륨 355
글루테닌 134
글루텐 132
글리시닌 256
글리신 193
글리아딘 134
글리코겐 153
기름 280
기 버터 283
기장 86
기포성 212, 214
김 355
끓는점 오름 23
끓이기 58

ㄴ

나스닌 311
난각 207
난류 206
난백 208
난백계수 227
난백단백질 210
난황 208
난황계수 226
난황단백질 210
낫토 272
내장 152
냉동 55
냉장 55
너비아니 172
넓적다리 171
넛맥 315
노화 110
녹는점 286
녹두 261
녹변현상 217
녹조류 354, 355
농축유 245
농후난백 208
느타리버섯 365
니트로조미오글로빈 156

ㄷ

다듬기 50
다시마 355
단백질 분해효소 165
달걀 206
달걀 등급판정 225
달걀 무게 224
달걀찜 219
달걀프라이 220
닭·오리고기 162
닭튀김 173
담수어 182

당류 115
당화 114
대류 18
대체 감미료 118
대체육 273
데치기 57
도우 143
도정률 80
동고 364
동물성 유지 282
동유 처리 284
돼지감자 100
돼지고기 169
두족류 182
뒷다리 170
듀럼밀 132, 143
드립 195
들기름 282
등심 167, 170
디메틸 설파이드 358
디알릴 디설파이드 301
디알릴 트리설파이드 323
땅콩 263
떡 92

ㄹ

라드 283
라테브라 208
레닌 241
레몬그라스 313
레몬밤 313
레시틴 211, 256
레어 173
레티큘린 151
렌티오닌 363
렌틸콩 264
로스팅 171, 173
로인 베이컨 176
로즈메리 313
리놀레산 256
리코펜 312
리포비텔리닌 210
리포비텔린 210
리폭시게네이스 260

ㅁ

마 99
마가린 283
마늘 308
마블링 152
마요네즈 223
마조람 314
마츠타케올 364
만니톨 355, 363
매생이 355
머랭 222
메밀 85
메추리알 207
메트미오글로빈 155
메트미오크로모겐 155
메틸시나메이트 364
멜라노이딘 239
멜라닌 194
면역글로불린 237
멸균 243
모자반 355
목심 167, 170
목이버섯 365
몰랄농도 24
무화과 165
미디엄 173
미디엄 레어 173
미디엄 웰던 173
미로시네이스 315
미역 355
미오겐 197
미오글로빈 155
미오신 150, 198
밀 84
밀기울 133

ㅂ

박력분 135
박하 314
발효유 249
배아 133
배유 133
버터 247, 283
베이컨 176
베이킹소다 138
베이킹파우더 139
베타인 193
베타잔틴 322
베탈레인 322
변색 217
변성전분 115
병아리콩 264
보리 83
복사 19

복합 조리법 64, 175
볶기 62, 171, 172
부채살 171
부케가르니 316
부패 195
분유 245
분질감자 95
불고기 172
불리기 52
불포화지방산 164
브레이징 64, 175
브로멜라인 165
브로일링 171, 173
블루 레어 173
비가열 조리 57
비결정형 캔디 125
비린내 199
비열 23, 288
비중 287
비중법 225

ㅅ

사골국 174
사워도우 138
사태 169, 174
사포닌 258
사프란 316
사후경직 153, 156, 195
삭시톡신 194
산 240
산소화 155
산패 289
산화 155
살균 243
삶기 57
삶은 달걀 217
삼겹살 170
삼겹살 구이 172
삼계탕 174
생강 309
생유 242
서당 116
서리태 259
서목태 259
석이버섯 365
섞기 54
설도 168
설탕 116
섭산적 172
섭씨온도 26
세균 수 196
세몰리나 143
세사몰 282
세이지 314
세파린 211
셀렉트 159
셀리악병 137
소기름 283
소시지 176
송로버섯 365
송이버섯 364
송화단 222
쇠고기 166
쇼트닝 283
쇼트닝성 288
숄더 베이컨 176
수란 218
수분 234
수비드 60
수소화 283, 284
수수 86
수양난백 208
수육류 150
수중유적형 30
수플레 222
숙성 153, 156, 343
숯불구이 171
스크램블드에그 221
스탠다드 159
스테이크 173
스튜잉 65, 175
스펀지법 140
습열 조리법 57, 174
시니그린 301
시머링 58
시유 242
식물세포 300
십자화과 채소 324
쌀 82
썰기 53
씻기 50

ㅇ

아가로오스 359
아가로펙틴 359
아랫날개살 171
아랫다리살 171
아미노-카르보닐 반응 239
아스타신 194

아스타잔틴 194
아질산염 156
안심 168, 170
안심·가슴살 171
안정제 359
안토시아닌 305
알긴산 357, 358
알리네이스 301
알리신 301
알린 301
알릴 이소티오시아네이트 301
암모니아 193
앞다리 169, 170
액토미오신 150, 156, 198
액티니딘 165
액틴 150, 198
액포 301
야콘 101
얄라핀 97
양념 67
양송이버섯 364
양지 168
어는점 내림 25
어묵 198
어유 283
어패류 182
에그노그 222
엘라스틴 151
염류 241
엽록체 319
오리알 206
오믈렛 221
오브알부민 210
오븐구이 171
옥수수 87
옥수수기름 281
옥시미오글로빈 155
올리브유 281
올스파이스 316
완두 261
완자탕 175
외관 평가 224
요산 194
요소 193
용해도 120
용해성 286
우둔 168, 174
우레이스 193
우뭇가사리 355
우유 244
원유 242
월계수잎 314
웰던 173
윗날개살 171
윗다리살 171
유당 237
유동성 212
유중수적형 30
유지 280
유채씨기름 281
유청단백질 236
유틸리티 159
유화 29, 284
유화성 212, 216
육단백질 152
육량 등급 159, 161
육류용 망치 165
육우고기 158
육질 등급 159, 161
융점 163, 286
응고성 212
응고제 267
이노신 192
이노신산 192, 193
이눌린 309, 313
이소플라본 257
이스트빵 140
이장현상 361
인과류 330
인덕션 21
인지질 211

ㅈ

자가소화 156, 195
장과류 334
장조림 174
적 172
전 172
전골 174
전도 18
전분 106
전자레인지 20
전화당 117
점질감자 95
젓갈 198
정제 284
젖산 153, 156
젖소고기 158
제육구이 172

젤 34
젤라틴 164, 174
젤화제 359
조 85
조개류 182
조림 174
죽 91
줄알 치기 220
중력분 135
중조 138
증점제 359
지방 280
지방조직 150, 151
지지기 171, 172
지질 237
진저롤 310
질산염 156
찌기 60
찜 174, 175

ㅊ

참기름 282
채끝 167
천연 감미료 116
철 153
청각 355
초단파 조리법 66
초이스 159
총고형분 234
치즈류 247

ㅋ

카놀라유 282
카라기난 357
카로티노이드 321
카사바 100
카제인 236
칼슘 포스포카제이네이트 236
캐너 159
캐러멜화 122
캐러웨이 316
커머셜 159
커스터드 219
커큐민 315
커터 159
케이싱 176
코셔 인증 150
코코넛유 281
콜라겐 151, 164, 174
콜로이드 용액 33
콩기름 281
퀴노아 87
퀵브레드 142
크리밍 140
크리밍성 288
크림 246
클로렐라 355
클로로필 305, 319
클로로필레이스 321
클로로필리드 320
클로로필린 320
키위 165

ㅌ

타우린 193
타임 314
탕 174
테트로도톡신 194
템페 272
토란 98
토코페롤 282
톳 355
통닭구이 172
투시법 225
튀기기 171, 173
튀김 291
트레할로오스 363
트리메틸아민 193, 196
트리메틸아민옥시드 193
트립신 258
티아민 153

ㅍ

파래 355
파슬리 314
파인애플 165
파파야 165
파파인 165
팔각 316
팜유 281
팥 260
팬구이 171
팬브로일링 171, 174
팽이버섯 365
팽창제 138
페놀화합물 241
페오피틴 320
페이스트리 143
펙틴 347

편육 174, 175
포도당 117
포도씨유 281
포칭 59
포크커틀릿 173
포화지방산 164
표고버섯 363
푸코이단 357
프라임 159
프로테이스 165
피단 222
피신 165
피코시아닌 356
피코에리트린 356
피페리딘 193

ㅎ

하이라이트 22
하이포잔틴 192
한우고기 158
한천 357, 359
할랄 인증 150
해당작용 153
해동 56
해바라기유 281
해수어 182
해조류 354
핵과류 332
햄 176
향고 364
향신 364
헤마틴 155
혈청 알부민 237
혐기적 해당작용 156
호박산 193
호우단위 227
호정화 113
호화 89, 108
홍두깨살 174
홍조류 354, 355
화고 364
화씨온도 26
화양적 172
황국균 271
황화 제1철 217
후추 315
휘발성 염기질소 196

기타

α-락트알부민 237
β-락토글로불린 237
5′-GMP 363
actinidin 165
aging 156
amino-carbonyl reaction 239
ATPase 156
Bacillus subtilis 270
bacon 176
betalains 322
betaxanthin 322
blue rare 173
boiling 174
braising 176
broiling 171
bromelain 165
CA 저장법 325
calcium phosphocaseinate 236
Canner 159
caramelization 122
casein 236
casing 176
Choice 159
Commercial 159
Cutter 159
deep-fat frying 171
DFD육 160
ficin 165
gel 34
grilling 171
ham 176
hematin 155
IMP 156
jalapin 97
lactose 237
lipovitellin 210
lipovitellinin 210
medium 173
medium rare 173
medium well 173
melanoidin 239
metmyochromogen 155
metmyoglobin 155
myoglobin 155
n-프로필 메르캅탄 301
nitrosomyoglobin 156
ovalbumin 210
oxymyoglobin 155
pan-broiling 171
pan-frying 171

papain **165**
Prime **159**
PSE육 **161, 162**
rare **173**
roasting **171, 173**
sausage **176**
sauteing **171**
Select **159**
simmering **174**
Standard **159**
steaming **174**
stewing **176**
stir-frying **171**
tenderizer **165**
TMA **193, 196**
TMAO **193**
Utility **159**
well-done **173**
whey protein **236**